高职高专土建施工与规划园林系列『十二五』规划教材

园林工程招投标与预决算

主审 刘晓东
主编 李丹雪 于立宝 陶良如
副主编 李艳萍 潘振江 刘春祥
编委 于立宝 王 创 文 雅
刘春祥 李 刚 李丹雪
李永进 李宏星 李艳萍
姚飞飞 陶良如 潘振江

华中科技大学出版社
http://www.hustp.com
中国·武汉

内 容 提 要

本书根据高等职业教育园林类专业培养方案和教学大纲进行编写。全书内容共分为六个项目十个任务，主要内容包括园林工程招标，园林工程投标，园林工程开标、评标、定标，园林工程施工合同管理，园林工程竣工验收与结算，预算软件的应用等。

本书可作为高等职业技术教育园林工程技术专业、园林技术专业、环艺专业等学生的教材，也可作为开设该课程的相关专业学生的教材。中职院校的园林类专业也可选用本书作为参考资料。本书还可为从事园林工程技术专业工作的人士提供参考。

图书在版编目(CIP)数据

园林工程招投标与预决算/李丹雪，于立宝，陶良如主编. —武汉：华中科技大学出版社，2013.4(2021.12重印)

ISBN 978-7-5609-8859-7

Ⅰ.①园… Ⅱ.①李… ②于… ③陶… Ⅲ.①园林-工程施工-招标-高等职业教育-教材 ②园林-工程施工-投标-高等职业教育-教材 ③园林-工程施工-建筑预算定额-高等职业教育-教材 ④园林-工程施工-决算-高等职业教育-教材 Ⅳ.①TU986.3

中国版本图书馆 CIP 数据核字(2013)第 080512 号

园林工程招投标与预决算 李丹雪 于立宝 陶良如 主编

策划编辑：袁 冲
责任编辑：史永霞
封面设计：刘 卉
责任校对：李 琴
责任监印：张正林
出版发行：华中科技大学出版社(中国·武汉) 电话：(027)81321913
武汉市东湖新技术开发区华工科技园 邮编：430223
录 排：华中科技大学惠友文印中心
印 刷：武汉邮科印务有限公司
开 本：787mm×1092mm 1/16
印 张：17.75 插页：1
字 数：469 千字
版 次：2021 年 12 月第 1 版第 6 次印刷
定 价：39.00 元

前　言

近年，园林建设事业飞速发展，但园林工程招投标与预决算的发展却相对较慢，为了培养社会需求的园林工程招投标与预决算人才，更好地开展专业教学工作，更好地增强学生的职业能力，更好地解决学生就业问题，我们编写了这本以工作过程为导向的教材。

加大课程建设与改革的力度，增强学生的职业能力，是本教材编写的宗旨。本教材编写组结合当前职业教育现状，在教材的内容选择和组织安排上，改变了以往以知识体系结构为主、知识本位、以章节为层次的传统教材编写模式，而是以园林工程招投标全过程中的真实案例作为载体，以完成招投标任务为依托，以完成园林工程项目造价管理工作过程为主线来进行课程内容的选择。

在教材的每个项目中都提出完成该项目所需的技能要求、知识要求，并在具体的施工任务中让学生明确能力目标、知识目标。课程内容采用"基本知识—学习任务—任务分析—任务实施—任务考核—知识链接—复习提高"的体例结构，在保证基本知识"必需、够用"的前提下，以工作过程导向来组织整个学习内容，充分体现学生职业能力的培养。

全书由李丹雪统稿，项目一任务 1 由于立宝编写，任务 2 由李艳萍编写，任务 3 由李永进编写；项目二任务 1 由李刚、李丹雪、陶良如编写，任务 2 由陶良如、刘春祥（学习任务）编写；项目三由文雅、李丹雪编写，项目四由于立宝编写；项目五任务 1 由姚飞飞编写，任务 2 由李宏星、王创、陶良如、潘振江编写；项目六由于立宝编写；附录 A 由潘振江提供；附录 B 由刘春祥提供。

东北林业大学园林学院副院长、硕士研究生导师刘晓东教授担任了全书的主审工作，王亚玲、陈秀波给予了热情的帮助，部分案例由刘洋提供，在此向各位老师深表感谢。

由于编者水平有限，加之时间仓促，疏漏和不妥之处在所难免，恳请广大读者提出宝贵意见。

编　者

2013 年 8 月

目　　录

项目一　园林工程招标 …………………………………………………………… (1)

任务1　园林工程项目工程量计算 ………………………………………………… (1)
任务2　园林工程招标标底的编制 ……………………………………………… (24)
任务3　园林工程施工招标 ……………………………………………………… (67)

项目二　园林工程投标 ……………………………………………………………… (85)

任务1　技术标书的编制 ………………………………………………………… (85)
任务2　商务标书的编制 ………………………………………………………… (98)

项目三　园林工程开标、评标、定标 …………………………………………… (148)

任务1　园林工程开标、评标、定标 …………………………………………… (148)

项目四　园林工程施工合同 ……………………………………………………… (163)

任务1　园林工程施工合同管理 ………………………………………………… (163)

项目五　园林工程竣工验收与结算 ……………………………………………… (182)

任务1　园林工程竣工验收 ……………………………………………………… (182)
任务2　园林工程结算与竣工决算 ……………………………………………… (192)

项目六　预算软件的应用 ………………………………………………………… (207)

任务1　预算软件的应用 ………………………………………………………… (207)

附录A　《建设工程施工合同(示范文本)》(GF 2013—0201) ………………… (245)

第一部分　合同协议书 …………………………………………………………… (245)
第二部分　通用合同条款 ………………………………………………………… (247)
第三部分　专用合同条款 ………………………………………………………… (247)

附录B　园林绿化工程工程量清单项目及计算规则 …………………………… (265)

主要参考文献 ……………………………………………………………………… (278)

项目一　园林工程招标

园林工程采用招标投标的承发包方式，在提高工程经济效益、保证工程建设质量、保证社会及公众利益等方面具有明显的优越性。我国对建设工程招标范围进行了界定，即国家规定了必须招标的工程建设项目范围，而在此范围之外的工程项目是否招标，业主可以自愿选择，任何组织和个人都不得强制要求招标。按照工程招标的内容不同，招标的种类也较多，如建设工程勘察招标、建设工程设计招标、建设工程施工招标、建设工程监理招标等，本书主要介绍园林建设工程施工招标的内容。

园林工程招标的主要内容包括园林工程项目工程量的计算、园林工程招标标底的编制、园林工程施工招标等任务。

技能要求

- 能看懂园林工程施工图纸并划分园林工程项目
- 能进行园林工程项目工程量的计算
- 能进行园林工程预算定额计价
- 能够编制园林工程招标标底
- 能够进行招标文件的编制
- 能进行园林工程招标的组织管理

知识要求

- 明确园林工程量计算的规则及计算步骤
- 了解园林工程量计算的特点
- 掌握园林工程预算定额计价的编制程序
- 了解园林工程标底的组成与申报程序
- 明确园林工程招标的程序
- 明确园林工程招标文件的内容
- 掌握园林工程招标文件的编写要点

任务1　园林工程项目工程量计算

☆ 能力目标

1. 能够进行园林工程项目的划分
2. 能够根据工程量计算规则进行园林工程项目工程量的计算
3. 能够对园林工程项目工程量计量单位进行换算

☆ 知识目标

1. 掌握园林工程项目工程量的计算规则
2. 掌握工程量计算的基本原则

3. 掌握工程量计算的具体步骤

☆ 基本知识

园林工程项目工程量是园林工程活动的一项重要内容。它是编制施工图预算的重要依据，工程量计算的准确性直接关系到工程造价的准确性；工程量是施工企业编制施工作业计划，合理安排施工进度，组织和安排材料和构件、物资供应的重要数据；它还是基本建设财务管理和会计核算的重要依据。因此，园林工程项目工程量的计算尤为重要。

一、工程量的含义

工程量就是以物理计量单位或自然单位来表示的各个具体工程和结构配件的数量。物理计量单位一般用来表示长度、面积、体积、重量等，如栽植绿篱、管道、线路的长度用米(m)表示，整理绿化用地、园路的面积用平方米(m^2)表示，堆筑土山丘、砌筑工程、混凝土梁等的体积用立方米(m^3)表示，堆砌石假山、金属构件的重量用吨(t)表示。自然单位，如栽植乔灌木以株计算，喷泉喷头安装以套计算，园桥石望柱以根计算，喷泉安装管道煨弯以个计算等。

工程量是依据设计图纸规定的各个分部分项工程的尺寸、数量以及设备明细表等具体计算出来的。计算工程量是确定工程直接费用、编制单位工程预算书和编制工程量清单的重要环节。

二、工程量的计算概述

为了准确地计算工程量，要明确建设工程总项目中单项工程、单位工程、分部工程、分项工程的概念及其界定，提高施工图预算编制的质量和速度，防止工程量计算中可能出现的错误、漏算和重复计算。

（一）工程项目的划分

一个工程项目是由多个基本的分项工程构成的。为了便于对工程进行管理，使工程预算项目与预算定额或《建设工程工程量清单计价规范》中项目相一致，就必须对工程项目进行划分。

1. 建设工程总项目

建设工程总项目是指在一个场地上或数个场地上，按照一个总体设计方案进行施工的各个工程项目的总和。如一个公园的建设项目就是一个建设工程总项目。

2. 单项工程

单项工程是指在一个工程项目中，具有独立的设计文件，竣工后可以独立发挥生产能力或工程效益的工程。它是工程项目的组成部分，一个工程项目中可以有几个单项工程，也可以只有一个单项工程。如一个公园里的绿化工程、园林景观工程等均可为一个单项工程。

3. 单位工程

单位工程是指具有单列的设计文件，可以进行独立施工，但不能单独发挥作用的工程。它是单项工程的组成部分。如单项工程绿化工程中的绿地整理、栽植花木、绿地喷灌等均可为一个单位工程。

4. 分部工程

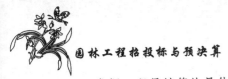

分部工程一般是指按单位工程的各个部位或是按照使用不同的工种、材料和施工机械

而划分的工程项目。它是单位工程的组成部分。如栽植花木工程中的栽植乔木、栽植灌木、栽植绿篱、栽植花卉、铺种草皮等均可为一个分部工程。

5. 分项工程

分项工程是指分部工程中按照不同的施工方法、不同的材料、不同的规格等因素而进一步划分的最基本的工程项目。如栽植乔木中不同规格的苗木栽植等均可为一个分项工程。

（二）工程量计算的基本原则

在计算工程量时，通常要遵循以下原则。

1. 计算口径要一致

所计算分项工程项目的工作内容和范围，必须同预算定额或《建设工程工程量清单计价规范》中相应项目的工作内容和范围一致。不仔细阅读其中的工作内容，势必会造成重复列项、漏项等错误，影响工程量计算的准确度。因而，在计算工程量时，除了熟悉施工图纸外，还要熟练掌握其中每一个分部工程、分项工程所包含的工作内容及工作范围，从而避免重复列项及漏项。

2. 工程量计算规则要一致

计算工程量时必须遵循本地区现行的预算定额（或单位估价表）中的工程量计算规则。由于我国各地区的具体情况不相同，因而各地区之间的定额及计算规则、各地区与全国基础定额及计算规则都不尽相同，所以在计算工程量时使用定额（或单位估价表）一定要按与定额（或单位估价表）相配套的工程量计算规则。只有这样，才能有统一的计算标准，保证工程量计算的准确。

3. 计量单位要一致

按施工图计算工程量时，所列的各项工程的计量单位，必须与定额中相应项目的计量单位一致。比如，《黑龙江省建设工程计价依据（园林绿化工程计价定额）》中露地花卉栽植工程量的单位是“$10\ m^2$”，那么在工程量表中就应该用“$10\ m^2$”作为计量单位，而不是用“m^2”作为计量单位。

4. 计算尺寸的取定要准确

在计算工程量之前，要核对施工图尺寸，如有错误应及时向设计人员质疑。在计算工程量时，要按照定额的计算规则要求取定计算尺寸。

例如，在计算栽植绿篱工程量时，应按“中心线”长度计算绿篱，如果以篱宽的任意一侧计算，就可能发生多算或少算工程量的现象。

分项工程量计算通常采用三种顺序：一是按顺时针方向，先从平面图（基础平面图）左上角开始向右进行，绕一周回到左上角止；二是先横后竖，先上后下，先左后右；三是按图上分项编号顺序依次计算。

（三）工程量计算的具体步骤

1. 确定分部分项工程名称

根据施工图纸，并结合施工方案的有关内容，按照一定的计算顺序逐一列出分项工程项目名称，所列的分项工程项目名称与采用的预算定额中对应项目名称要一致。

2. 列出工程量计算式

分项工程项目名称列出后，根据施工图纸所示的比例、尺寸、数量和工程量计算规则（详见相关工程的工程量计算规则与定额中有关说明)，分别列出工程量计算式。工程量通常按表格进行填写。

3. 算出工程量计算式的结果

根据所列工程量计算式，准确地计算其结果。

4. 调整计量单位

工程量计算通常用物理计量单位和自然单位来表示，如米(m)、平方米(m^2)、立方米(m^3)、株等，而预算定额中往往以10米(10 m)、10平方米(10 m^2)或100平方米(100 m^2)、10立方米(10 m^3)或100立方米(100 m^3)、10株或100株等为计量单位。因此，必须将计算的工程量单位按预算定额中相应项目规定的计量单位进行调整，使计量单位统一，以便各项工程量的计算。

将以上4项内容按上述程序分别填入表1-1-1，即完成工程量的计算。

表1-1-1 工程量计算表

工程名称：

序号	分部分项工程名称	单位	工程量	工程量计算式(工程量表达式)

工程量清单的计算须按照现行的《建设工程工程量清单计价规范》中所列的工程项目和计算规则进行计算。

三、园林绿化工程量的计算

(一) 绿化工程量计算

1. 绿化工程量计算应明确的几个名词

(1) 胸径。胸径应为地表面向上1.2 m高处的树干直径。

(2) 株高。株高(苗高、冠丛高)一般为地表面至树顶端的高度。

(3) 冠幅。冠幅一般指苗木垂直投影面的直径。

(4) 篱高。篱高应为地表面至绿篱顶端的高度。

(5) 地径。地径是指苗木的根际直径，实生苗，移植苗即为苗干基部土痕处的直径。

2. 绿地整理

1) 伐树、挖树根

(1) 工作内容：包括伐树、砍树枝、截树头、集中堆放、清理现场等操作过程。

(2) 工程量计算规则：根据树木的胸径或区分不同胸径范围，以树木的株数计算。

2) 砍挖灌木丛

(1) 工作内容：包括灌木挖除、清理场地、就近堆放等操作过程。

(2) 工程量计算规则：根据灌木丛高或区分不同丛高范围，以灌木丛数计算。

3) 清除草皮

(1) 工作内容：包括清除草皮、废弃物清理、就近堆放整齐等操作过程。

(2) 工程量计算规则：以清除的面积计算。

4）整理绿化用地

(1) 工作内容：包括清理场地，±30 cm 内的挖、填、初步找平，绿地整理等操作过程。

(2) 工程量计算规则：以整理的面积计算。

3. 栽植花木

1）栽植乔木

(1) 工作内容如下。

① 起挖乔木(带土球)。工作内容包括起挖、出坑、包装、搬运集中、回土、填坑等操作过程。

② 栽植乔木(带土球)。工作内容包括挖坑、栽植(落坑、扶正、回土、捣实、筑水围)、浇水、覆土、保墒、整形、清理等操作过程。

③ 起挖乔木(裸根)。工作内容包括起挖、出坑、修剪、打土、搬运集中、回土填坑等操作过程。

④ 栽植乔木(裸根)。工作内容包括挖坑、栽植(扶正、回土、捣实、筑水围)、浇水、覆土、保墒、整形、清理等操作过程。

(2) 工程量计算规则：按照乔木土球直径或区分不同土球直径范围、裸根胸径或区分不同胸径范围划分项目，以乔木的株数计算。

2）栽植灌木

(1) 工作内容如下。

① 起挖灌木(带土球)。工作内容包括起挖、包装、出坑、搬运集中、回土、填坑等操作过程。

② 栽植灌木(带土球)。工作内容包括挖坑、栽植(扶正、回土、捣实、筑水围)、浇水、覆土、保墒、整形、清理等操作过程。

③ 起挖灌木(裸根)。工作内容包括起挖、出坑、修剪、打土、搬运集中、回土填坑等操作过程。

④ 栽植灌木(裸根)。工作内容包括挖坑、栽植(扶正、回土、捣实、浇水)、覆土保墒、整形、清理等操作过程。

(2) 工程量计算规则：按照灌木土球直径或区分不同土球直径范围、裸根冠丛高或区分不同冠丛高的范围划分项目，以灌木的株数计算。

3）栽植绿篱

(1) 工作内容：包括栽植针叶绿篱、栽植灌木绿篱、片植绿篱。

具体的工作内容包括开沟、排苗、扶正回土、筑水围、浇水、覆土、整形、清理等操作过程。

(2) 工程量计算规则：

① 按照栽植绿篱高度或区分不同篱高范围，以单排绿篱或每增加一排绿篱的长度计算；

② 片植绿篱按照绿篱高度或区分不同篱高范围，以片植绿篱的面积进行计算。

4）栽植攀缘植物

(1) 工作内容：包括挖坑、栽植、回土、捣实、浇水、覆土、修剪牵攀、清理等操作过程。

(2) 工程量计算规则：根据攀缘植物地径或区分不同地径范围，以栽植的株数计算。

5）栽植露地花卉

(1) 工作内容：包括草本花、球块根类花卉、五色草的栽植。

具体工作内容包括翻土整地(细平)、清除杂物、施基肥、放样、栽植、浇水、清理等操作过程。

(2) 工程量计算规则:根据不同植物类别、栽植形式,以栽植的面积计算。

6) 栽植水生植物

(1) 工作内容:包括清理泥土、种植、搬运、施肥、防水养护等操作过程。

(2) 工程量计算规则:区分塘植和盆栽,以栽植的株数计算。

7) 铺草皮

(1) 工作内容:

① 草皮起挖的工作内容包括草皮起挖、搬运集中等操作过程;

② 满铺草皮的工作内容包括铺设、拍紧、洒水、培土、场内运输等操作过程;

③ 嵌草栽植的工作内容包括分苗、挖垄穴、散栽、培土、踩实、浇水等操作过程。

(2) 工程量计算规则:按不同的草皮铺种形式,以铺种的面积计算。

8) 草坪播种

(1) 工作内容:包括翻土整地(细平)、清除杂物、播草籽等操作过程。

(2) 工程量计算规则:以草坪播种的面积计算。

9) 大树移植

(1) 工作内容:包括大树起挖和大树栽植两项工作。

① 大树起挖具体工作内容包括起挖、修剪、土球包扎、树干清理、出穴装车、场内运输、回土填穴等操作过程。

② 大树栽植具体工作内容包括土球落穴、栽植、扶正、回土、筑水围、浇水、覆土封穴、整形、清理等操作过程。

(2) 工程量计算规则:按照起挖、栽植大树土球直径或区分不同土球直径范围,以大树的株数计算。

10) 树木支撑

(1) 工作内容:包括制杆、运杆、绑扎、校正等操作过程。

(2) 工程量计算规则:按照不同的树木支撑形式(单桩、扁担桩、三角桩、四角桩、铅丝吊桩),以树木支撑的株数计算。

11) 人工换土

(1) 工作内容:包括带土球乔灌木换土、裸根乔木换土、裸根灌木换土、针叶绿篱换土、灌木绿篱换土。

具体工作内容包括装、运土方到坑边等操作过程。

(2) 工程量计算规则:

① 带土球乔灌木换土按照其土球直径或区分不同土球直径范围,以株计算;

② 裸根乔木换土按照其胸径或区分不同胸径范围,以株计算;

③ 裸根灌木换土按照其冠丛高或区分不同冠丛高范围,以株计算;

④ 绿篱换土按其植物品种不同、篱高不同或区分不同篱高范围,以长度计算。

12) 在计算栽植花木工程量时需要注意的事项

① 栽植花木包括栽植前的准备工作;

② 起挖或栽植树木定额均以一类、二类土为准,如为三类土或冬季起挖和栽植,需要进行系数换算;

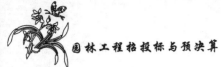

③ 栽植以原土回填为准，如需换土，工程量另行计算；

④ 绿篱、攀缘植物、花草等如需要计算起挖，则按灌木起挖定额执行；

⑤ 栽植绿篱高度指剪后高度；

⑥ 五色草栽植未含五色草花坛抹泥造型，若发生则另行计算；

⑦ 起挖花木项目中带土球花木的包扎材料，定额按草绳综合考虑，无论是用稻草、塑料编织袋（片）或塑料简易花盆包扎，均按定额执行，不予换算；

⑧ 嵌草栽植定额工程量按铺种面积计算，不扣除空隙面积。满铺草皮按实际绿化面积计算。

4. 抚育

1）浇水

（1）工作内容：包括行道树浇水、绿地内树木浇水、绿篱浇水、纹样篱浇水、攀缘植物浇水、草坪及花卉浇水。

① 攀缘植物浇水的具体工作内容包括中耕施肥、整地除草、灌溉排水、修剪、分枝移植、枯叶清除、加土扶正、环境清理、地勤安全、设施围护等操作过程；

② 草坪及花卉浇水的具体工作内容包括水车喷水或人工浇水等操作过程；

③ 其他几项的具体工作内容包括开坑（沟）、围水圈、浇水、封坑、扶正等操作过程。

（2）工程量计算规则：

① 行道树浇水、绿地内树木浇水中，阔叶乔木按照其胸径或区分不同胸径范围，以株计算，针叶乔木和灌木按照其株高或区分不同株高范围，以株计算；

② 绿篱浇水须明确浇水方式（水车、人工塑胶管），按篱高或区分不同篱高范围，以长度计算；

③ 纹样篱浇水须明确浇水方式（水车、人工塑胶管），按篱高或区分不同篱高范围，以面积计算；

④ 攀缘植物浇水须明确浇水方式（水车、人工塑胶管），按地径或区分不同地径范围，以株计算；

⑤ 草坪及花卉浇水须明确浇水方式（水车、人工塑胶管），按不同植物类型，以面积计算。

2）修剪

（1）工作内容：包括树木整形修剪、乔木疏枝修剪、亚乔木及灌木修剪、绿篱修剪、纹样篱修剪、草坪和五色草花坛修剪。

① 树木整形修剪的工作内容包括将树冠人工修剪成多种形状（如圆形、椭圆形）、树上作业、维护清理现场等操作过程；

② 阔叶乔木疏枝修剪的工作内容包括修剪树冠过多的枝丫及徒长、枯死、病折、交叉枝条，保持树形，现场维护，清理现场等操作过程；

③ 亚乔木及灌木修剪的工作内容包括修剪多余枝条、萌发枝芽及枯死枝、保持树形、清理现场等操作过程；

④ 绿篱修剪的工作内容包括修剪绿篱的两侧及顶端、集中堆放、清理现场等操作过程；

⑤ 纹样篱修剪的工作内容包括修剪成形、集中堆放、清理现场等操作过程；

⑥ 草坪和五色草花坛修剪的工作内容包括修剪不平的草坪等操作过程，还包括修剪五色草花坛（按图案、分层次、彩纹突出、将花坛中杂草拔除）、清理场地、将剪下残叶等运至50

m以内指定地点等操作过程。

(2) 工程量计算规则：

① 树木整形修剪按照不同类型树木(阔叶乔木、针叶树、灌木)树高或区分不同树高范围,以株计算；

② 阔叶乔木疏枝修剪按照树木冠幅或区分不同冠幅范围,以株计算；

③ 亚乔木及灌木修剪按照不同类型树木(亚乔木、灌木)冠幅或区分不同冠幅范围,以株计算；

④ 绿篱修剪须明确绿篱类型(针叶绿篱、灌木绿篱)及修剪方式(人工、机械),按篱高或区分不同篱高范围,以长度计算；

⑤ 纹样篱修剪按照篱高或区分不同篱高范围,以面积计算；

⑥ 草坪修剪须明确郁闭度(85%以上、85%以下)及修剪方式(人工、机械),以面积计算；

⑦ 五色草花坛修剪须明确五色草花坛类型(平面、立体),以面积计算。

5. 其他

(1) 工作内容：其他项目包括摘除蘖芽,草坪、花卉除杂草及绿地松土、树木松土、施肥、草坪施肥,药剂涂抹、注射、喷洒,树木涂白、防腐、堵洞、防风、防寒,汽车运苗木等内容。

(2) 工程量计算规则：各项工作内容可以按照不同规格、不同操作方式,以株、米、平方米、吨等计算。

(二) 园路、园桥、假山工程量计算

1. 园路工程量计算

园路工程通常包括路床整形、园路基础垫层、园路面层、路牙铺设等。

1) 路床整形

(1) 工作内容：通常包括放样、厚度在30 cm以内的挖高填低、找平、碾压或夯实、修整及弃土2 m以外等操作内容。

(2) 工程量计算规则：按照整理路床的面积计算。

2) 园路基础垫层

(1) 工作内容：通常包括运料、配料拌和、上料、找平、碾压、人工处理碾压不到之处、清理杂物、养护等操作内容。

(2) 工程量计算规则：按照不同垫层材料,以基础垫层的体积计算；或者根据不同厚度的垫层材料,以面积计算。

上述两种计算垫层工程量的方式,均须按设计宽度两边各放宽5 cm计算。

3) 园路面层

(1) 工作内容：通常包括清理底层、放线、砂浆调运、坐浆、铺设或安砌面层、找平、灌缝、扫缝、清扫等操作内容。

(2) 工程量计算规则：按照不同的面层材料(如卵石、石板、预制混凝土块料、现浇混凝土等)、面层花式(如卵石素墁、卵石拼花等)、面层厚度,以面层的面积计算。

4) 路牙铺设

(1) 工作内容：通常包括放样、开槽、运料、调配浆、安砌、勾缝、养护、清理等操作内容。

(2) 工程量计算规则：按照不同材料(如石质、混凝土等)、不同铺设形式(如立铺、侧铺

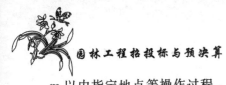

等),以单侧长度计算。

5) 在计算园路工程量时需要注意的事项

① 园路为坡路的,园路以斜面面积进行计算,路牙以斜线长度计算。

② 坡道园路设置台阶的,台阶部分扣除,另行计算。

③ 用卵石拼花或拼字的,应按照花或者字的最小外接矩形或圆形计算。

④ 园林定额中未包括的项目,可参考市政道路工程量计算规则。

2. 园桥工程量计算

这里以石券桥为例进行工程量计算的说明。

1) 石券

石券是指用于通水洞(桥洞)的石砌圆弧形拱券。从石券一边的拱脚券到另一边拱脚,所形成的券石为一路单券券石,一个石券由若干路单券券石所组成。石券洞内的券石称为内券石。

(1) 工作内容:通常包括内券石的放样,安拆样架、样桩,配拌砂浆,砌筑,养生等操作内容。

(2) 工程量计算规则:按照石券的石材不同,以体积计算。

2) 券脸石

石券最外端的一圈券石称为券脸石。

(1) 工作内容:包括砂浆调运,截头打眼,拼缝安装,灌缝净面,搭拆烘炉、券胎及起重架等操作内容。

(2) 工程量计算规则:按照券脸石的石材不同,以体积计算。

3) 金刚墙

金刚墙是指券脚下的垂直承重墙,即现代的桥墩,又叫平水墙。

(1) 工作内容:包括砂浆调运、截头打眼、拼缝安装、灌缝净面、搭拆烘炉和起重架等操作内容。

(2) 工程量计算规则:按照砌筑金刚墙的石材不同、厚度不同,以体积计算。

4) 石桥面

桥面是指桥梁拱券顶部、衔接道路通行交通的顶面,它是在桥身拱券填平后所铺砌的路面面层,一般采用耐磨性好的条石。

(1) 工作内容:包括砂浆调运、截头打眼、拼缝安装、灌缝净面、搭拆烘炉和起重架等操作内容。

(2) 工程量计算规则:按照铺筑石桥面的石材不同、厚度不同,以面积计算。

5) 石桥面檐板

石桥面檐板是指石桥面檐口处起封闭作用的石板。

(1) 工作内容:包括砂浆调运、截头打眼、拼缝安装、灌缝净面、搭拆烘炉和起重架等操作内容。

(2) 工程量计算规则:按照石桥面檐板的石材不同,以面积计算。

6) 石望柱

石望柱是寻杖栏板的主要构件,俗称柱子,柱子分柱身和柱头两部分。柱身上有盘子(池子);柱头的形式种类较多,一般有莲瓣头、复莲头、石榴头、龙凤头、狮子头等。

(1) 工作内容:包括砂浆调运、截头打眼、拼缝安装、灌缝净面、搭拆烘炉和起重架等操作内容。

(2) 工程量计算规则:按照石望柱高,以根计算。

7) 栏板

寻杖栏板即禅杖栏板,以透瓶栏板为常见。透瓶栏板由禅杖(寻杖)、净瓶和面枋组成;罗汉栏板只有栏板不用望柱的栏杆,其栏板从横断面看上窄下宽,栏板无扶手也无过多的花饰,栏杆端头用鼓石封头,具有防护功能,兼起装饰作用。

(1) 工作内容:包括砂浆调运、截头打眼、拼缝安装、灌缝净面、搭拆烘炉和起重架等操作内容。

(2) 工程量计算规则:按照栏板形式及有无扶手,以块计算。

8) 地袱

地袱一般用于台基栏杆下面或须弥座平面栏杆板下面的一种条石,地袱表面须按望柱和栏板的宽度凿出线槽,即落槽,又叫止口,槽内还应凿出栏板和柱子的榫眼,并在安装时凿出过水沟。

(1) 工作内容:包括调制灰浆、接缝、安装、灌浆等操作内容。

(2) 工程量计算规则:以体积计算。

9) 铁扒锔、铁银锭的安装

扒锔相当于木架工程中的蚂蟥钉,俗称马钉,施工中将石件表面按铁件的现状凿出窝后,将扒锔子放入,空隙部分用砂浆灌实;铁银锭两端成燕尾状,主要用来连接边缘比较平直的硬质石,连接时,先将两块石头对接,按铸铁银锭大小划线凿槽,使槽形如银锭,然后将铸铁银锭安进槽内,并用砂浆将空隙部分灌实,使石件连接更加牢固。

(1) 工作内容:包括调制灰浆、打拼头缝、打截头、成品石料安装、灌浆等操作内容。

(2) 工程量计算规则:以个计算。

3. 假山工程量计算

1) 堆筑土山丘

(1) 工作内容:包括人工取土、堆筑、修整清理等操作内容。

(2) 工程量计算规则:按设计图示以体积计算。

2) 堆砌石假山

(1) 工作内容:包括放样、相石、运石、混凝土砂浆调运、吊装堆砌、清理养护等操作内容。

(2) 工程量计算规则:应区分湖石、黄(杂)石,按设计图示重量(单位:吨)计算。

3) 塑假山

(1) 工作内容如下。

砖骨架、钢骨架塑假山的工作内容包括放样划线、砂浆调运、砌骨架、焊接挂网、安装预制板、预埋件、留植穴、造型修饰、着色、堆塑成型、材料校正、划线切断、平直、倒楞钻孔、焊接、安装、加固等操作内容。

山皮料塑假山的工作内容包括:山皮料制作——造型制模、上石膏托、面层处理、填充材料、成品面层上蜡、打磨、养护、运输等;安装——放样、划线、焊接块材、钢骨架的现场制安(制作与安装)、焊接埋件、刷防锈漆、布网加固、填充造型、勾缝、装饰、上蜡打磨、清理等操作内容。

(2) 工程量计算规则:应区分骨架材料、高度的不同,按设计外围展开表面,以面积计算。

4）石笋

（1）工作内容：包括定位放线、相石、运石、混凝土砂浆调运、吊装、稳固、清理、养护等操作内容。

（2）工程量计算规则：按设计高度不同，以支计算。

5）点峰景石

本书中，峰石是指天然孤块的竖向石，由形状古怪奇特的一块大石独立构成的石景；景石是指天然孤块的非竖向石。

（1）工作内容：包括定位放线、相石、运石、混凝土砂浆调运、吊装、稳固、清理、养护等操作内容。

（2）工程量计算规则：峰石区分高度，景石区分石重，按实际使用石料，以重量（单位：吨）计算。

峰石、景石工程量计算公式：

$$W_2 = LBHR$$

式中：W_2——为山石单体重量（t）；

L——长度方向的平均值（m）；

B——宽度方向的平均值（m）；

H——高度方向的平均值（m）；

R——石料密度，如黄（杂）石 2.6 t/m^3，湖石 2.2 t/m^3。

6）池石、盆景山

盆景山是指仿照真实的山水，将大型的山水景观微缩在盆景中。

（1）工作内容：包括放样、相石、运石、混凝土砂浆调运、吊装、堆砌、清理、养护等操作内容。

（2）工程量计算规则：按使用石料重量计算。

7）山石台阶、山石护角

山石台阶是指独立的、零星的山石台阶踏步；山石护角是带土假山的一种做法，为使假山呈现预定的轮廓而在转角用山石设置的一种措施。

（1）工作内容：包括放样、相石、运石、砂浆调运、堆叠、勾缝、清理、养护等操作内容。

（2）工程量计算规则：按使用石料重量计算。

4．驳岸

驳岸亦称护岸，通常指园林水景岸坡的处理，本书按石砌、木桩、砂卵石等三种材料形式编制。

1）石砌驳岸

通常将石砌驳岸分为料石驳岸和山石驳岸两种。料石驳岸为普通形式驳岸，主要起加固水岸或护坡功能；山石驳岸是为了丰富岸边景观，用山石砌成凹凸相间、纹理相顺、体态各异的护岸。

（1）工作内容：包括石料加工、调运砂浆、砌石、勾缝等操作内容。

（2）工程量计算规则：按设计图示尺寸以体积计算。

2）木桩驳岸

（1）工作内容：包括制作木桩、安装桩箍、吊装定位、打桩校正、拆卸桩箍、锯桩头等操作内容。

(2) 工程量计算规则：按设计图示尺寸以桩长(包括桩尖)乘以桩截面积(即体积)计算。

3) 铺砂卵石护岸

(1) 工作内容：常指满铺卵石护岸，不适用于点布大卵石护岸，包括调运砂浆、洗石子、摆石子、灌浆、清水冲洗等操作内容。

(2) 工程量计算规则：按设计图示尺寸以平均护岸宽度乘以护岸长度(单位：平方米)计算。

(三) 园林景观工程

1. 原木构件

1) 柱、梁、椽、檩

柱是工程结构中主要承受压力(有时也同时承受弯矩)的竖向杆件，用以支承梁、桁架、屋面等。

梁由支座(或柱)支承，承受的外力以横向力和剪力为主，承受弯曲变形的构件。

椽是屋面基层的最底层构件，垂直安放在檩木之上。

檩是承托屋面荷重并将其均匀传递给梁柱的构件。

(1) 工作内容：包括放样、选料、运料、画线、凿眼、挖底、拔亥、锔榫、汇榫、吊线、校正、临时支撑、防腐等操作内容。

(2) 工程量计算规则：原木构件中柱、梁、椽、檩按设计图示尺寸以体积计算，包括榫长。木材断面均以毛料为准，如设计图纸注明的断面或厚度为净料时，应增加刨光损耗，板及方材一面刨光增加 3 mm，两面刨光增加 5 mm，圆木每立方米体积增加 $0.05\ m^3$。

2) 树皮墙

(1) 工作内容：包括定位弹线、木棱制安、树皮刮边、钉树皮墙面等操作内容。

(2) 工程量计算规则：按设计图示尺寸以面积计算。

3) 倒挂楣子和坐凳楣子

楣子是安装于檐柱间由边框和棂条组成的装饰构件，有倒挂楣子和坐凳楣子两种。倒挂楣子安装于檐枋下，楣子下面两端须加透雕的花牙子。坐凳楣子安装于靠近地面部位，楣子上加坐凳板，供人小坐休憩。

(1) 工作内容：包括制作安装、抹边、心屉、白菜头、落地腿及外框外的延伸部分等操作内容。

(2) 工程量计算规则：根据楣子的级别(普通级、中级、高级)按设计图示尺寸以面积计算。

2. 亭廊屋面

1) 草屋面

(1) 工作内容：包括整理、选料、放样、选草、铺草等操作内容。

(2) 工程量计算规则：根据草的不同按设计图示尺寸以斜面面积计算。

2) 树皮屋面

(1) 工作内容：包括整理、选料、放样、选树皮、树皮搭结、铺树皮等操作内容。

(2) 工程量计算规则：按设计图示尺寸以斜面面积计算。

3. 花架

1) 木花架

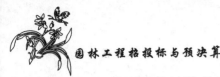

(1) 工作内容：木花架柱、梁、檩包括放样、画线、下料、拼装、安装、配铁件、刷防腐油等

操作内容。

(2) 工程量计算规则:按设计图示尺寸以体积计算。

2) 金属花架

(1) 工作内容:金属柱、梁包括下料、拼装、安装、防锈等操作内容。

(2) 工程量计算规则:按设计图示尺寸以体积计算。

4. 喷泉安装

1) 管道煨弯

(1) 工作内容:包括放样、制作板、画线下料、切割、制破口、组对、电焊、焊接等操作内容。

(2) 工程量计算规则:按管道不同公称直径以个计算。

2) 管架制作与安装

(1) 工作内容:包括放样、切断、调直、钻孔、组对、焊接、打洞、固定、安装、堵洞等操作内容。

(2) 工程量计算规则:按管架样式不同以重量计算。

3) 喷泉喷头安装

(1) 工作内容:包括喷头检查、清理、安装、水压试验等操作内容。

(2) 工程量计算规则:根据不同的喷头样式及尺寸以套计算。

4) 水泵保护罩制作与安装

(1) 工作内容:包括下料、除锈、焊接、刷漆、安装等操作内容。

(2) 工程量计算规则:根据保护罩的规格不同以个计算。

5. 杂项

1) 塑树皮

(1) 工作内容:

① 梁、柱面塑树皮的工作内容包括调运砂浆、找平、二底二面、压光塑面层、清理养护等操作内容;

② 塑树根的工作内容包括调运砂浆、找平、二底二面、压光塑面层、清理养护等操作内容。

(2) 工程量计算规则:

① 梁、柱面塑松(杉)树皮及塑竹按设计尺寸以梁、柱外表面积计算;

② 塑树根区分不同直径或直径范围按长度计算;

③ 如有特殊的艺术造型(如树枝、老树皮等)另行计算,树身(树头)和树根连塑,应分别计算工程量。

2) 塑竹

(1) 工作内容:

① 梁、柱面塑竹的工作内容包括调运砂浆、找平、二底二面、压光塑面层、清理养护等操作内容;

② 塑楠竹、金丝竹的工作内容包括骨架制作、调制砂浆、塑制、现场安装等操作内容。

(2) 工程量计算规则:塑树根、楠竹、金丝竹分不同直径按长度计算,塑楠竹、金丝竹直径超过 150 mm 时,按展开面积计算,执行梁、柱面塑竹工程量计算规则。

3) 砌筑小品

(1) 工作内容:

① 砌筑工作内容包括放样、砂浆调运、砌筑、清理现场等操作内容;

② 砌筑小品装饰(抹面、剁斧石、水刷石、干粘石等)的工作内容包括清理、砂浆调运、抹灰找平、压光、刷粘石踏、剁斧、养护等操作内容。

(2) 工程量计算规则:

① 砌筑按砖砌体以体积计算;

② 须弥座装饰按垂直投影面积以平方米计算;

③ 其他小品装饰按展开面积计算。

4) 瓦顶

(1) 工作内容:

① 围墙瓦顶的工作内容包括运瓦、调运砂浆、铺底灰、铺瓦、砌瓦头、安沟头滴水、嵌缝等操作内容;

② 屋脊的工作内容包括运瓦、调运砂浆、铺灰、贴瓦、清扫瓦面等操作内容;

③ 琉璃瓦顶的工作内容包括调制砂浆、铺灰盖瓦、安瓦筒、安瓦脊、修齐瓦口边线、清扫瓦面等操作内容。

(2) 工程量计算规则:须区分不同瓦顶样式及其不同的应用形式,以长度计算。

5) 古式木窗

(1) 工作内容:

① 框扇制作的工作内容包括制作窗扇、窗框、窗槛、抱楸、摇梗、楹子、窗闩,防腐等操作内容;

② 框扇安装的工作内容包括安装窗扇、窗框、窗槛、抱楸、摇梗、楹子,为窗装配五金、玻璃及油灰等操作内容。

(2) 工程量计算规则:古式木窗框制作按窗框长度计算;古式木窗扇制作、古式木窗框扇安装均按窗扇面积计算。

6) 假木纹、画石纹

(1) 工作内容:包括清扫、磨光、刷底油、刮腻子、做花纹、刷漆等操作内容。

(2) 工程量计算规则:以面积计算。

四、通用项目工程量计算

(一) 土方工程

1. 土方项目的划分

(1) 平整场地:建筑场地厚度在±30 cm 以内的挖、填土方及找平。

(2) 挖土方:图示沟槽底宽 3 m 以外、基坑底面积 20 m^2 以外的挖土均按挖土方计算。

(3) 挖沟槽:图示沟槽底宽在 3 m 以内,且沟槽长大于槽宽 3 倍以上的挖土为挖沟槽。

(4) 挖基坑:图示基坑底面积在 20 m^2 以内的挖土为挖基坑。

(5) 淤泥:在静水或缓慢的流水环境中沉积,并含有有机质细粒土。

(6) 流沙:在地下水位以下挖土时,底面和侧面随地下水一起涌出的流动细沙。

2. 土方工程量计算规则

(1) 工程量除注明者外,均按图示尺寸以实体积计算。

(2) 挖土方、地槽、地坑的高度,按室外自然地坪至槽底计算。

(3) 挖沟槽、基坑需放坡时,放坡系数可参考表 1-1-2 规定计算。

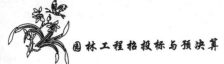

表 1-1-2　挖沟槽、基坑土方放坡系数参照表

土壤类别	放坡起点深度(含本身)/m	人工挖土	机械作业	
			在坑内作业	在坑上作业
普通土	1.35	1∶0.42	1∶0.29	1∶0.71
坚土	2.00	1∶0.25	1∶0.10	1∶0.33

(4) 土方体积应按挖掘前的天然密实体积计算。

(5) 回填土、场地填土，分松填和夯填，以立方米计算。挖地槽原土回填的工程量，可按地槽挖土工程量乘以系数 0.6 计算。

(6) 在同一沟槽或坑内土壤类别不同时，应分别按相应定额项目计算。

(7) 挖管沟槽，按规定尺寸计算，沟槽长度不扣除检查井，检查井的突出管道部分的土方也不增加。

(8) 基础施工所需工作面，按表 1-1-3 规定计算。

表 1-1-3　基础施工所需工作面参照表

基础材料	砖基础	浆砌毛石、条石基础	混凝土基础垫层支模板	混凝土基础支模板	基础垂直面做防水层
每边各增加工作面宽度	200 mm	150 mm	300 mm	300 mm	800 mm (防水层面)

(9) 管道沟槽回填土，以挖方体积减去管径所占体积计算。管径在 500 mm 以下的不扣除管道所占体积；管径超过 500 mm 时，按表 1-1-4 规定(每延长米管道)扣除管道所占的体积计算。

表 1-1-4　各种管道沟槽回填土方(扣除)表

管道名称	管道直径/mm					
	501～600	601～800	801～1000	1001～1200	1201～1400	1401～1600
	每延长米管道所占体积/m^3					
PVC、钢、石棉水泥管	0.21	0.44	0.71	—	—	—
铸铁管	0.24	0.49	0.77	—	—	—
混凝土管	0.33	0.60	0.92	1.15	1.35	1.55

(二) 砖石工程

1. 基础与墙身的划分

(1) 基础与墙身使用同一种材料时，以设计室内地面为界(有地下室者，以地下室室内设计地面为界)，以下为基础，以上为墙身。

(2) 基础与墙身使用不同材料时，位于设计室内地面±300 mm 以内时，以不同材料为分界线；超过±300 mm 时，以设计室内地面为分界线。

(3) 砖、石围墙以设计室外地坪为分界线，以下为基础，以上为墙身。

2. 砖石工程量计算规则

(1) 标准砖以240 mm×115 mm×53 mm为准，其砌体计算厚度按表1-1-5规定计算。使用非标准砖时，墙厚按项目中给定的相应厚度计算。

表1-1-5　标准砖计算厚度与砖石对比表

砖数(厚度)	1/4	1/2	3/4	1	1.5	2	2.5	3
计算厚度/mm	53	115	180	240	365	490	615	740

(2) 砖砌体均包括了原浆勾缝用工，加浆勾缝时，另按装饰相关项目执行。

(3) 计算墙体时，应扣除每个面积在0.3 m^2以上洞口所占的体积。

(4) 砖柱不分柱身和柱基，其工程量合并计算，按设计图示尺寸以体积计算。

(5) 标准砖砌围墙按不同厚度以立方米计算，其围墙柱(垛)、压顶按实体积并入围墙工程量内。

(6) 砖砌检查井及化粪池不分壁厚均以立方米计算，洞口上的砖平(弧)券等并入砌体体积内计算。

(7) 外墙长度按外墙中心线长度计算，内墙长度按内墙净长计算。

(8) 毛石基础、墙、方整石砌体(墙、柱)按图示尺寸以体积计算。墙体中如有砖平(弧)券等，按实砌体积另行计算。

(9) 零星砌砖按实砌体积计算。

(三) 混凝土及钢筋混凝土工程

工程量计算规则如下。

1. 现浇混凝土

混凝土工程量除另有规定者外，均按设计图示尺寸以立方米计算。不扣除构件内钢筋、预埋铁件及墙、板中单个面积在0.3 m^2以内的孔洞所占体积。墙、板中单孔面积在0.3 m^2以外时，应予扣除。伸入混凝土板中的混凝土柱，其截面面积在0.3 m^2以外时应扣除。

1) 基础

(1) 带形基础：按图示断面面积乘长度以体积计算，外墙基础长度按外墙中心线计算，内墙基础长度按内墙基础净长线计算。

(2) 无梁式满堂基础：包括基础底板、桩承台、柱脚以体积计算。

(3) 有梁式满堂基础：包括基础底板(防水底板)、基础梁、桩承台以体积计算。

(4) 其他基础按设计图示尺寸以体积计算。

2) 柱

(1) 按图示断面面积乘柱高以立方米计算。

(2) 有梁板的柱高，应自柱基上表面(或楼板上表面)至上一层楼板上表面之间的高度计算。

(3) 无梁板的柱高，应自柱基上表面(或楼板上表面)至柱帽下表面之间的高度计算。

(4) 构造柱、小立柱按全高计算。构造柱与砌体嵌接部分的体积并入柱身体积内计算。

(5) 依附柱上的牛腿并入柱身体积内计算。

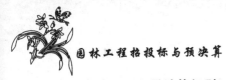

3）梁

（1）按图示断面面积乘梁长以体积计算。

（2）梁与柱连接时，梁长算至柱侧面。

（3）主梁与次梁连接时，次梁长算至主梁侧面。

（4）伸入墙内的梁头、现浇梁垫层体积并入梁体积内计算。

（5）圈梁与过梁连接者，分别执行圈梁、过梁项分别计算。

4）墙

（1）外墙按图示中心线长度、内墙按图示净长线长度乘墙高及墙厚以体积计算。

（2）混凝土梁与混凝土墙厚度不同时，墙高度算至梁下皮。

（3）混凝土梁与混凝土墙厚度相同时，梁并入墙内计算。

5）板

（1）按图示面积乘板厚以体积计算。

（2）有梁板系指梁（包括主梁、次梁、正交梁、斜交梁）与板构成一体，其工程量按梁、板体积之和计算。

（3）无梁板系指不带梁、直接用柱头支承的板，其工程量按板和柱帽体积总和计算。

（4）伸入砌体的板头、梁头并入板体积内计算。

2. 现场预制混凝土

（1）混凝土工程量均按图示尺寸实体体积以立方米计算，不扣除构件内钢筋、铁件及单孔面积在 0.3 m^2以内孔洞面积。

（2）混凝土与钢杆件组合的构件，混凝土部分按构件实体体积计算，钢构件部分按吨计算，分别执行相应的定额项目。

（3）预制柱上牛腿体积，应并入柱体积内计算。

3. 钢筋工程

（1）钢筋工程量根据钢筋的种类、规格，按设计图示钢筋长度乘以单位理论质量，以吨计算。

（2）按设计规定或施工规范要求，钢筋连接为机械连接时，根据连接方式不同，以个计算。

（3）焊接连接按图示钢筋用量，以吨计算。

（4）钢筋植筋按根计算。

（5）预埋铁件，按设计图示尺寸以吨计算。

（四）装饰工程

工程量计算规则如下。

1. 楼地面工程

（1）地面垫层按主墙间净空面积乘以设计厚度以体积计算。应扣除凸出地面的构筑物设备基础、室内管道、地沟等所占的面积，不扣除间壁墙和 0.3 m^2以内柱、垛、附墙烟囱及孔洞所占面积，但门洞、空圈、暖气包槽、壁龛的开口部分也不增加。

（2）整体面层、找平层、地面抹平压光按主墙间净空面积计算（主墙指砖混砌块墙厚≥180 mm，钢筋混凝土墙厚≥100 mm）。应扣除凸出地面的构筑物设备基础、室内管道、地沟等所占的面积，不扣除间壁墙和 0.3 m^2以内柱、垛、附墙烟囱及孔洞所占面积，但门洞、空圈、暖气包槽、壁龛的开口部分也不增加。

(3) 水泥砂浆阶梯式楼地面按阶梯平面与立面的面积之和计算。

(4) 水泥砂浆防滑坡道、锯齿坡道按坡道斜面积计算。

(5) 块料面层、橡塑面层、地毯面层、地板面层按设计图示尺寸以实铺面积计算，不扣除 0.1 m^2 以内的孔洞所占面积，门洞、空圈、暖气包槽、壁龛的开口部分并入相应的工程量内。拼花部分按实贴面积计算。

(6) 块料面层中的点缀单独计算，但计算主体铺贴地面面积时不扣除点缀所占面积。

(7) 水泥砂浆踢脚线按面积计算，洞口、空圈所占面积不扣除，洞口、空圈、垛、附墙烟囱等侧壁面积也不增加。成品踢脚线按设计图示尺寸以长度计算。其他踢脚线按设计图示尺寸以面积计算。

(8) 台阶按设计图示尺寸以台阶(包括最上一层踏步边沿加 300 mm)水平投影面积计算。

(9) 零星项目按设计图示尺寸以展开面积计算。

(10) 防滑条按设计图示尺寸以长度计算。

2. 墙、柱面工程

1) 抹灰

(1) 抹灰等级与抹灰遍数、工序、外观质量的对应关系，如表 1-1-6 所示。

表 1-1-6 抹灰等级与抹灰遍数、工序、外观质量对照表

名称	普通抹灰	中级抹灰	高级抹灰
遍数	一遍底层，一遍面层	一遍底层，一遍中层，一遍面层	一遍底层，一遍中层，一遍面层
主要工序	分层找平、修整、表面压光	阳角找方、设置标筋、分层找平、修整、表面压光	阳角找方、设置标筋、分层找平、修整、表面压光
外观质量	表面光滑、洁净，接槎平整	表面光滑、洁净，接槎平整，压线清晰、顺直	表面光滑、洁净，颜色均匀，无抹纹，压线平直方整、清晰美观

(2) 工程量均应按设计图示尺寸计算。

(3) 内墙(墙裙)抹灰面积，应扣除门窗洞口、空圈和 0.3 m^2 以外孔洞所占面积，不扣除踢脚线、挂镜线、0.3 m^2 以内孔洞以及墙与构件交接处的面积，洞口侧壁和顶面亦不增加。墙垛和附墙烟囱侧壁面积并入墙面抹灰工程量内计算。

(4) 砌体墙中的钢筋混凝土梁、柱等的抹灰，并入砌体墙面抹灰工程量计算。

(5) 内墙抹灰长度，按主墙间的图示净长尺寸计算。

(6) 外墙面(墙裙)抹灰面积，应扣除门窗洞口、0.3 m^2 以外孔洞以及按面积计算的零星抹灰所占面积，不扣除 0.3 m^2 以内孔洞、墙与构件交接处以及按长度计算的装饰线条抹灰所占的面积，洞口侧壁和顶面亦不增加。墙垛、梁、柱侧面抹灰面积并入外墙面抹灰工程量内计算。

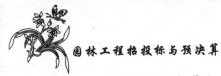

(7) 圆、方形欧式灰线装饰柱按柱墩与柱帽之间部分的垂直投影面积计算。

(8) 墙面勾缝按垂直投影面积计算，应扣除墙裙和墙面抹灰的面积，不扣除门窗洞口、门窗套、腰线等零星抹灰所占的面积，附墙柱和门窗洞口侧面的勾缝面积亦不增加。独立柱、房上烟囱勾缝，按设计图示尺寸以平方米计算。

(9) 独立柱抹灰按结构断面周长乘以柱的高度以平方米计算。

2) 块料及其他

(1) 墙面面层均按设计图示尺寸以实贴面积计算，不扣除 0.1 m^2以内的孔洞所占面积。垛和附墙柱并入墙面计算。

(2) 独立柱饰面按外围饰面尺寸乘以高度以面积计算。

(3) 隔断按净长乘净高计算，扣除门窗洞口及 0.3 m^2以上的孔洞所占面积。

(4) 幕墙按四周框外围面积计算。

(5) 墙砖及石材倒 45°角，按镶贴的图示尺寸以延长米计算。

3. 天棚工程

1) 天棚抹灰

(1) 天棚抹灰按主墙间的净面积计算，不扣除间壁墙、垛、柱、附墙烟囱、检查口和管道所占的面积。带梁天棚，梁两侧抹灰面积并入天棚面积内计算。

(2) 天棚中的折线、灯槽线、圆弧形线、拱形线等其他艺术形式的抹灰，按展开面积计算，并入天棚工程量内。

(3) 板式楼梯底面抹灰按斜面积计算，锯齿形楼梯底面抹灰按展开面积计算。

(4) 密肋梁和井字梁天棚抹灰，按展开面积计算。

(5) 雨篷底面或顶面抹灰分别按水平投影面积以平方米计算，并入相应天棚抹灰面积内。

(6) 檐口天棚抹灰，并入相同的天棚抹灰工程量内。

(7) 预制板底勾缝，按水平投影面积计算。

2) 天棚吊顶

(1) 天棚龙骨按主墙间净空面积计算，不扣除间壁墙、检查口、附墙烟囱、柱垛和管道所占面积，扣除单个 0.3 m^2以上的孔洞、独立柱及与天棚相连的窗帘盒所占的面积。

(2) 天棚基层、面层，均按展开面积计算。

(3) 龙骨、基层、面层合并列项的项目，工程量计算规则按龙骨的规则执行。

(4) 藤条造型悬挂吊顶、织物软吊顶、网架天棚均按水平投影面积计算。

☆ 学习任务

图 1-1-1 平面及植物配置图(见书后插页)、图 1-1-2 施工详图(见书后插页)，是××园林景观广场的施工图，该项目占地面积 783.15 平方米，项目所在地土壤为一二类土，可以满足种植植物的需要，项目包含的具体内容见图中标注。请结合该项目施工图纸、园林工程预算定额和有关资料，完成该项目定额工程量的计算并填写工程量计算表。

☆ 任务分析

根据图示,“××园林景观广场建设工程”包括的工程内容有绿化、园路、台阶、广场、花台、景墙、仿树桩等。欲完成该工程项目的工程量计算,需要详细读懂工程施工图纸,能够对工程项目进行划分,并能够掌握相关工程内容的工程量计算规则,且能够对计算的结果进行计量单位与定额单位的换算。

☆ 任务实施

一、准备工作

收集编制工程量计算的各类依据资料,具体包括工程施工图纸、预算定额、工程量计算规则、施工组织设计等。

详细阅读施工图及施工说明,了解该工程项目的构成,明确各个区域的划分,掌握相互间的平立面关系,把握工程总图与详图的对应联系,复核工程基础结构,熟悉工程施工工艺等。

二、确定并列出分部分项工程项目名称

根据图 1-1-1、图 1-1-2 所示的××园林景观广场建设工程施工图和定额工程量计算规则,逐项列出分部分项工程项目名称、单位。

所列的分项工程项目名称、单位必须与预算定额中相应项目名称一致,填入工程量计算表,详见表 1-1-7。

三、列出工程量计算式并计算结果

分项工程项目名称确定后,根据施工图所示的部位、尺寸和数量,按照各类工程的工程量计算规则,分别列出工程量计算公式,填入表 1-1-7。如表 1-1-7 中序号为“38”、名称为“点风景石”这一分项工程,根据施工图中的说明得知,该风景石的规格为 $L=1.7$ m、$B=1.5$ m、$H=3.1$ m,按照工程量计算规则列出计算式为 $W=L\times B\times H\times R$,将上述数据代入该计算式,即 $W=1.7\times1.5\times3.1\times2.2$(湖石的比重 $R=2.2$ t/m^3),计算结果为 17.391 t。

四、调整计量单位

预算定额中往往以 10 m、10 m^2、100 m^2、10 m^3、100 m^3 等为计量单位,因此,还需将上一步骤中计算的工程量单位,按预算定额中相应项目规定的计量单位进行调整。如表 1-1-7 中序号为“1”、名称为“整理绿化地”这一分项工程,计算式“$34.5\times22.7-(12\times6+13.3\times4)$”计算结果“657.95”的单位是“m^2”,而预算定额中是以“10 m^2”为单位计算的,所以必须把工程量的单位由“m^2”换算成“10 m^2”,将内容填入表 1-1-7 中相应位置。所有分部分项工程量计算完毕后,须对工程量计算进行复核。

××园林景观广场建设工程的工程量计算表如表 1-1-7 所示。

表 1-1-7 工程量计算表

工程名称：××园林景观广场建设工程

序号	分部分项工程名称	单位	工程量	工程量计算式(工程量表达式)
	一、绿化工程			
1	整理绿化地	10 m^2	65.80	34.5×22.7−(12×6+13.3×4)=657.95 m^2
2	起挖垂榆，胸径 8 cm	株	12	图示
3	栽植垂榆，胸径 8 cm	株	12	图示
4	起挖山杏，胸径 6 cm	株	20	图示
5	栽植山杏，胸径 6 cm	株	20	图示
6	起挖垂柳，胸径 10 cm	株	27	图示
7	栽植垂柳，胸径 10 cm	株	27	图示
8	起挖四季玫瑰，株高 1.5 m	株	28	图示
9	栽植四季玫瑰，株高 1.5 m	株	28	图示
10	起挖榆叶梅，株高 1.8 m	株	32	图示
11	栽植榆叶梅，株高 1.8 m	株	32	图示
12	起挖小叶丁香，株高 0.6 m	株	230	28.7×8=230 株
13	栽植双排小叶丁香篱，篱高 0.6 m	m	28.7	图示：28.7 m
14	起挖水腊，株高 0.5 m	株	193	32.1×6=193 株
15	片植水腊篱，篱高 0.5 m	10 m^2	3.21	图示：32.1 m^2
16	栽植露地花卉，草本花	10 m^2	1.92	图示：19.2 m^2
17	起挖草皮	100 m^2	3.02	图示：302 m^2
18	满铺草皮	100 m^2	3.02	图示：302 m^2
19	树木支撑，三角桩	株	59	12+20+27=59 株
	二、园路工程			
20	整理路床	100 m^2	0.59	(15+6+7.7+13+5+9.7)÷2×(2+0.05×2)=59.22 m^2
21	碎石垫层	m^3	5.92	(15+6+7.7+13+5+9.7)÷2×(2+0.05×2)×0.10=5.922 m^3
22	C15 混凝土垫层	m^3	5.92	(15+6+7.7+13+5+9.7)÷2×(2+0.05×2)×0.10=5.922 m^3
23	铺设荷兰砖(200×100×50)	m^2	56.4	(15+6+7.7+13+5+9.7)÷2×2=56.4 m^2
24	路牙铺设安装	100 m	0.50	15+6+7.7+13+5+3=49.7 m
	三、广场台阶			
25	挖沟槽土方，一二类土	100 m^3	0.02	4.5×1.14×0.42=2.1546 m^3
26	砂垫层	10 m^3	0.08	0.58×4.5×0.15+0.46×4.5×0.12+0.26×4.5×0.1=0.76 m^3

续表

序号	分部分项工程名称	单位	工程量	工程量计算式(工程量表达式)
27	C15 混凝土垫层	10 m^3	0.08	4.5×0.44×0.1×2+0.88×4.5×0.1=0.792 m^3
28	沟槽厚土夯实	100 m^2	0.05	4.5×1.14=5.13 m^2
29	砖基础	m^3	0.58	(0.25×0.12+0.12×0.24)×4.5+(0.35×0.12+0.12×0.24)×4.5=0.58 m^3
30	台阶机刨石贴面	m^2	4.5	1×4.5=4.5 m^2
	四、广场			
31	平整场地	100 m^2	1.80	13.5×13.3=179.55 m^2
32	厚土夯实	100 m^2	1.80	13.5×13.3=179.55 m^2
33	砂垫层	10 m^3	1.796	13.5×13.3×0.1=17.955 m^3
34	C15 混凝土垫层	10 m^3	1.796	13.5×13.3×0.1=17.955 m^3
35	卵石面层	m^2	44.36	图示:44.36 m^2
36	火烧板地面,红色	100 m^2	0.88	图示:87.95 m^2
37	火烧板地面,青色	100 m^2	0.45	图示:44.90 m^2
38	点风景石	t	17.39	1.7×1.5×3.1×2.2=17.391t
39	塑树根,直径 25 cm 以内	m	8	图示长度
	五、花台			
40	平整场地	100 m^2	0.25	11.2×2.2=24.64 m^2
41	挖沟槽土方,一二类土	100 m^3	0.01	(11×2+2×2)×0.44×0.12=1.3728 m^3
42	C15 混凝土垫层	10 m^3	0.11	(11×2+2×2)×0.44×0.1=1.144 m^3
43	砖基础	m^3	1.84	(11×2+2×2)×(0.12×0.35+0.24×0.12)=1.840 8 m^3
44	青灰色文化石贴面	100 m^2	0.17	(0.3+0.22+0.15)×(11×2+2×2)=17.42 m^2
	六、景墙			
45	平整场地	100 m^2	0.06	(5.5+3.1)×0.68=5.848 m^2
46	挖沟槽土方,一二类土	100 m^3	0.06	(5.5+3.1)×0.68×1=5.848 m^3
47	沟槽原土夯实	100 m^2	0.06	(5.5+3.1)×0.68=5.848 m^2
48	C15 混凝土垫层	10 m^3	0.06	(5.5+3.1)×0.68×0.1=0.584 8 m^3
49	砖基础	10 m^3	0.17	(5.5+3.1)×(0.48×0.12+0.36×0.12+0.24×0.42)=1.733 76 m^3
50	基础梁	10 m^3	0.05	(5.5+3.1)×0.24×0.24=0.495 36 m^3
51	基础梁钢筋	t	0.039	(5.5+3.1)×4×0.888+(0.24×4-8×0.015+0.006×2.5)×[(5.5+3.1)÷0.2+1]×0.222=38.898 8 kg

续表

序号	分部分项工程名称	单位	工程量	工程量计算式(工程量表达式)
52	标准砖砌砖墙,1砖	10 m^3	0.46	(5.5+3.1)×(2.5−0.29)×0.24=4.561 44 m^3
53	圈梁	10 m^3	0.50	同基础梁
54	圈梁钢筋	10 m^3	0.50	同基础梁
55	矩形柱,构造柱	10 m^3	0.05	(2.5−0.29)×0.24×0.24×4=0.509 184 m^3
56	矩形柱,钢筋	t	0.034	(2.5−0.29)×4×4×0.888+(0.24×4−8×0.015+0.006×2.5)×[(2.5−0.29)÷0.2+1]×0.222=33.686 9 kg
57	文化石贴面,砖墙	100 m^2	0.46	(2.5×2+0.34)×(5.5+3.1)=45.924 m^2
58	沟槽土方回填	100 m^3	0.01	(5.5+3.1)×(0.22×0.46+0.16×0.24)=1.200 56 m^3

☆ 任务考核

序号	考 核 内 容	考 核 标 准	配分	考核记录	得分
1	园林工程量计算步骤	计算步骤正确	10		
2	确定分部分项工程项目	划分合理、准确,不漏项	20		
3	列园林工程量计算式	计算式正确、合理、符合工程量计算规则	40		
4	工程量单位换算	符合预算要求	10		
5	计算结果	计算结果准确,单位换算后工程量正确无误	20		

☆ 知识链接

清单工程量和基础定额工程量的联系与区别

清单工程量计算规则与基础定额的工程量计算规则的联系主要表现在:清单工程量计算规则是在基础定额工程量计算规则的基础上发展起来的,它保留了大部分基础定额工程量计算规则的内容和特点,是基础定额工程量计算规则的继承和发展。

清单工程量和基础定额工程量的区别主要体现在如下几个方面。

(一) 工程量的计算依据

基础定额工程量和清单工程量是两个完全不同的概念,基础定额工程量是根据预算定额工程量计算规则进行工程量计算的,清单工程量是根据工程量清单计价规范规定进行工程量计算的。

(二) 计量单位

清单工程量的计量单位一般采用基本计量单位,如 m、kg、t 等。基础定额工程量的计量单位则有时出现复合单位,如 1000 m^3、100 m^2、10 m、100 kg 等。但是大部分计量单位与相应定额子项的计量单位相一致。

（三）计算口径及综合内容

清单工程量的工程内容是参考规列项目，按实际完成完整实体项目所需工程内容列项，并以主体工程的名称作为工程量清单项目的名称。基础定额工程量计算规则未对工程内容进行组合，仅是单一的工程内容，其组合的是单一工程内容的各个工序。

（四）计算方法

清单工程量均以工程实体的净值为准，一般都是工程实体消耗的实际用量，计算时重点考虑图纸尺寸，其他基本不考虑。基础定额工程量是施工工程量，在计算时要考虑施工方法、现场环境、地质等多方面的因素，一般包括实体工程中实际用量和损耗量，一般情况下基础定额工程量大于清单工程量。

（五）计算的主体

清单工程量由招标人计算，是以招标文件的形式提供给投标人，不属于投标人的竞争部分，因为工程量的错误及变更引起的工程量变更风险由招标人承担。而在定额模式下，基础定额工程量是由投标人计算的并承担相应风险。

☆ 复习提高

由教师提供包含园林绿化、园路、园桥、假山、景观等内容的工程施工图，要求学生分组在规定的时间内完成基础定额工程量和清单工程量的计算，并由各组同学相互进行工程量的复核。

任务 2　园林工程招标标底的编制

☆ 能力目标

1. 具备编制园林工程招标标底的能力
2. 能准确确定园林工程定额的定额编号
3. 能熟练套用园林工程定额基价
4. 能熟练查阅分项工程消耗的工、料、机的数量
5. 能正确编写园林工程预算书

☆ 知识目标

1. 掌握园林工程招标标底的编制方法
2. 熟悉园林工程预算定额的内容
3. 掌握园林工程预算书的组成
4. 掌握园林工程预算费用的组成
5. 掌握园林工程施工图预算的编制程序

☆ 基本知识

一、园林工程招标标底

（一）标底的含义

标底是招标工程的预期价格。在建设工程招投标中，标底的编制是工程招标的重要环节之一，标底的编制一般由招标单位委托由建设行政主管部门批准具有与建设工程相应造价资质的中介机构代理编制。标底编制的合理性和准确性直接影响工程造价。

（二）标底的作用

(1) 标底使建设单位预先明确自己在拟建工程上应承担的财务义务。

(2) 标底是给上级主管部门提供核实投资规模的依据。

(3) 作为衡量投标报价的准绳，标底也就是评判投标者报价的主要尺度之一。

(4) 标底是评标、定标的重要依据。

（三）编制标底应遵循的原则

(1) 标底必须根据招标单位的招标文件、设计图纸、标前会议纪要和有关技术资料，严格按照国家、省和市造价管理有关规定、定额和计价办法编制。

(2) 标底的价格一般包括成本、利润、税金三大部分，应控制在上级批准的总概算（修正概算）及投资包干的限额内。

(3) 标底价格作为建设单位的期望计划价格，应力求与市场实际变化相吻合，要有利于竞争和保证工程质量。

(4) 标底价格应考虑人工、材料、机械台班等价格变动因素，还应包括施工的不可预见费、包干费和措施费。工程要求优良的，还应增加相应的费用。

(5) 一个园林工程只能编一个标底，并在开标前保密。

（四）招标标底编制的程序和方法

1. 以园林工程施工图预算为基础的标底

根据施工图纸和技术说明，按照预算定额规定的分部分项工程子目，逐项计算出工程量后，再套用定额单价（或单位估价表）确定直接费。然后再按规定的取费标准计算间接费、计划利润、税金、材料调价和不可预见费等，汇总后计算出工程预期总造价，即标底。

2. 以园林工程概算为基础的标底

以园林工程概算为基础的标底的编制程序和以园林工程施工图预算为基础的标底大体相同，所不同的是采用园林工程概算定额，对分部分项工程子目做了适当的归并和综合。这种方法主要适用于扩大初步设计或技术设计阶段进行招标的工程，即根据扩大初步设计图纸和概算定额计算工程造价形成标底。

3. 以最终成品单位造价包干为基础的标底

这种方法主要适用于采用标准图集大量兴建的工程，以及园林建设中的植草工程、喷灌工程，按每平方米面积实行造价包干。

当前我国园林工程施工招标较多采用的是以施工图预算为基础的标底编制方法。本章案例即以此法进行编制。施工图预算编制的主要依据是施工图、预算定额、材料预算价格、取费标准等。

二、园林工程招标标底文件的组成

一般来说，园林工程招标标底文件由标底报审表和标底正文两部分组成。

（一）标底报审表

标底报审表是园林工程招标文件和标底正文的综合摘要，包括以下内容。

1. 招标工程综合说明

招标工程综合说明包括建设单位、招标工程的名称、报建建筑面积、标底价格编制单位、设计概算或修正概算总金额、施工质量要求、工程类别、计划开工竣工时间等。

2. 标底价格

这部分包括招标工程的总造价及各主要材料的总用量和单方用量。

3. 招标工程总造价中各项费用的说明

这部分包括对包干系数、不可预见费用、工程技术特殊技术措施等的说明，以及对增加或减少的项目的审定意见和说明。

实际工程中常采用工料单价和综合单价的标底报审表，两种标底报审表在内容上不尽相同，其样式分别如表 1-2-1、表 1-2-2 所示。

表 1-2-1　标底报审表(采用工料单价)

<table>
<tr><td colspan="2">建设单位</td><td></td><td>工程名称</td><td colspan="2"></td><td>报建建筑面积/m^2</td><td></td></tr>
<tr><td colspan="2">编制单位</td><td></td><td>编制人员</td><td></td><td>报审时间</td><td>工程类别</td><td></td></tr>
<tr><td rowspan="9">报送标底价格</td><td colspan="2">建筑面积/m^2</td><td></td><td rowspan="9">审定标底价格</td><td colspan="2">建筑面积/m^2</td><td></td></tr>
<tr><td>项目</td><td>单方价/(元/m^2)</td><td>合价/元</td><td>项目</td><td>单方价/(元/m^2)</td><td>合价/元</td></tr>
<tr><td>直接费合计</td><td></td><td></td><td>直接费合计</td><td></td><td></td></tr>
<tr><td>间接费</td><td></td><td></td><td>间接费</td><td></td><td></td></tr>
<tr><td>利润</td><td></td><td></td><td>利润</td><td></td><td></td></tr>
<tr><td>其他费用</td><td></td><td></td><td>其他费用</td><td></td><td></td></tr>
<tr><td>税金</td><td></td><td></td><td>税金</td><td></td><td></td></tr>
<tr><td>标底价格总价</td><td></td><td></td><td>标底价格总价</td><td></td><td></td></tr>
<tr><td>主要材料用量</td><td></td><td></td><td>主要材料用量</td><td></td><td></td></tr>
<tr><td colspan="4">审定意见</td><td colspan="4">审定说明</td></tr>
<tr><td colspan="2">增加项目

小计________元</td><td colspan="2">减少项目

小计________元</td><td colspan="4" rowspan="2"></td></tr>
<tr><td colspan="4">合计__________元</td></tr>
<tr><td>审定人</td><td></td><td>复核人</td><td></td><td>审定单位盖章</td><td>审定时间</td><td colspan="2">年　月　日</td></tr>
</table>

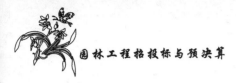

表 1-2-2 标底报审表(采用综合单价)

<table>
<tr><td>建设单位</td><td></td><td>工程名称</td><td colspan="2"></td><td colspan="2">报建建筑面积/m²</td><td></td></tr>
<tr><td>编制单位</td><td></td><td>编制人员</td><td></td><td colspan="2">报审时间</td><td>工程类别</td><td></td></tr>
<tr><td rowspan="10">报送标底价格</td><td colspan="2">建筑面积/m²</td><td></td><td rowspan="10">审定标底价格</td><td colspan="2">建筑面积/m²</td><td></td></tr>
<tr><td>项目</td><td>单方价/(元/m²)</td><td>合价/元</td><td>项目</td><td>单方价/(元/m²)</td><td>合价/元</td></tr>
<tr><td>报送标底价格</td><td></td><td></td><td>审定标底价格</td><td></td><td></td></tr>
<tr><td>主要材料</td><td>单方用量</td><td>总用量</td><td>主要材料</td><td>单方用量</td><td>总用量</td></tr>
<tr><td></td><td></td><td></td><td></td><td></td><td></td></tr>
<tr><td></td><td></td><td></td><td></td><td></td><td></td></tr>
<tr><td></td><td></td><td></td><td></td><td></td><td></td></tr>
<tr><td></td><td></td><td></td><td></td><td></td><td></td></tr>
<tr><td rowspan="2">主要材料用量</td><td></td><td></td><td rowspan="2">主要材料用量</td><td></td><td></td></tr>
<tr><td></td><td></td><td></td><td></td></tr>
<tr><td colspan="4">审定意见</td><td colspan="4">审定说明</td></tr>
<tr><td colspan="2">增加项目

小计________元</td><td colspan="2">减少项目

小计________元</td><td colspan="4" rowspan="2"></td></tr>
<tr><td colspan="4">合计____________元</td></tr>
<tr><td>审定人</td><td></td><td>复核人</td><td></td><td colspan="2">审定单位盖章</td><td>审定时间</td><td>年 月 日</td></tr>
</table>

(二)标底正文

标底正文是详细反映招标人对园林工程价格、工期等的预期控制数据和具体要求的部分。标底正文一般包括以下内容。

1. 总则

总则主要说明标底编制单位的名称、持有的标底编制资质等级证书,标底编制的人员及其资格证书,标底具备条件,编制标底的原则和方法,标底的审定机构,对标底的封存、保密要求等内容。

2. 标底的要求及编制说明

这部分主要说明招标人在方案、质量、期限、价格、方法、措施等许多方面的综合性预期控制指标或要求,并阐述其依据、包括和不包括的内容、各有关费用的计算方式等。

在标底的要求中,要注意明确各单项工程、单位工程的名称、建筑面积、方案要点、质量、工期、单方造价以及总造价,明确各主要材料的总用量及单方用量,甲方供应的设备、构件与特殊材料的用量,明确分部、分项直接费、其他直接费、主材的调价、利润、税金等。

在标底编制说明中,要特别注意对标底价格的计算说明。

3. 标底价格计算用表

采用工料单价的标底价格计算用表和采用综合单价的标底价格计算用表有所不同,见表 1-2-3、表 1-2-4。

表 1-2-3　标底价格汇总表(采用工料单价)

项目		内容					合计	备注
序号	内容	工程直接费合计	工程间接费合计	利润	其他费	税金		
1	工程量清单汇总及取费							
2	材料差价							
3	设备价							
4	现场因素、施工组织措施费							
5	其他							
6	风险金							
7	合计							

标底价格总价(大写):__________元

表 1-2-4　标底价格汇总表(采用综合单价)

序号	表号	工程项目名称	金额/元	备注

报送标底价格____________元

三、园林工程预算定额

(一) 工程定额的概念

所谓定,就是规定;额,就是额度或限额。从广义理解,定额就是规定的额度或限额,即工程施工中的标准或尺度。具体来讲,定额是指在正常的施工条件下,完成某一合格单位产品或完成一定量的工作所需消耗的人力、材料、机械台班和财力的数量标准(或额度)。

(二) 工程定额的分类

在园林工程建设过程中,由于使用对象和目的不同,所以园林建设工程定额的种类很多,可根据内容、用途和使用范围的不同等进行分类。

1. 按生产要素分类

进行物质资料生产所必须具备的三要素是劳动者、劳动对象和劳动手段。为了适应建设工程施工活动的需要,定额可按这三个要素编制,即劳动定额、材料消耗定额、机械台班使用定额。

2. 按编制程序和用途分类

按编制程序和用途分类,工程定额分为五种:施工定额、预算定额、概算定额、概算指标和投资估算指标。

3. 按编制单位和执行范围分类

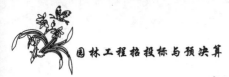

按编制单位和执行范围分类,工程定额可分为全国统一定额、行业统一定额、地区统一

定额、企业定额、补充定额五种。

4. 按专业不同分类

按专业不同分类，工程定额可分为建筑工程定额、建筑(设备)安装工程定额、仿古建筑及园林绿化工程定额、公路工程定额等。

(三) 园林工程预算定额的概念

园林工程预算定额是指在正常的施工条件下，确定完成一定计量单位合格的分项工程或结构构件所需消耗的人工、材料、机械台班和费用的数量标准。表 1-2-5 是河北省园林绿化工程消耗量定额项目表(2009 版)中的一部分。

表 1-2-5 河北省园林绿化工程消耗量定额项目表[栽植乔木(带土球)]

工作内容：挖坑、栽植、浇水、保墒、整形、清理 单位：株

定额编号				1-72	1-73	1-74	1-75	1-76
项目名称				乔木(带土球)				
				土球直径(cm 以内)				
				70	80	100	120	140
基价				27.16	41.14	67.28	96.69	142.23
人工费/元				16.72	25.68	41.24	60.32	90.68
材料费/元				0.68	0.82	1.64	2.18	2.73
机械费/元				9.76	14.64	24.40	34.19	48.82
名称		单位	单价/元	数量				
人工	综合用工二类	工日	40	0.418	0.642	1.031	1.508	2.267
材料	水	m^3	3.03	0.225	0.27	0.54	0.72	0.9
机械	机械费	元	1	9.76	14.64	24.4	34.19	48.82

例如，要知道栽植 1 株土球直径为 100 cm 的国槐需消耗的人工费、材料费、机械费，以及需消耗的人工和材料量等，查表 1-2-5 就可以得到消耗的人工费为 41.24 元，材料费为 1.64元，机械费为 24.40 元。消耗的人工为 1.031 工日。

(四) 预算定额编制部门

预算定额是由特定的国家机关或被授权单位组织编制并颁发的一种法令性指标，是一项重要的经济法规。各省市建设工程造价管理站根据国家定额和本地区实际情况来编写地区定额。在实际工作中，工程预算采用的多为本地的预算定额。

(五) 预算定额编制目的

预算定额的编制目的在于确定工程中每一分项工程的预算基价(即价格)，力求用最少的人力、物力和财力，生产出符合质量标准的合格园林建设产品，取得最好的经济效益。

(六) 预算定额的内容和编排形式

1. 预算定额的内容

预算定额主要由文字说明、定额项目表和附录三部分组成，如图 1-2-1 所示。

文字说明包括总说明、分部工程说明、分节说明。在总说明中，主要阐述预算定额的用途、编制依据、适用范围、定额中已考虑的因素和未考虑的因素、使用中应注意的事项等；在分部工程说明中，主要阐述本分部工程所包括的主要项目、编制中有关问题的说明、定额应

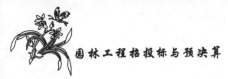

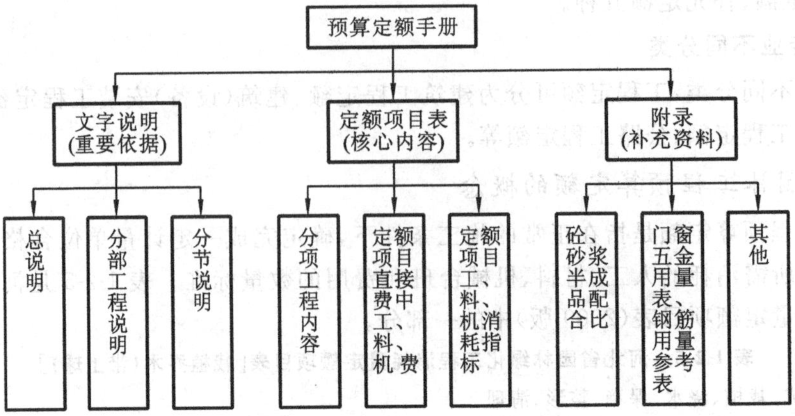

图 1-2-1 预算定额手册组成示意图

用时的具体规定和处理方法等；分节说明是对本节所包含的工程内容及使用的有关说明。因此，在使用定额前应首先了解和掌握文字说明的各项内容，这些文字说明是定额应用的重要依据。

定额项目表是定额的核心部分，其中列出了每一单位分项工程中人工、材料、机械台班消耗量。定额项目表由分项工程内容、定额计量单位、定额编号、人工和材料及机械消耗量、附注等组成。从表 1-2-5 可以查出：

栽植带土球乔木的工作内容包括挖坑、栽植、浇水、保墒、整形、清理等工序；

栽植土球直径 100 cm 以内乔木的定额编号为 1-74；

栽植土球直径 100 cm 以内乔木消耗的人工为 1.031 工日；

栽植土球直径 100 cm 以内乔木需浇水 0.54 m^3。

附录列在预算定额的最后，其主要内容有材料、成品、半成品价格表，施工机械台班价格表等。这些资料供定额换算之用，是定额应用的重要补充资料。

2. 预算定额手册的编排形式

预算定额手册根据园林结构及施工程序等按章、节、项目、子目等顺序排列。

分部工程以下，又按工程性质、工程内容及施工方法、使用材料分成许多节。如预算定额手册中的第三章园林绿化工程中，分成绿地整理、栽植花木、绿地喷灌三节。

节以下，再按工程性质、规格、材料类别等分成若干项目。

在项目中还可以按其规格、材料等再细分为许多子项目。

如河北省 2009 年园林绿化工程消耗量定额共分三部分，第一部分实体项目，分三章。第一章绿化工程，第二章园路、园桥、假山工程，第三章园林景观工程。

为了查阅使用定额方便，定额的章、节、子目都有统一的编号即定额编号。如表 1-2-5 中 1-73 的含义如图 1-2-2 所示。

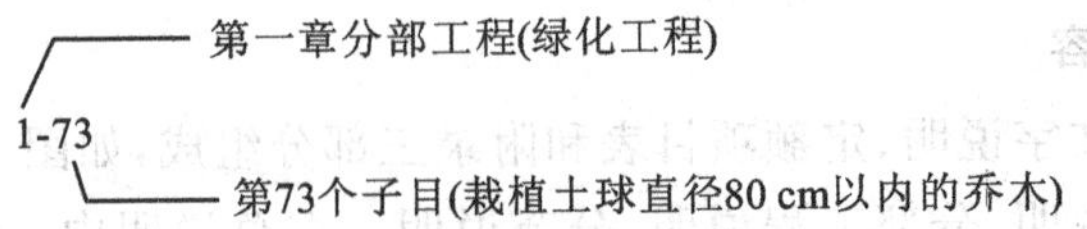

图 1-2-2 定额含义

定额编号(1-73)确定后，就可以根据定额编号查园林绿化工程消耗量定额价目表得知栽植土球直径 80 cm 以内的乔木的基价，消耗的人工费、材料费、机械费等。

（七）园林工程预算定额套用

预算定额的套用可以分为直接套用、材料换算和系数换算三种。

现以河北省 2009 年建设工程定额为例，说明预算定额的套用。

1. 预算定额的直接套用

当设计要求与定额项目的内容相一致时，可直接套用定额的预算基价及工料消耗量，计算该分项工程的直接费以及人工、材料需用量，计算之后就可以进行工料分析，以便控制工程成本。

例 1-2-1　某园路采用 3 cm 厚花岗岩路面 400 m^2，试计算完成该分项工程的直接费及主要材料消耗量。

解　①确定定额编号：2-28。

②计算该分项工程直接费：

分项工程直接费＝预算基价×工程量＝1 138.52/10×400＝45 540.80 元

③计算主要材料消耗量：

材料消耗量＝定额规定的消耗量×工程量

花岗岩板厚 30 cm：10.15/10×400＝406.00 m^2

白水泥：0.100 0/10×400＝4.00 kg

水泥砂浆 1∶4∶0.305 0/10×400＝12.20 m^3

素水泥浆：0.030 0/10×400＝1.20 m^3

2. 预算定额的材料换算

当设计要求与定额项目的内容所使用的材料种类不一致时，须进行材料换算。最常用的材料换算包括砼的换算、砂浆的换算等。砼和砂浆的强度等级在设计要求与定额不同时，按半成品配合比进行换算。

砼和砂浆的换算：砼和砂浆的用量不发生变化，只换算强度、石子种类或砼和砂浆面层厚度。换算的思路是先确定换算定额编号及其单价，确定砼或砂浆的种类，再根据确定的砼或砂浆的种类，查换出、换入砼或砂浆的单价。换算价格是在原定额价格的基础上减去换出部分的费用，加上换入部分的费用。换算公式为

砼换算价格＝原定额价格＋定额砼用量×(换入砼单价－换出砼单价)

砂浆换算价格＝原定额价格＋定额砂浆用量×(换入砂浆单价－换出砂浆单价)

如某定额中规定使用 M2.5 砂浆，用量为 2.5 m^3，单价为 29 元/m^3，相应的定额预算单价为 500 元/10 m^3，根据图纸要求，换用 M5 砂浆，单价为 33 元/m^3，砂浆相应的换算单价应为多少？

套入上面的公式，不难计算出砂浆相应的换算单价为 510 元/10 m^3。

3. 预算定额的系数换算

当设计要求与定额项目的内容不同时，还须进行系数换算。预算定额的系数换算是按定额说明中规定的系数乘以相应定额的基价(或定额中工料之一部分)后，得到一个新单价。系数换算在园林工程预算中是比较重要的一项内容。

例 1-2-2　某工程铲运机铲未经压实的二类土方 350 m^3，运距 150 m，试计算完成该分

项工程的直接费。

解 根据土、石方工程说明，得知推土机、铲运机推、铲未经压实的堆积土时，按相应项目乘以系数0.73。

①确定换算定额编号及单价。

定额编号A1-110，单价4 266.28元/1000 m^3。

②计算换算单价。

$$换算单价=4\ 266.28元/1000\ m^3\times0.73=3\ 114.38元/1000\ m^3$$

③计算完成该分项工程的直接费。

$$直接费=3\ 114.38元/1000\ m^3\times350\ m^3/1000=1\ 090.03元$$

四、园林工程预算

（一）园林工程预算的概念

园林工程预算是指在工程建设过程中，根据不同设计阶段的设计文件的具体内容和有关定额、指标及取费标准，预先计算和确定建设项目的全部工程费用的技术性经济文件。

（二）园林工程预算的种类

园林工程建设一般要经过初步设计阶段、施工图设计阶段、施工阶段、竣工验收等阶段。园林工程预算按不同的设计阶段和所起的作用及编制依据的不同，一般可分为设计概算、施工图预算和施工预算三种，如表1-2-6所示。施工图预算是招投标的重要组成部分。

表1-2-6 园林工程预算种类

预算种类	设计概算	施工图预算	施工预算
编制目的	控制工程投资	对外确定工程造价	企业内部进行施工管理、核算工程成本
编制单位	设计单位	施工单位	施工单位、施工项目部
编制阶段	初步设计阶段、技术设计阶段	施工图纸已完成、工程开工前	施工准备阶段、工程开工前
编制依据	初步设计图纸、技术设计图纸、概算定额、概算指标、费用定额	施工图纸、施工组织设计、预算定额、材料市场价格、费用定额	施工图预算、施工图纸、施工组织设计、施工定额
编制结果	从项目筹建到交付使用全过程的建设费用	单位工程从开工到竣工全过程的建设费用	拟建工程的人工、材料、机械消耗量以及相应的人工费、材料费、机械费

建设项目或单项工程竣工后，还应编制竣工决算。工程竣工决算分为施工单位竣工决算和建设单位竣工决算两种。

设计概算、施工图预算和竣工决算简称“三算”。设计概算不得超过计划的投资额，施工图预算和竣工决算不得超过设计概算。三者都有独立的功能，在工程建设的不同阶段发挥各自的作用。

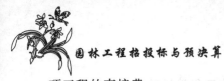

五、园林工程预算费用的组成

园林工程预算费用由直接费、间接费、计划利润、税金和其他费用组成。

（一）直接费

直接费是指在施工中直接用在工程上的各项费用之和。

直接费包括定额直接费和措施费。

1. 定额直接费

定额直接费包括人工费、材料费、施工机械使用费。

(1) 人工费是指列入预算定额中直接从事工程施工的生产工人的各项费用开支。

(2) 材料费是指列入预算定额的施工过程中构成工程实体所耗用的原材料、辅助材料、构配件、零件、半成品的费用和周转使用材料的摊销(或租赁)费用。

(3) 施工机械使用费是指列入定额的完成园林工程所需消耗的施工机械台班量，按相应机械台班费定额计算的施工机械所发生的费用。

施工机械使用费一般包括三类费用：第一类费用是机械折旧费、大修理费、维修费、润滑材料及擦拭材料费、安装和拆卸及辅助设施费、机械进出场费等；第二类费用是工人的人工费、动力和燃料费；第三类费用是公路养路费、牌照税及保险费等。

2. 措施费(其他直接费)

措施费是指直接费以外施工过程中发生的其他费用。措施费的内容如下。

(1) 环境保护费：施工现场为达到环保部门要求所需的各项费用。

(2) 文明施工费：施工现场文明施工所需的各项费用。

(3) 安全施工费：施工现场安全施工所需的各项费用。

(4) 临时设施费：施工企业为进行园林工程施工所需的生活和生产用的临时建筑物、构筑物和其他临时设施费用。

临时设施包括临时宿舍、伙房、文化福利及公用事业房屋与构筑物，仓库、办公室、加工厂，以及规定范围内道路、水、电、管线等临时设施和小型临时设施。

临时设施费包括临时设施的搭设、维修、拆除费或摊销费。

(5) 冬、雨季施工增加费。

(6) 夜间施工增加费。

(7) 二次搬运费。

(8) 大型机械设备进出场及安拆费。

(9) 混凝土及钢筋混凝土模板及支架费。

(10) 脚手架费。

(11) 施工排水及降水费。

(12) 施工干扰费。

(13) 其他措施费：包括生产工具用具使用费、检验试验费、工程定位复测费、工程点交费、场地清理费等费用。

虽然措施费包括的种类很多，但并不是每个工程中都同时存在这些费用，可根据每项工程的具体情况来确定费用的种类。

直接费的计算：

$$直接费=\sum(预算定额基价\times实物工程量)+措施费$$

定额直接费的计算：

$$定额直接费=\sum(预算定额基价\times实物工程量)$$

$$人工费=\sum(预算定额人工费单价\times实物工程量)$$

$$材料费=\sum(预算定额基价材料费\times实物工程量)$$

$$施工机械使用费=\sum(预算定额基价机械费\times实物工程量)+施工机械进出场费$$

措施费的计算：

$$措施费=\sum(人工费+材料费+施工机械使用费)\times措施费费率$$

单位工程定额直接费计算出来后，即可进行间接费、计划利润、税金等费用的计算。

（二）间接费

间接费是指园林施工企业为组织施工和进行经营管理以及间接为园林工程生产服务的各项费用。

间接费由规费、企业管理费组成。

1. 规费

规费是指省级以上政府和有关权力部门规定必须缴纳和计提的费用。内容如下。

(1) 社会保障费：养老保险费、医疗保险费、失业保险费、生育保险费、工伤保险费。

(2) 住房公积金：企业按规定标准为职工缴纳的住房公积金。

(3) 危险作业意外伤害保险费：按照《中华人民共和国建筑法》等规定，企业为从事危险作业的建筑安装施工人员支付的意外伤害保险费。

(4) 工程排污费：施工现场按规定缴纳的工程排污费。

(5) 工程定额测定费：按规定支付工程造价(定额)管理部门的定额测定费。

(6) 河道工程修建维护管理费：河道工程的修建维护和管理费用。

(7) 职工教育经费：企业为职工学习先进技术和提高文化水平，按职工工资总额计提的费用。

2. 企业(施工)管理费

企业管理费是指施工企业为了组织与管理园林工程施工所需要的各项管理费用，以及为企业职工服务等所支出的人力、物力、财力和资金的费用总和。内容如下。

(1) 管理人员工资：管理人员的基本工资、工资性补贴、职工福利费、劳动保护费。

(2) 办公费：企业管理办公用的文具、纸张、账表、印刷、邮电、书报、会议、水电、烧水和集体取暖用煤等费用。

(3) 差旅交通费：职工因公出差、调动工作的差旅费、住勤补助费、市内交通费和误餐补助费、职工探亲路费、劳动力招募费、职工离退休一次性路费、工伤人员就医路费、工地转移费，以及管理部门使用的交通工具的油料、燃料、养路费及牌照费。

(4) 固定资产使用费：管理和试验部门及附属生产单位使用的属于固定资产的房屋、设备仪器等的折旧、大修、维修或租赁费。

(5) 工具用具使用费：管理使用的不属于固定资产的生产工具、器具、家具、交通工具和检验、试验、测绘、消防用具等的购置、维修和摊销费。

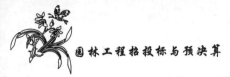

(6) 劳动保险费：由企业支付离退休职工的易地安家补助费、职工退休金、六个月以上的病假人员工资、职工死亡丧葬补助费、抚恤费、按规定支付给离休干部的各项经费。

(7) 工会经费：企业按职工工资总额计提的工会经费。

(8) 财产保险费：施工管理用财产、车辆保险费。

(9) 财务费：企业为筹集资金而发生的各种费用。

(10) 税金：企业按规定缴纳的房产税、车船使用税、土地使用税、印花税等。

(11) 其他：包括技术转让费、技术开发费、业务招待费、绿化费、广告费、公证费、法律顾问费、审计费、咨询费、服务费等。

间接费的计算：用直接费分别乘以企业管理费与规费规定的相应费率，其计算公式为

企业管理费＝直接费×企业管理费费率

规费＝直接费×规费费率

各地区的气候、自然环境、社会经济条件和企业的管理水平等的差异，导致各地区各项间接费率不一样，因此，在计算时，必须按照当地主管部门制定的标准执行。

（三）计划利润

计划(差别)利润是指施工企业按国家规定，在工程施工中向建设单位收取的利润，是施工企业职工为社会劳动所创造的那部分价值在建设工程造价中的体现。在社会主义市场经济体制下，企业参与市场竞争，在规定的差别利润率范围内，可自行确定利润水平。

计划利润的计算，是用直接费和间接费之和乘以规定的计划(差别)利润率，计算公式如下：

计划利润＝(直接费＋间接费)×计划利润率

（四）税金

税金是指由施工企业按国家规定计入建设工程造价内，由施工企业向税务部门缴纳的营业税、城市建设维护税及教育附加费。

根据国家现行规定，税金是由营业税税率、城市建设维护税税率、教育附加费三部分构成的。

税金＝(直接工程费＋间接费＋差别利润＋价差)×规定费率

规定费率和工程所在地有关，费率(以河北省为例)见表 1-2-7。

表 1-2-7　税金费率

计算基数	税金费率/(%)		
不含税建安工程造价	工程所在地在市区 3.45	工程所在地在县城、镇 3.38	工程所在地不在市区、县城、镇 3.25

（五）其他费用

其他费用是指在现行规定内容中没有包括，但随着国家和地方各种经济政策的推行而在施工过程中不可避免地发生的费用，如各种材料价格与预算定额的差价、构配件增值税等。一般来讲，材料差价是由地方政府主管部门颁布的(各地区材料差价不同)。

除了以上五种费用之外，有些工程比较复杂，编制预算时未能预料的费用，如变更设计、调整材料预算单价等发生的费用，在编制预算时列入不可预见费一项，以工程造价为基数，乘以规定费率计算。

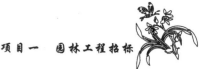

（六）工程总造价

园林工程总造价＝直接费＋间接费＋计划(差别)利润＋税金＋其他费用。

各类工程费率见表1-2-8～表1-2-11，表1-2-12为建筑工程类别划分(以河北省为例)。

表1-2-8　园林工程费用标准

序　号	费用项目	计费基数	费用标准/(%)
1	直接费		
2	安全防护、文明施工费	直接费中人工费＋机械费	6.31
3	施工组织措施费	直接费中人工费＋机械费	8.17
4	企业管理费	直接费中人工费＋机械费	12
5	利润	直接费中人工费＋机械费	6
6	规费	直接费中人工费＋机械费	10.3
7	价款调整	按合同确认的方式、方法计算	
8	税金	(1＋2＋3＋4＋5)×3.45％或3.38％或3.25％	

注：税金计算式中1,2,…为该序号代表的费用项目，表1-2-9～表1-2-11意义相同。

表1-2-9　一般建筑工程费用标准

序　号	费用项目	计费基数	费用标准/(%)		
			一类工程	二类工程	三类工程
1	直接费				
2	安全防护、文明施工费	直接费中人工费＋机械费	10.9		
3	施工组织措施费	直接费中人工费＋机械费	10.56		
4	企业管理费	直接费中人工费＋机械费	30	21	17
5	利润	直接费中人工费＋机械费	16	12	8
6	规费	直接费中人工费＋机械费	16.6		
7	价款调整	按合同确认的方式、方法计算			
8	税金	(1＋2＋3＋4＋5)×3.45％或3.38％或3.25％			

表1-2-10　装饰装修工程费用标准

序　号	费用项目	计费基数	费用标准/(%)
1	直接费		
2	安全防护、文明施工费	直接费中人工费＋机械费	13.89
3	施工组织措施费	直接费中人工费＋机械费	10.83
4	企业管理费	直接费中人工费＋机械费	20
5	利润	直接费中人工费＋机械费	12
6	规费	直接费中人工费＋机械费	14.5
7	价款调整	按合同确认的方式、方法计算	
8	税金	(1＋2＋3＋4＋5)×3.45％或3.38％或3.25％	

表 1-2-11 安装工程费用标准

序号	费用项目	计费基数	费用标准/(%)		
			一类工程	二类工程	三类工程
1	直接费				
2	安全防护、文明施工费	直接费中人工费＋机械费	9.24		
3	施工组织措施费		15.72		
4	企业管理费		28	20	16
5	利润		12	11	8
6	规费		18.5		
7	价款调整	按合同确认的方式、方法计算			
8	税金	(1＋2＋3＋4＋5)×3.45%或3.38%或3.25%			

表 1-2-12 建筑工程类别划分

项 目		一类	二类	三类
住宅及其他民用建筑	檐高	≥43 米	≥20 米	<20 米
	层数	≥15 层	≥7 层	<7 层

六、园林工程预算书的组成

一套完整的园林工程预算书包括封面、编制说明、工程直接费汇总表、工程造价计算表、工程预算书、工程量计算表、工料价差分析表、主要材料表等内容。

（一）封面

园林工程预算封面主要包括建设单位、工程名称、施工单位、工程造价（大写、小写）、负责人、编制人、编制时间。

（二）编制说明

编制说明主要包括工程概况、编制依据、采用定额、企业取费类别。

(1) 工程概况：应说明本工程的工程性质、工程编号、工程名称、建设规模等工程内容。

(2) 编制依据：主要说明本工程施工图预算编制依据的施工图纸、标准图集、材料做法以及设计变更文件。

(3) 采用定额：主要说明本工程施工图预算采用的定额。

(4) 企业取费类别：主要说明企业取费类别和工程承包的类型。例如，企业取费类别为三类，包工包料。

（三）工程直接费汇总表

将各分项工程的工程直接费、人工费、材料费、机械费分别填入工程直接费汇总表。

（四）工程造价计算表

根据各类工程取费费率计算工程造价。

（五）工程预算书

查定额计算定额直接费。

（六）工程量计算表

（七）工料价差分析表

工料分析，计算人、材、机的差价。

（八）主要材料表

如苗木统计表、三材汇总表等。

七、园林工程预算的编制程序

编制园林工程预算的一般步骤为：收集资料，熟悉施工图，了解施工组织设计，了解工程现场情况；计算工程量；熟悉定额，套定额计算工程直接费；进行工、料、机分析；根据取费标准，计算工程造价；编制主要材料价格表；编制说明，填写封面，装订成册。

（一）收集基础资料

编制预算之前，应该收集齐的资料有施工图、地区预算定额、取费标准及市场材料价格等。

（二）熟悉施工图等基础资料

编制施工图预算前，应熟悉并检查施工图纸是否齐全、尺寸是否都清楚，了解设计意图，掌握工程全貌，并掌握预算定额的使用范围及工程量计算规则等。

（三）了解施工组织设计和施工现场情况

做预算之前，应了解施工组织设计中影响工程造价的有关内容。例如，各分部分项工程的施工方法，土方工程中余土外运使用的工具、运距，施工平面图中建筑材料、构件堆放点到施工操作地点的距离等，以便能正确计算工程量和正确套用某些分项工程的基价。这对于正确计算工程造价、提高施工图预算质量有着重要意义。

（四）计算工程量

严格按照施工图纸尺寸和现行定额规定的工程量计算规则，按照一定的顺序（如先地下后地上、先主体后装饰等）逐项计算分项工程的工程量。为了避免出现漏项和重项，先进行工程项目的划分，并列出所有分项子目的名称，然后再列出计算式，逐个计算其工程量，并逐项汇总。

（五）套预算定额基价

将汇总后的工程量抄入工程预算表内，查找定额，把计算项目的相应定额编号、计量单位、预算定额基价，以及其中的人工费、材料费、机械台班使用费填入工程预算表内。

（六）计算工程直接费

计算各分项工程直接费并汇总，即为定额直接费，再以此为基数计算其他直接费、现场经费，求和得到工程直接费。

（七）计取各项费用

以计算的工程直接费（人工费、材料费）为基数，按取费标准计算间接费、计划利润、税金等费用，求得该工程造价。

（八）进行工料分析

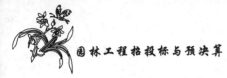

计算该单位工程所需要的各种材料用量和人工工日总数，并填入工程汇总表中。这一

步骤通常与套用定额单价同时进行，以避免二次翻阅定额。如果材料的定额预算价和市场价不相符，还要进行材料价差调整。

（九）填写封面、编制说明、装订成册

园林工程预算书的装订、密封要严格按照招标文件进行。装订的一般顺序为：封面→编制说明→工程直接费汇总表→工程造价计算表→工程预算书→工料价差分析表→主要材料表→工程量计算表。

以上为手工进行园林工程预算编制的程序，如果在预算编制的过程中使用预算软件，相关表格会自动生成。

☆ 学习任务

根据图 1-2-3、图 1-2-4 和图 1-2-5 所示的××市××县邀月问天工程效果图和施工图，以及相关园林工程预算定额和有关资料，编制出施工图预算，并作为编制标底的依据。

图 1-2-3　邀月问天工程效果图

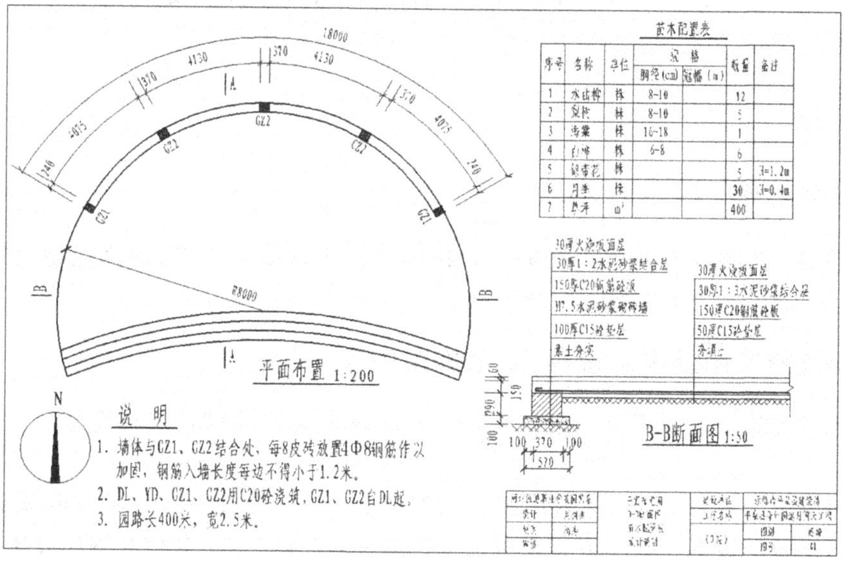

图 1-2-4　邀月问天工程施工图 1

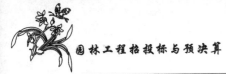

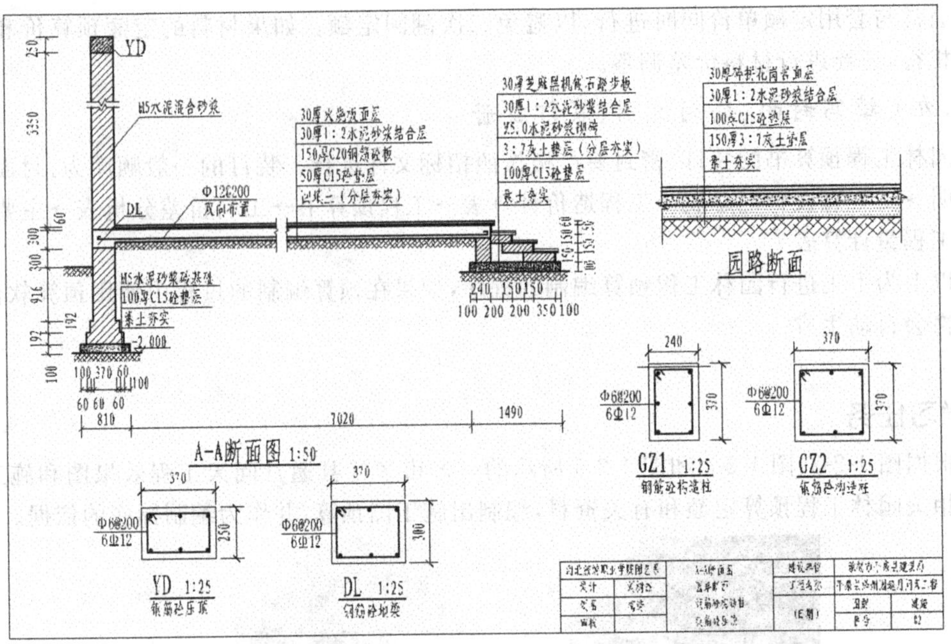

图 1-2-5 邀月问天工程施工图 2

☆ 任务分析

图 1-2-4、图 1-2-5 所示的邀月问天工程施工图包括绿化栽植、园路、广场景墙、台阶、平台、小品等。要求编制该工程预算书，以满足工程招投标和施工的需要。要完成该项任务，必须认真阅读施工图，熟悉施工内容，掌握绿化工程量计算规则、园路工程量计算规则、砌筑工程量计算规则、砼工程量计算规则、抹灰工程量计算规则、脚手架工程量计算规则等。

按照工程量的计算规则计算完成工程量后，能正确地套用定额单价，计算工程直接费，套用定额是进行工程预算的关键环节。再根据国家及地区制定的费用定额及有关规定，计算工程的间接费、计划利润、税金等费用。最后汇总求得该工程总造价，以此进行园林工程招标标底的编制。

☆ 任务实施

一、准备工作

收集编制工程预算的各类依据资料。具体包括工程施工图纸、预算定额、材料预算价格、施工组织设计、相关的取费标准及表格。

二、阅读施工图及施工说明，熟悉施工内容

由施工图和施工说明可知，该景观工程包括绿化栽植、园路、广场景墙、广场台阶、平台等。

广场景墙是砖砌体结构，基础用 M5 水泥砂浆砌筑，墙身用 M5 混合砂浆砌筑，墙厚 370，景墙从地梁起设置 5 根 C20 钢筋混凝土构造柱，墙顶做 250 厚 C20 钢筋砼压顶，景墙表面为抛光面花岗岩饰面、刻字。

广场四步弧形台阶，3∶7 灰土垫层(分层夯实)，M5 水泥砂浆砖砌，面层为 30 厚芝麻黑机刨石踏步板。

平台 50 厚 C15 砼垫层上，做 150 厚 C20 钢筋砼现浇板，内配置双向直径 12 钢筋，表面再用水泥砂浆黏结 30 厚火烧板花岗岩。

园路是在 3∶7 灰土垫层上，做 100 厚 C15 砼垫层，再用水泥砂浆黏结碎拼花岗岩做面层。

平台上有一个花钵、一块景石、一组石桌凳、两组木椅等小品。草地中有砼步石。

绿化种植部分包括水曲柳、梨树、海棠、白桦、红王子锦带、月季、草皮等的栽植及养护。

三、根据定额工程量计算规则和施工图计算工程量

工程量可以用列表的方式依据任务 1 的计算规则计算。步骤如下。

1. 列出分项工程项目名称

根据图 1-2-4、图 1-2-5 所示的邀月问天工程施工图和定额工程量计算规则，按照施工顺序计算工程量，逐一列出图 1-2-4、图 1-2-5 所示的邀月问天工程施工图预算的分项工程项目名称、单位。所列的分项工程项目名称、单位必须与预算定额中相应项目名称一致。填入工程量计算表 1-2-13。

2. 列出工程量计算式

分项工程项目名称列出后，根据施工图所示的部位、尺寸和数量，按照各类工程的工程量计算规则，分别列出工程量计算公式并计算，填入表 1-2-13。如表 1-2-13 中序号为“31”、名称为“碎拼花岗岩路面厚 3 cm”这一分项工程，根据图 1-2-4 中设计说明得知，园路长 400 m、宽 2.5 m，所以此分项工程的工程量计算式为“400 m×2.5 m=1000 m^2”。此表中计算公式略。

3. 调整计量单位

预算定额中往往以 10 m、10 m^2、100 m^2、100 m^3 等为计量单位，因此，还需将计算的工程量单位按预算定额中相应项目规定的计量单位进行调整，使计量单位一致。如表 1-2-13 中序号为“2”、名称为“整理绿化用地”这一分项工程，是以 10 m^2 为单位计算的，必须把工程量的单位由 m^2 换成 10 m^2，列计算式计算出来的工程量为“1200”，填入到工程量一栏中为“120”，便于套用定额。

4. 校核

工程量计算完成经校核无误后，就可以填写工程预算书。

表 1-2-13　工程量计算表

工程名称：邀月问天工程

序号	分部分项工程名称	单位	工　程　量	工程量计算式（工程量表达式）
1	一、绿化栽植工程			
2	整理绿化用地	10 m^2	120.00	1200 m^2
3	起挖水曲柳，胸径 10 cm 以内	株	12	12 株
4	栽植水曲柳，胸径 10 cm 以内	株	12	12 株
5	起挖梨树，胸径 10 cm 以内	株	5	5 株

续表

序号	分部分项工程名称	单位	工 程 量	工程量计算式（工程量表达式）
6	栽植梨树，胸径 10 cm 以内	株	5	5 株
7	起挖海棠，胸径 18 cm 以内	株	1	1 株
8	栽植海棠，胸径 18 cm 以内	株	1	1 株
9	起挖白桦，胸径 8 cm 以内	株	6	6 株
10	栽植白桦，胸径 8 cm 以内	株	6	6 株
11	起挖红王子锦带，冠丛高度 120 cm	株	5	5 株
12	栽植红王子锦带，冠丛高度 120 cm	株	5	5 株
13	起挖月季，冠丛高度 40 cm	株	30	30 株
14	栽植月季，冠丛高度 40 cm	株	30	30 株
15	起挖草皮	10 m^2	40.00	400 m^2
16	草皮铺种，满铺	10 m^2	40.00	400 m^2
17	草绳绕树干，胸径 10 cm 以内	m	23	23 m
18	草绳绕树干，胸径 20 cm 以内	m	1	1 m
19	树木支撑(树棍桩)，三脚桩	株	24	24 株
20	后期管理费，乔木，裸根胸径 ϕ10 以下	株	23	23 株
21	后期管理费，乔木，裸根胸径 ϕ10 以上	株	1	1 株
22	后期管理费，灌木，裸根冠丛高 1.5 m 以下	株	35	35
23	苗木费			
24	种植土	m^3	40.00	
25	小计			
26	二、园路工程			
27	园路土基，整理路床	10 m^2	100.00	1000 m^2
28	3∶7 灰土垫层	10 m^3	15.60	156 m^3
29	1∶2 水泥砂浆 2 cm 厚找平层	10 m^2	100.00	1000 m^2
30	水泥砂浆每增减 0.5 cm 找平层	10 m^2	100.00	1000 m^2
31	碎拼花岗岩路面厚 3 cm	10 m^2	100.00	1000 m^2
32	零星点布含汀石	t	3.50	3.50t
33	路牙铺设、安装	100 m	8.00	800 m
34	小计			
35	三、广场景墙			
36	平整场地	10 m^2	14.50	145 m^2
37	人工挖沟槽二类干土	m^3	32.00	32 m^3
38	沟槽原土打夯	10 m^2	1.98	19.81 m^2
39	C15 混凝土垫层	10 m^3	0.20	200 m^3
40	砖基础［水泥砂浆 M5］	m^3	10.90	10.9 m^3

续表

序号	分部分项工程名称	单位	工　程　量	工程量计算式（工程量表达式）
41	砖砌外墙[水泥石灰砂浆 M5]	m^3	21.10	21.1 m^3
42	沟槽回填土，夯实	m^3	20.00	20 m^3
43	砖墙面粘贴花岗岩抛光面	100 m^2	1.36	135.8 m^2
44	矩形柱，C20 混凝土	m^3	2.11	2.11 m^3
45	矩形柱，钢筋	m^3	2.11	2.11 m^3
46	圈梁，C20 混凝土	m^3	1.83	1.83 m^3
47	圈梁，钢筋	m^3	1.83	1.83 m^3
48	压顶，C20 混凝土	m^3	1.53	1.53 m^3
49	压顶，钢筋	m^3	1.53	1.53 m^3
50	钢筋加固	t	0.167	0.167t
51	小计			
52	四、广场台阶、平台			
53	地面原土打夯	10 m^2	2.52	25.2 m^2
54	基础 C15 垫层混凝土	10 m^3	1.62	16.17 m^3
55	砖基础[水泥砂浆 M5]	m^3	3.50	3.5 m^3
56	砖砌外墙[水泥石灰砂浆 M5]	m^3	3.75	3.75 m^3
57	芝麻黑机刨石弧形台阶	100 m^2	0.25	25.16 m^2
58	砖台阶	10 m^2	2.52	25.16 m^2
59	地面回填土，夯实	m^3	65.00	65 m^3
60	平板，C20 混凝土	m^3	14.32	14.32 m^3
61	平板，钢筋	m^3	14.32	14.32 m^3
62	花岗岩火烧板地面	100 m^2	0.96	95.49 m^2
63	砖墙面粘贴花岗岩抛光面	100 m^2	0.39	38.64 m^2
64	点风景石	t	0.800	0.8t
65	小计			
66	五、措施项目			
67	单层建筑混合结构(500 m^2 以内) 高度在 5 m 以内综合脚手架	100 m^2	0.703	70.29 m^2
68	双排外脚手架，高度在 5 m 以内	100 m^2	1.290	128.97 m^2
69	现浇钢筋混凝土圈梁模板	m^3	1.830	1.83 m^3
70	现浇钢筋混凝土，压顶模板	m^3	1.530	1.53 m^3
71	现浇钢筋混凝土平板模板	m^3	14.320	14.32 m^3
72	小计			
73	合计			

四、根据预算定额，填写园林工程预算书，计算定额直接费

1. 抄写分项工程名称、单位、工程量

将表1-2-13中的分项工程名称、单位、工程量抄到表1-2-14中。

2. 抄入定额编号、基价、人工费、材料费、机械费的单价

根据园林工程量计算规则查园林绿化工程消耗量定额，将各分项工程的定额编号、基价、人工费、材料费、机械费的单价抄入表1-2-14中。该工程涉及绿化栽植工程、园路工程、钢筋砼工程、砌筑工程、抹灰工程、脚手架工程等，是一项综合性工程。有些分项工程在绿化消耗量定额中查找不到，还需套用其他工程定额，如建筑工程消耗量定额、装饰工程消耗量定额、仿古建筑工程消耗量定额。

确定定额编号时，采用地区定额，避免地区差异。当套用其他定额时应对定额编号进行区分。表1-2-14中的“[85]1-535换”表示套用的是仿古建筑工程消耗量定额，“[82]B2-121换”表示套用的是装饰工程消耗量定额，“[81]A11-1”表示套用的是建筑工程消耗量定额。“[85]1-536换×2”表示设计的水泥砂浆是30厚，定额中只有20厚的水泥砂浆项目，没有30厚水泥砂浆，因此，只能套用“水泥砂浆每增加5 mm”一项，且厚度增加了10 mm，所以乘以2。

3. 计算材料费

定额中材料项带“(　)”表示基价中不含材料费，需单独计算材料费，称为未计价材料费。如绿化栽植工程定额中不包含各种苗木费用，需单独计算材料费。

4. 计算直接工程费、人工费、材料费、机械费

根据表1-2-14中的分项工程的工程量、基价、人工费单价、材料费单价、机械费单价，计算直接工程费、人工费、材料费、机械费，并填写完全。

定额直接费＝工程量×基价

人工费＝工程量×人工费单价

材料费＝工程量×材料费单价

机械费＝工程量×机械费单价

基价＝人工费单价＋材料费单价＋机械费单价

例如，整理绿化用地定额直接费＝工程量×基价＝120×20.45＝2454.00元

人工费＝工程量×人工费单价＝120×19.48＝2337.60元

材料费＝工程量×材料费单价＝120×0.97＝116.40元

3∶7灰土垫层定额直接费＝工程量×基价＝15.60×498.94＝7783.46元

人工费＝工程量×人工费单价＝15.60×268.50＝4188.60元

材料费＝工程量×材料费单价＝15.60×219.07＝3417.49元

机械费＝工程量×机械费单价＝15.60×11.37＝177.37元

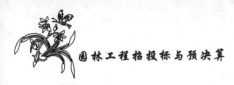

表 1-2-14 工程预算表

工程名称:邀月问天工程 年 月 日

序号	定额编号	分部分项工程名称	工程量		造价/元		其中/元						备注
							人工费		材料费		机械费		
			单位	数量	单价	合价	单价	合价	单价	合价	单价	合价	
1		一、绿化栽植工程											
2	1-27	整理绿化用地	10 m^2	120.00	20.45	2 454.00	19.48	2 337.60	0.97	116.40			
3	1-60	起挖水曲柳,胸径 10 cm 以内	株	12	9.72	116.64	9.72	116.64					
4	1-80	栽植水曲柳,胸径 10 cm 以内	株	12	11.07	132.84	10.52	126.24	0.55	6.60			
5	1-60	起挖梨树,胸径 10 cm 以内	株	5	9.72	48.60	9.72	48.60					
6	1-80	栽植梨树,胸径 10 cm 以内	株	5	11.07	55.35	10.52	52.60	0.55	2.75			
7	1-64	起挖海棠,胸径 18 cm 以内	株	1	54.40	54.40	33.48	33.48			20.92	20.92	
8	1-84	栽植海棠,胸径 18 cm 以内	株	1	60.02	60.02	43.20	43.20	2.18	2.18	14.64	14.64	
9	1-59	起挖白桦,胸径 8 cm 以内	株	6	5.04	30.24	5.04	30.24					
10	1-79	栽植白桦,胸径 8 cm 以内	株	6	6.65	39.90	6.24	37.44	0.41	2.46			
11	1-144	起挖红王子锦带,冠丛高度 120 cm	株	5	1.96	9.80	1.96	9.80					
12	1-158	栽植红王子锦带,冠丛高度 120 cm	株	5	2.46	12.30	2.32	11.60	0.14	0.70			
13	1-143	起挖月季,冠丛高度 40 cm	株	30	1.16	34.80	1.16	34.80					
14	1-157	栽植月季,冠丛高度 40 cm	株	30	1.70	51.00	1.56	46.80	0.14	4.20			
15	1-212	起挖草皮	10 m^2	40.00	7.00	280.00	7.00	280.00					
16	1-214	草皮铺种,满铺	10 m^2	40.00	76.55	3 062.00	72.00	2 880.00	4.55	182.00			
17	1-245	草绳绕树干,胸径 10 cm 以内	m	23	5.42	124.66	1.56	35.88	3.86	88.78			

续表

序号	定额编号	分部分项工程名称	工程量		造价/元		其中/元						备注
							人工费		材料费		机械费		
			单位	数量	单价	合价	单价	合价	单价	合价	单价	合价	
18	1-247	草绳绕树干，胸径 20 cm 以内	m	1	10.44	10.44	2.72	2.72	7.72	7.72			
19	1-233	树木支撑(树棍桩)，三脚桩	株	24	12.48	299.52	2.32	55.68	10.16	243.84			
20	1-284	后期管理费，乔木，裸根胸径 ϕ10 以下	株	23	24.53	564.19	12.16	279.68	9.58	220.34	2.79	64.17	
21	1-285	后期管理费，乔木，裸根胸径 ϕ10 以上	株	1	35.02	35.02	19.76	19.76	11.98	11.98	3.28	3.28	
22	1-286	后期管理费，灌木，裸根冠丛高 1.5m 以下	株	35	12.56	439.60	7.20	252.00	3.57	124.95	1.79	62.65	
23	市场价	苗木费				12 350.00				12 350.00			
24	市场价	种植土	m^3	40.00	15.00	600.00				600.00			
25		小计				20 865.32		6 734.76		13 964.90		165.66	
26		二、园路工程											
27	2-1	园路土基，整理路床	10 m^2	100.00	17.52	1 752.00	17.52	1 752.00					
28	2-3	3∶7 灰土垫层	10 m^3	15.60	498.94	7 783.46	268.50	4 188.60	219.07	3 417.49	11.37	177.37	
29	[85]1-535 换	1∶2 水泥砂浆 2 cm 厚找平层	10 m^2	100.00	67.23	6 723.00	31.52	3 152.00	32.25	3 225.00	3.46	346.00	
30	[85]1-536 换×2	水泥砂浆每增减 0.5 cm 找平层	10 m^2	200.00	15.40	3 080.00	6.60	1 320.00	8.10	1 620.00	0.70	140.00	
31	2-28 换	碎拼花岗岩路面厚 3 cm	10 m^2	100.00	1 154.03	115 403.00	155.60	15 560.00	978.39	97 839.00	20.04	2 004.00	
32	2-112 换	零星点布含汀石	t	3.50	383.39	1 341.87	66.00	231.00	306.78	1 073.73	10.61	37.14	
33	2-36	路牙铺设、安装	100 m	8.00	7 202.50	57 620.00	546.48	4 371.84	6 656.02	53 248.16			
34		小计				193 703.33		30 575.44		160 423.38		2 704.51	
35		三、广场景墙											
36	[85]1-75	平整场地	10 m^2	14.50	16.35	237.08	16.35	237.08					

续表

序号	定额编号	分部分项工程名称	工程量		造价/元		其中/元						备注
			单位	数量	单价	合价	人工费		材料费		机械费		
							单价	合价	单价	合价	单价	合价	
37	[85]1-1	人工挖沟槽二类干土	m^3	32.00	9.33	298.56	9.33	298.56					
38	[85]1-81	沟槽原土打夯	10 m^2	1.98	3.91	7.75	3.21	6.36			0.70	1.39	
39	[85]1-94	C15 混凝土垫层	10 m^3	0.20	1 699.45	339.90	496.23	99.25	1 134.94	226.99	68.28	13.66	
40	[85]1-98	砖基础[水泥砂浆 M5]	m^3	10.90	180.96	1 972.46	51.00	555.90	127.16	1 386.04	2.80	30.52	
41	[85]1-107	砖砌外墙[水泥石灰砂浆 M5]	m^3	21.10	214.32	4 522.15	71.60	1 510.76	131.03	2 764.73	11.69	246.66	
42	[85]1-79	沟槽回填土，夯实	m^3	20.00	8.79	175.80	7.29	145.80			1.50	30.00	
43	[82]B2-121 换	砖墙面粘贴花岗岩抛光面	100 m^2	1.36	20 793.60	28 237.71	2 487.60	3 378.16	18 152.80	24 651.50	153.20	208.05	
44	[85]1-152	矩形柱，C20 混凝土	m^3	2.11	266.26	561.81	102.36	215.98	143.80	303.42	20.10	42.41	
45	[85]1-153	矩形柱，钢筋	m^3	2.11	632.28	1 334.12	66.16	139.60	558.71	1 178.88	7.41	15.64	
46	[85]1-173	圈梁，C20 混凝土	m^3	1.83	270.11	494.30	105.88	193.76	143.43	262.48	20.80	38.06	
47	[85]1-174	圈梁，钢筋	m^3	1.83	293.66	537.41	36.20	66.25	252.61	462.28	4.85	8.88	
48	[85]1-215	压顶，C20 混凝土	m^3	1.53	280.57	429.27	96.52	147.68	162.33	248.36	21.72	33.23	
49	[85]1-216	压顶，钢筋	m^3	1.53	296.29	453.33	38.52	58.94	251.88	385.38	5.89	9.01	
50	[85]1-136	钢筋加固	t	0.167	5 712.69	954.02	1 149.68	192.00	4 506.84	752.64	56.17	9.38	
51		小计				40 555.67		7 246.08		32 622.70		686.89	
52		四、广场台阶、平台											
53	[85]1-80	地面原土打夯	10 m^2	2.52	3.19	8.04	2.64	6.65			0.55	1.39	
54	[85]1-94	基础 C15 垫层混凝土	10 m^3	1.62	1 699.45	2 748.01	496.23	802.40	1 134.94	1 835.20	68.28	110.41	
55	[85]1-98	砖基础[水泥砂浆 M5]	m^3	3.50	180.96	633.36	51.00	178.50	127.16	445.06	2.80	9.80	

续表

序号	定额编号	分部分项工程名称	工程量		造价/元		其中/元						备注
							人工费		材料费		机械费		
			单位	数量	单价	合价	单价	合价	单价	合价	单价	合价	
56	[85]1-107	砖砌外墙[水泥石灰砂浆 M5]	m^3	3.75	214.32	803.70	71.60	268.50	131.03	491.36	11.69	43.84	
57	[82]B1-349 换	芝麻黑机刨石弧形台阶	100 m^2	0.25	42 242.14	10 645.01	3 559.50	896.99	38 185.20	9 622.67	497.44	125.35	
58	[85]1-569 换	砖台阶	10 m^2	2.52	1 594.46	4 011.66	757.00	1 904.61	753.45	1 895.68	84.01	211.37	
59	[85]1-77	地面回填土，夯实	m^3	65.00	6.69	434.85	5.55	360.75			1.14	74.10	
60	[85]1-188	平板，C20 混凝土	m^3	14.32	211.67	3 031.11	56.04	802.49	150.09	2 149.29	5.54	79.33	
61	[85]1-189	平板，钢筋	m^3	14.32	335.19	4 799.92	41.24	590.56	288.41	4 130.03	5.54	79.33	
62	[82]B1-80 换	花岗岩火烧板地面	100 m^2	0.96	19 323.76	18 454.20	1 497.15	1 429.78	17 732.97	16 934.99	93.64	89.43	
63	[82]B2-121 换	砖墙面粘贴花岗岩抛光面	100 m^2	0.39	20 752.14	8 010.33	2 487.60	960.21	18 111.34	6 990.98	153.20	59.14	
64	2-109	点风景石	t	0.80	1 084.81	867.85	750.76	600.61	296.62	237.30	37.43	29.94	
65		小计				54 448.04		8 802.05		44 732.56		913.43	
66		五、措施项目											
67	[81]A11-1	单层建筑混合结构(500 m^2 以内) 高度在 5m 以内综合脚手架	100 m^2	0.703	910.89	640.35	341.60	240.14	453.12	318.54	116.17	81.67	
68	[81]A11-70	双排外脚手架，高度在 5 m 以内	100 m^2	1.290	553.43	713.92	174.00	224.46	296.45	382.42	82.98	107.04	
69	[85]4-100	现浇钢筋混凝土圈梁模板	m^3	1.830	275.71	504.55	172.04	314.83	82.53	151.03	21.14	38.69	
70	[85]4-122	现浇钢筋混凝土，压顶模板	m^3	1.530	404.28	618.55	190.32	291.19	187.39	286.71	26.57	40.65	
71	[85]4-110	现浇钢筋混凝土平板模板	m^3	14.320	237.81	3 405.43	116.76	1 672.00	106.67	1 527.51	14.38	205.92	
72		小计				5 882.80		2 742.62		2 666.21		473.97	
73		合计				315 455.16		56 100.95		254 409.75		4 944.46	

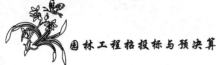

五、工料分析

1. 工料分析的含义

单位工程施工图预算的工料分析，是计算一个单位工程全部人工需要量和各种材料消耗量，根据工程量计算和定额规定的消耗量标准，对工程所用工日及材料进行分析计算。

工料分析得到的全部人工和各种材料消耗量是工程消耗的最高限额，是编制单位工程劳动力计划和材料供应计划、开展班组经济核算的基础，也是预算造价计算当中直接费调整的计算依据之一。

2. 工料分析的方法

工料分析，首先是从所使用的地区消耗量定额中查出各分项工程各工料的单位定额消耗量，然后分别乘以相应分项工程的工程量，得到分项工程的人工、材料消耗量，最后将各分项工程的人工、相同材料消耗量分别计算和汇总，得出单位工程人工、材料的消耗数量。

人工消耗量＝Σ(分项工程的工程量×工日定额消耗量)

相同材料消耗量＝Σ(分项工程的工程量×材料定额消耗量)

根据以上方法，对邀月问天工程进行工料分析，详见表1-2-15～表1-2-18。

表1-2-15 人工(工日)分析表

工程名称：邀月问天工程

序号	定额号	分项工程名称	工程量		定额消耗量	数量	综合用工类别
			单位	工程量			
1		一、绿化栽植工程					
2	1-27	整理绿化用地	10 m²	120.00	0.487	58.44	二类
3	1-60	起挖水曲柳，胸径10 cm以内	株	12	0.243	2.92	二类
4	1-80	栽植水曲柳，胸径10 cm以内	株	12	0.264	3.16	二类
5	1-60	起挖梨树，胸径10 cm以内	株	5	0.243	1.22	二类
6	1-80	栽植梨树，胸径10 cm以内	株	5	0.263	1.32	二类
7	1-64	起挖海棠，胸径18 cm以内	株	1	0.837	0.84	二类
8	1-84	栽植海棠，胸径18 cm以内	株	1	1.080	1.08	二类
9	1-59	起挖白桦，胸径8 cm以内	株	6	0.126	0.76	二类
10	1-79	栽植白桦，胸径8 cm以内	株	6	0.156	0.94	二类
11	1-144	起挖红王子锦带，冠丛高度120 cm	株	5	0.049	0.25	二类
12	1-158	栽植红王子锦带，冠丛高度120 cm	株	5	0.058	0.29	二类
13	1-143	起挖月季，冠丛高度40 cm	株	30	0.029	0.87	二类
14	1-157	栽植月季，冠丛高度40 cm	株	30	0.039	1.17	二类
15	1-212	起挖草皮	10 m²	40.00	0.175	7.00	二类
16	1-214	草皮铺种，满铺	10 m²	40.00	1.800	72.00	二类
17	1-245	草绳绕树干，胸径10 cm以内	m	23	0.039	0.90	二类
18	1-247	草绳绕树干，胸径20 cm以内	m	1	0.068	0.07	二类

续表

序号	定额号	分项工程名称	工程量		定额消耗量	数量	综合用工类别
			单位	工程量			
19	1-233	树木支撑(树棍桩),三脚桩	株	24	0.058	1.39	二类
20	1-284	后期管理费,乔木,裸根胸径 ϕ10 以下	株	23	0.304	6.99	二类
21	1-285	后期管理费,乔木,裸根胸径 ϕ10 以上	株	1	0.494	0.49	二类
22	1-286	后期管理费,灌木,裸根冠丛高 1.5 m 以下	株	35	0.180	6.30	二类
23		二、园路工程					
24	2-1	园路土基,整理路床	10 m^2	100.00	0.438	43.80	二类
25	2-3	3∶7 灰土垫层	10 m^3	15.60	8.950	139.62	二类
26	[85]1-535 换	1∶2 水泥砂浆 2 cm 厚找平层	10 m^2	100.00	0.788	78.80	二类
27	[85]1-536 换×2	水泥砂浆每增减 0.5 cm 找平层	10 m^2	200.00	0.165	33.00	二类
28	2-28 换	碎拼花岗岩路面厚 3 cm	10 m^2	100.00	3.890	389.00	二类
29	2-112 换	零星点布含汀石	t	3.50	1.650	5.78	二类
30	2-36	路牙铺设、安装	100 m	8.00	13.662	109.30	二类
31		三、广场景墙					
32	[85]1-75	平整场地	10 m^2	14.50	0.545	7.90	三类
33	[85]1-1	人工挖沟槽二类干土	m^3	32.00	0.311	9.95	三类
34	[85]1-81	沟槽原土打夯	10 m^2	1.98	0.107	0.21	三类
35	[85]1-94	C15 混凝土垫层	10 m^3	0.20	16.541	3.31	三类
36	[85]1-98	砖基础[水泥砂浆 M5]	m^3	10.90	1.275	13.90	二类
37	[85]1-107	砖砌外墙[水泥石灰砂浆 M5]	m^3	21.10	1.790	37.77	二类
38	[85]1-79	沟槽回填土,夯实	m^3	20.00	0.243	4.86	二类
39	[82]B2-121 换	砖墙面粘贴花岗岩抛光面	100 m^2	1.36	55.280	75.07	一类
40	[85]1-152	矩形柱,C20 混凝土	m^3	2.11	2.559	5.40	二类
41	[85]1-153	矩形柱,钢筋	m^3	2.11	1.654	3.49	二类
42	[85]1-173	圈梁,C20 混凝土	m^3	1.83	2.647	4.84	二类
43	[85]1-174	圈梁,钢筋	m^3	1.83	0.905	1.66	二类
44	[85]1-215	压顶,C20 混凝土	m^3	1.53	2.413	3.69	二类
45	[85]1-216	压顶,钢筋	m^3	1.53	0.963	1.47	二类
46	[85]1-136	钢筋加固	t	0.167	28.742	4.80	二类
47		四、广场台阶、平台					
48	[85]1-80	地面原土打夯	10 m^2	2.52	0.088	0.22	三类
49	[85]1-94	基础 C15 垫层混凝土	10 m^3	1.62	16.541	26.75	三类
50	[85]1-98	砖基础[水泥砂浆 M5]	m^3	3.50	1.275	4.46	二类
51	[85]1-107	砖砌外墙[水泥石灰砂浆 M5]	m^3	3.75	1.790	6.71	二类

续表

序号	定 额 号	分项工程名称	工程量		定额消耗量	数量	综合用工类别
			单位	工程量			
52	[82]B1-349 换	芝麻黑机刨石弧形台阶	100 m^2	0.25	79.100	19.93	一类
53	[85]1-569 换	砖台阶	10 m^2	2.52	18.925	47.62	二类
54	[85]1-77	地面回填土，夯实	m^3	65.00	0.185	12.03	三类
55	[85]1-188	平板，C20 混凝土	m^3	14.32	1.401	20.06	二类
56	[85]1-189	平板，钢筋	m^3	14.32	1.031	14.76	二类
57	[82]B1-80 换	花岗岩火烧板地面	100 m^2	0.96	33.270	31.77	一类
58	[82]B2-121 换	砖墙面粘贴花岗岩抛光面	100 m^2	0.39	55.280	21.34	一类
59	2-109	点风景石	t	0.80	18.769	15.02	二类
60		五、措施项目					
61	[81]A11-1	单层建筑混合结构(500 m^2 以内) 高度在 5 m 以内综合脚手架	100 m^2	0.703	8.540	6.00	二类
62	[81]A11-70	双排外脚手架，高度在 5 m 以内	100 m^2	1.290	4.350	5.61	二类
63	[85]4-100	现浇钢筋混凝土圈梁模板	m^3	1.830	4.301	7.87	二类
64	[85]4-122	现浇钢筋混凝土，压顶模板	m^3	1.530	4.758	7.28	二类
65	[85]4-110	现浇钢筋混凝土平板模板	m^3	14.320	2.919	41.80	二类

表 1-2-16 材料分析表

工程名称：邀月问天工程

序号	定额编号	分项工程名称	工程量		定额消耗量	数量
			单位	工程量		
1		一、绿化栽植工程				
2	1-27	整理绿化用地	10 m^2	120.00		
3		草绳	kg		0.500	60.00
4	1-80	栽植水曲柳，胸径 10 cm 以内	株	12		
5		水	m^3		0.180	2.16
6	1-80	栽植梨树，胸径 10 cm 以内	株	5		
7		水	m^3		0.180	0.90
8	1-84	栽植海棠，胸径 18 cm 以内	株	1		
9		水	m^3		0.720	0.72
10	1-79	栽植白桦，胸径 8 cm 以内	株	6		
11		水	m^3		0.135	0.81
12	1-158	栽植红王子锦带，冠丛高度 120 cm	株	5		
13	1-157	栽植月季，冠丛高度 40 cm	株	30		
14		水	m^3		0.045	1.35

续表

序号	定额编号	分项工程名称	工程量		定额消耗量	数量
			单位	工程量		
15	1-214	草皮铺种，满铺	10 m²	40.00		
16		水	m³		1.500	60.00
17		草皮	m²		11.000	440.00
18	1-245	草绳绕树干，胸径 10 cm 以内	m	23	2.000	46.00
19		草绳	kg		2.000	46.00
20	1-247	草绳绕树干，胸径 20 cm 以内	m	1	0.068	0.07
21		草绳	kg		4.000	4.00
22	1-233	树木支撑(树棍桩)，三脚桩	株	24		
23		树棍	根		3.000	72.00
24		镀锌铁丝	kg		0.100	2.40
25	1-284	后期管理费，乔木，裸根胸径 ϕ10 以下	株	23		
26		肥料	kg		0.080	1.84
27		农药	kg		0.080	1.84
28		水	m³		2.400	55.20
29	1-285	后期管理费，乔木，裸根胸径 ϕ10 以上	株	1		
30		肥料	kg		0.100	0.10
31		农药	kg		0.100	0.10
32		水	m³		3.000	3.00
33	1-286	后期管理费，灌木，裸根冠丛高 1.5 m 以下	株	35		
34		肥料	kg		0.050	1.75
35		农药	kg		0.050	1.75
36		水	m³		0.700	24.50
37		二、园路工程				
38	2-3	3∶7 灰土垫层	10 m³	15.60		
39		灰土	m³		10.100	157.56
40	[85]1-535 换	1∶2 水泥砂浆 2 cm 厚找平层	10 m²	100.00		
41		水泥砂浆 1∶2	m³		0.202	20.20
42		水	m³		0.060	6.00
43	[85]1-536 换×2	水泥砂浆每增减 0.5 cm 找平层	10 m²	200.00		
44		水泥砂浆 1∶2	m³		0.051	10.20
45	2-28 换	碎拼花岗岩路面厚 3 cm	10 m²	100.00		
46		花岗岩火烧板	m²		10.150	1015.00
47		白水泥	kg		0.100	10.00

续表

序号	定额编号	分项工程名称	工程量		定额消耗量	数量
			单位	工程量		
48		水泥砂浆 1∶2	m^3		0.305	30.50
49	2-112 换	零星点布含汀石	t	3.50		
50		杂石	块		1.010	3.54
51		水泥砂浆 1∶2	m^3		0.012	0.04
52	2-36	路牙铺设、安装	100 m	8.00		
53		水泥砂浆 1∶3	m^3		0.050	0.40
54		石灰砂浆 1∶3	m^3		0.820	6.56
55		天然石材路边石	m		101.500	812.00
56		三、广场景墙				
57	[85]1-94	C15 混凝土垫层	10 m^3	0.20		
58		现浇砼(中砂碎石)C15	m^3		10.100	2.02
59		水	m^3		5.000	1.00
60	[85]1-98	砖基础[水泥砂浆 M5]	m^3	10.90		
61		水泥砂浆 M5	m^3		0.243	2.65
62		标准砖 240×115×53	百块		5.270	57.44
63		水	m^3		0.100	1.09
64	[85]1-107	砖砌外墙[水泥石灰砂浆 M5]	m^3	21.10		
65		水泥石灰砂浆 M5	m^3		0.253	5.34
66		标准砖 240×115×53	百块		5.320	112.25
67		水	m^3		0.110	2.32
68	[82]B2-121 换	砖墙面粘贴花岗岩抛光面	100 m^2	1.36		
69		白水泥	kg		15.500	21.049
70		花岗岩抛光板	m^2		102.000	138.52
71		石料切割锯片	片		2.690	3.65
72		棉纱头	kg		1.000	1.36
73		水泥 32.5	t		1.537	2.09
74		中砂	t		0.561	0.76
75		水泥砂浆 1∶2(细砂)	m^3		1.746	2.37
76		清油 Y00-1	kg		0.530	0.72
77		煤油	kg		4.000	5.43
78		松节油	kg		0.600	0.82
79		细砂	t		2.357	3.20
80		草酸	kg		1.000	1.36

续表

序号	定额编号	分项工程名称	工程量		定额消耗量	数量
			单位	工程量		
81		硬白蜡	kg		2.650	3.60
82		建筑胶	kg		33.600	45.63
83		水泥砂浆 1∶1(中砂)	m^3		0.560	0.76
84		素水泥浆	m^3		0.100	0.14
85		水	m^3		1.447	1.97
86	[85]1-152	矩形柱,C20 混凝土	m^3	2.11		
87		现浇砼(中砂碎石)C20	m^3		1.020	2.15
88		塑料薄膜	m^2		0.840	1.77
89		水	m^3		1.840	3.88
90	[85]1-153	矩形柱,钢筋	m^3	2.11		
91		钢筋 ϕ10 以内	t		0.013	0.027
92		钢筋 ϕ10 以外	t		0.113	0.238
93		镀锌铁丝 22#	kg		0.590	1.245
94		电焊条 结 422	kg		0.250	0.53
95	[85]1-173	圈梁,C20 混凝土	m^3	1.83		
96		现浇砼(中砂碎石)C20	m^3		1.020	1.87
97		塑料薄膜	m^2		3.000	5.49
98		水	m^3		1.290	2.36
99	[85]1-174	圈梁,钢筋	m^3	1.83		
100		钢筋 ϕ10 以内	t		0.013	0.024
101		钢筋 ϕ10 以外	t		0.044	0.081
102		镀锌铁丝 22#	kg		0.260	0.476
103		电焊条	kg		0.100	0.18
104	[85]1-215	压顶,C20 混凝土	m^3	1.53		
105		现浇砼(中砂碎石)C20	m^3		1.020	1.56
106		塑料薄膜	m^2		14.600	22.34
107		水	m^3		3.780	5.78
108	[85]1-216	压顶,钢筋	m^3	1.53		
109		钢筋 ϕ10 以内	t		0.057	0.087
110		镀锌铁丝 22#	kg		0.400	0.612
111	[85]1-136	钢筋加固	t	0.167		
112		镀锌铁丝 22#	kg		0.900	0.150
113		钢筋 ϕ10 以内	t		1.030	0.172

续表

序号	定额编号	分项工程名称	工程量		定额消耗量	数量
			单位	工程量		
114		四、广场台阶、平台				
115	[85]1-94	基础 C15 垫层混凝土	10 m^3	1.62		
116		现浇砼	m^3		10.100	16.33
117		水	m^3		5.000	8.09
118	[85]1-98	砖基础[水泥砂浆 M5]	m^3	3.50		
119		水泥砂浆 M5	m^3		0.243	0.85
120		标准砖 240×115×53	百块		5.270	18.45
121		水	m^3		0.100	0.35
122	[85]1-107	砖砌外墙[水泥石灰砂浆 M5]	m^3	3.75		
123		水泥石灰砂浆 M5	m^3		0.253	0.95
124		标准砖 240×115×53	百块		5.320	19.95
125		水	m^3		0.110	0.41
126	[82]B1-349 换	芝麻黑机刨石弧形台阶	100 m^2	0.25		
127	[85]1-569 换	砖台阶	10 m^2	2.52		
128		水泥砂浆 1：2(中砂)	m^3		0.347	0.87
129		水泥石灰砂浆 M2.5(中砂)	m^3		0.912	2.30
130		细石混凝土 C20	m^3		0.303	0.76
131		标准砖	百块		23.200	58.40
132		道砟	m^3		2.190	5.51
133		水	m^3		4.000	10.06
134	[85]1-188	平板,C20 混凝土	m^3	14.32		
135		现浇砼(中砂碎石)	m^3		1.020	14.61
136		塑料薄膜	m^2		8.800	126.02
137		水	m^3		2.340	33.51
138	[85]1-189	平板,钢筋	m^3	14.32		
139		钢筋 ϕ10 以内	t		0.015	0.215
140		钢筋 ϕ10 以外	t		0.050	0.716
141		镀锌铁丝 22#	kg		0.360	5.155
142		电焊条 结 422	kg		0.110	1.575
143	[82]B1-80 换	花岗岩火烧板地面	100 m^2	0.96		
144		白水泥	kg		10.300	9.837
145		花岗岩板	m^2		102.000	97.41
146		石料切割锯片	片		0.420	0.40

续表

序号	定额编号	分项工程名称	工程量		定额消耗量	数量
			单位	工程量		
147		棉纱头	kg		1.000	0.96
148		水	m^3		3.574	3.41
149		锯屑	m^3		0.600	0.57
150		水泥 32.5	t		1.068	1.02
151		中砂	t		4.857	4.64
152		水泥砂浆 1∶4(中砂)	m^3		3.030	2.89
153		素水泥浆	m^3		0.100	0.10
154	[82]B2-121 换	砖墙面粘贴花岗岩抛光面	100 m^2	0.39		
155		白水泥	kg		15.500	5.983
156		花岗岩	m^2		102.000	39.37
157		石料切割锯片	片		2.69	1.04
158		棉纱头	kg		1	0.39
159		水	m^3		1.447	0.56
160		水泥 32.5	t		1.28	0.49
161		中砂	t		3.36	1.30
162		水泥砂浆 1∶3(中砂)	m^3		1.746	0.67
163		清油 Y00-1	kg		0.53	0.20
164		煤油	kg		4	1.54
165		松节油	kg		0.6	0.23
166		草酸	kg		1	0.39
167		硬白蜡	kg		2.65	1.02
168		建筑胶	kg		33.6	12.97
169		水泥砂浆 1∶1(中砂)	m^3		0.56	0.22
170		素水泥浆	m^3		0.1	0.04
171	2-109	点风景石	t	0.80		
172		景湖石	t		1.000	0.80
173		水泥砂浆 1∶2.5(中砂)	m^3		0.040	0.03
174		铁件	kg		3.000	2.400
175		五、措施项目				
176	[81]A11-1	单层建筑混合结构(500 m^2 以内) 高度在 5 m 以内综合脚手架	100 m^2	0.703		
177		钢管 ϕ50	kg		13.420	9.434
178		直角扣件	个		3.440	2.418

续表

序号	定额编号	分项工程名称	工程量		定额消耗量	数量
			单位	工程量		
179		对接扣件	个		0.320	0.225
180		脚手架底座	个		0.200	0.141
181		木脚手板	m^3		0.161	0.113
182		镀锌铁丝 8#	kg		13.270	9.33
183		铁钉	kg		2.600	1.83
184		防锈漆	kg		1.160	0.82
185		油漆溶剂油	kg		0.130	0.09
186		砂布	张		1.840	1.29
187	[81]A11-70	双排外脚手架，高度在 5 m 以内	100 m^2	1.290		
188		钢管 ϕ50	kg		15.230	19.647
189		直角扣件	个		3.96	5.1084
190		对接扣件	个		0.38	0.4902
191		脚手架底座	个		0.24	0.3096
192		木脚手板	m^3		0.064	0.0826
193		镀锌铁丝 8#	kg		11.39	14.693
194		铁钉	kg		1.15	1.4835
195		防锈漆	kg		1.32	1.70
196		油漆溶剂油	kg		0.15	0.19
197		砂布	张		2.21	2.85
198	[85]4-100	现浇钢筋混凝土圈梁模板	m^3	1.830		
199		组合钢模板	kg		5.300	9.699
200		零星卡具	kg		0.670	1.226
201		钢支撑	kg		9.920	18.154
202	[85]4-122	现浇钢筋混凝土，压顶模板	m^3	1.530		
203		木模板	m^3		0.094	0.144
204		圆钉	kg		5.400	8.262
205	[85]4-110	现浇钢筋混凝土平板模板	m^3	14.320		
206		组合钢模板	kg		5.560	79.619
207		零星卡具	kg		4.02	57.5664
208		钢支撑	kg		6.22	89.0704
209		木模板	m^3		0.016	0.2291
210		圆钉	kg		0.04	0.5728

表 1-2-17　人工、材料、机械台班分析汇总表

工程名称:邀月问天工程

编　码	名称及型号规格	单位	工程量	数　量
	人工用量			
10000001	综合用工一类	工日		148.11
10000002	综合用工二类	工日		1 082.26
10000003	综合用工三类	工日		204.85
	材料用量			
AA1-2003	钢筋 ϕ10 以外	t		1.035
AA1C0001	钢筋 ϕ10 以内	t		0.525
BA2-1040	锯屑	m^3		0.89
BA2-3047	树棍长 1.2 m	根		72.00
BA2C1016	木模板	m^3		0.37
BA2C1018	木脚手板	m^3		0.20
BB1-0101	水泥 32.5	t		34.219
BB1-0101	水泥 32.5	t		21.512
BB3-0129	白水泥	kg		42.337
BB3-2001	白水泥	kg		10.000
BB9-2006	细石混凝土 C20	m^3		0.76
BC1-0002	生石灰	t		41.39
BC3-0030	碎石	t		52.08
BC4-0011	细砂	t		3.20
BC4-0013	中砂	t		102.69
BC4-0013	中砂	t		55.68
BC4-3013	景湖石	t		0.80
BD1-3009	标准砖 240×115×53	百块		266.49
BF3-0005	花岗岩火烧板厚 30 mm	m^2		1015.00
BF3-0016	花岗岩板	m^2		97.41
BK1-0005	塑料薄膜	m^2		155.62
CA1C0007	电焊条 结 422	kg		0.71
CD1Y0052	黄(杂)石 1t/块	块		3.54
DA1-0027	清油 Y00-1	kg		0.92
DA1-0028	油漆溶剂油	kg		0.28
DQ1C0008	防锈漆	kg		2.52

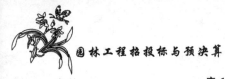

续表

编　　码	名称及型号规格	单位	工程量	数　　量
DR1-0032	松节油	kg		1.05
EA1-0039	煤油	kg		6.98
EB1-0010	草酸	kg		1.74
IA2-2010	圆钉	kg		8.835
IA2C0071	铁钉	kg		3.311
IE1-0202	铁件	kg		2.400
IE2-0026	砂布	张		4.144
IF2-0101	镀锌铁丝 8#	kg		24.022
IF2-0103	镀锌铁丝 12#	kg		2.400
IF2-0108	镀锌铁丝 22#	kg		2.483
JA1C0027	组合钢模板	kg		89.318
JA1C0034	零星卡具	kg		58.793
JA1C0088	钢支撑	kg		107.224
JB1-0003	脚手架底座	个		0.450
JB1-0004	直角扣件	个		7.527
JB2-0027	对接扣件	个		0.715
LY1-0179	农药	kg		3.69
OA0-0024	钢管 ϕ50	kg		29.08
ZA1-0002	水	m^3		300.75
ZB1-0013	草绳	kg		110.00
ZE1-0018	石料切割锯片	片		5.68
ZG1-0001	其他材料费	元		778.03
ZL1-3007	道砟	m^3		5.51
ZL1-3008	肥料	kg		3.69
ZS1-0112	天然石材路边石(侧石)	m		812.00
ZS1-0196	建筑胶	kg		58.60
ZS2-0017	花岗岩抛光板	m^2		138.52
ZS2-0017	花岗岩刨石板	m^2		55.35
ZS2-0017	花岗岩	m^2		39.37
ZS2-0023	硬白蜡	kg		4.62
ZS2-0039	棉纱头	kg		3.23
00006016	灰浆搅拌机 200L	台班		1.05

续表

编　码	名称及型号规格	单位	工程量	数　量
00013155	石料切割机	台班		12.46
00014011	载货汽车(综合)	台班		0.46
90000002	机械费	元		4 194.44

表 1-2-18　三材汇总表

工程名称:邀月问天工程

编　码	材料名称	单　位	数　量	备　注
	钢筋用量			
AA1C0001	钢筋 ϕ10 以内	t	0.525	
AA1C0002	钢筋 ϕ10 以外	t	1.035	
	钢筋用量 小计		1.560	
	木材用量			
BA2C1016	木模板	m^3	0.373	
BA2C1018	木脚手板	m^3	0.196	
	木材用量 小计		0.569	
	水泥用量			
BB1-0101	水泥 32.5	t	55.731	
BB3-0129	白水泥	t	0.042	
BB3-2001	白水泥	t	0.010	
	水泥用量 小计		55.783	

六、计算人工价差、材料价差

人工价差、材料价差是指人工、材料的预算价格与实际价格的差额。

材料价差的计算是在编制施工图预算时,在各分项工程量计算出来后,按预算定额中相应项目给定的材料消耗定额计算出使用的材料数量,汇总后,用实际购入单价减去预算单价再乘以材料数量即为某材料的差价。将各种相同的材料差价汇总,即为该工程的材料差价,列入工程造价。

人工、材料价差的计算可用下式表示:

某类人工价差=(实际单价-预算定额人工单价)×人工数量

某种材料价差=(实际购入单价-预算定额材料单价)×材料数量

将计算结果填入人材机价差分析表,见表 1-2-19。

地方材料价差的计算,还采用调价系数进行调整,调价系数由各地自行测定。其计算方法可用下式表示:

差价=定额直接费×调价系数

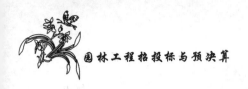

表 1-2-19 人材机价差分析表

工程名称:邀月问天工程

编　码	名称及型号规格	单位	数　量	预算价/元	市场价/元	价差/元	价差合计/元
			人工用量				
10000001	综合用工一类	工日	148.11	45.00	120.00	75.00	11 108.58
10000002	综合用工二类	工日	1082.26	40.00	100.00	60.00	64 935.52
10000003	综合用工三类	工日	204.85	30.00	60.00	30.00	6 145.45
	小计						82 189.55
			材料用量				
BB1-0101	水泥 32.5	t	55.731	220.00	345.00	125.00	6966.35
BB3-0129	白水泥	kg	42.337	0.39	0.785	0.395	16.72
BB3-2001	白水泥	kg	10.000	0.39	0.80	0.41	4.1
BD1-3009	标准砖 240×115×53	百块	266.49	20.00	27.00	7.00	1 865.4
BF3-0005	花岗岩火烧板	m^2	1 015.00	90.00	85.00	−5.00	−5 075
BF3-0016	花岗岩板	m^2	97.41	170.00	130.00	−40.00	−3 896.4
ZS2-0017	花岗岩	m^2	39.37	170.00	130.00	−40.00	−1 574.88
ZS2-0017	花岗岩刨石板	m^2	55.35	170.00	130.00	−40.00	−2 214.17
ZS2-0017	花岗岩抛光板	m^2	138.52	170.00	130.00	−40.00	−5 540.64
	小计						−9 448.52

七、填写苗木统计表

苗木的单价按市场价格确定,单价乘以苗木数量即为某苗木的合价,见表 1-2-20。

表 1-2-20 苗木统计表

工程名称:邀月问天工程

编号	名　称	单位	数量	规　格		单　价	合　价	备注
				胸径/cm	冠丛高度/m			
1	水曲柳	株	12	10		200.00	2400.00	
2	梨树	株	5	10		150.00	750.00	
3	海棠	株	1	18		3 000.00	3 000.00	
4	白桦	株	6	8		300.00	1 800.00	
5	红王子锦带	株	5		1.2	20.00	100.00	
6	月季	株	30		0.4	10.00	300.00	
7	草坪	m^2	400			10.00	4 000.00	满铺
8	合计						12 350.00	

八、单位工程独立费

单位工程独立费是指预算定额中没有的零星的工程项目费用,一般是按合同确认的方式、方法计算的，即甲乙双方洽商的价格，是按市场价确定的价格，也可以叫按实计算费用。本任务邀月问天工程施工图预算中，花钵、石桌凳、木椅、景墙刻字都是在定额中查找不到的分项，按单位工程独立费计算，见表 1-2-21。

表 1-2-21　单位工程独立费用表

工程名称：邀月问天工程

序　号	费用名称	单　　位	单价/元	数　量	合价/元
1	花钵	个	500.00	1.00	500.00
2	石桌凳	套	950.00	1.00	950.00
3	木椅	组	200.00	2.00	400.00
4	景墙刻字	cm	5.50	7 000.00	38 500.00
	合计				40 350.00

九、计算总造价

根据本地区的园林工程取费标准和“园林工程造价计算表”，计算各项费用，汇总得出邀月问天工程总造价，见表 1-2-22。

园林工程预算造价的计算有两种形式：一是以定额直接费为基数；二是以定额直接费中的人工费和机械费之和为基数。现在以定额直接费中的人工费和机械费之和为基数举例进行计算。

从表 1-2-14 得到邀月问天工程定额直接费(用 ZJF 表示)315 455.16 元、人工费 56 100.95 元、材料费 254 409.75 元、机械费 4 944.46 元、未计价材料费 0 元。

1. 定额直接费(用 ZJF 表示)

将工程定额直接费、人工费、材料费、机械费、未计价材料费分别填入表 1-2-22 中。

ZJF ＝人工费＋材料费＋未计价材料费＋机械费

＝56 100.95 元＋254 409.75 元＋4 944.46 元＝315 455.16 元

2. 安全防护、文明施工费(用 AQWM 表示)

AQWM ＝(定额直接费中的人工费和机械费之和)×费率

＝(56 100.95＋4 944.46)元×6.31％＝3 851.97 元

其中的人工费(用 AQWMR 表示)、机械费(用 AQWMJ 表示)分别为

AQWMR ＝(定额直接费中的人工费和机械费之和)×费率

＝(56 100.95＋4 944.46)元×1.58％＝964.52 元

AQWMJ ＝(定额直接费中的人工费和机械费之和)×费率

＝(56 100.95＋4 944.46)元×0.63％＝384.59 元

3. 施工组织措施费(用 QTF 表示)

QTF ＝(定额直接费中的人工费和机械费之和)×费率

＝(56 100.95＋4 944.46)元×8.17％＝4 987.41 元

其中的人工费(用 QTFR 表示)、机械费(用 QTFJ 表示)分别为

QTFR ＝(定额直接费中的人工费和机械费之和)×费率

＝(56 100.95＋4 944.46)元×3.42％＝2 087.75 元

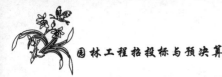

QTFJ =(定额直接费中的人工费和机械费之和)×费率
=(56 100.95+4 944.46)元×1.22%=744.75 元

4. 间接费

间接费包括企业管理费(用 GLF 表示)和规费(用 GF 表示)。

企业管理费和规费取费基数为定额直接费,安全防护、文明施工费,施工组织措施费中的人工费和机械费之和,用 QFJS 表示,即 QFJS=(RGF+JXF)+(AQWMR+AQWMJ)+(QTFR+QTFJ)=65 227.02 元。

GLF=QFJS×费率=65 227.02 元×12%=7 827.24 元

GF=QFJS×费率=65 227.02 元×10.3%=6 718.38 元

5. 计划利润(用 LR 表示)

LR=QFJS×费率=65 227.02 元×6%=3 913.62 元

6. 价款调整(用 JKTZ 表示)

价款调整也可称为其他费用,包括人工价差、材料价差、独立费。其中人工价差、材料价差在表 1-2-19 中查得,分别为 82 189.55 元、−9 448.52 元,独立费在表 1-2-21 中查得,为 40 350.00元。

JKTZ =人工价差+材料价差+独立费=82 189.55 元−9 448.52 元+40 350 元
=113 091.03 元

7. 税金(用 SJ 表示)

税金=(工程定额直接费+安全防护、文明施工费+施工组织措施费+企业管理费+利润+规费+其他费用)×费率=(315 455.16+3 851.97+4 987.41+7 827.24+3 913.62+6 718.38+113 091.03)元×3.38%
=15 407.55 元

8. 工程总造价(用 HJ 表示)

工程总造价=工程定额直接费+安全防护、文明施工费+施工组织措施费+企业管理费+利润+规费+其他费用+税金=(315 455.16+3 851.97+4 987.41+7 827.24+3 913.62+6 718.38+113 091.03+15 407.55)元
=471 252.36 元

表 1-2-22　园林工程预算造价计算表

工程名称:邀月问天工程

序号	编　码	项 目 名 称	计 算 基 础	费率/(%)	费用金额/元
			综合取费、园林工程、包工包料		
1	ZJF	直接及技术措施性成本	RGF+CLF+JXF+WCF	100.00	315 455.16
2	RGF	其中:人工费	STRGF+CSRGF	100.00	56 100.95
3	CLF	其中:材料费	STCLF+CSCLF	100.00	254 409.75
4	JXF	其中:机械费	STJXF+CSJXF	100.00	4 944.46
5	WCF	其中:未计价材料费	STWCF+CSWCF	100.00	12 350.00
6	AQWM	安全防护、文明施工费	(STRGF+STJXF)+(CSRGF+CSJXF)	6.31	3 851.97
7	AQWMR	其中:人工费	(STRGF+STJXF)+(CSRGF+CSJXF)	1.58	964.52

续表

序号	编 码	项目名称	计算基础	费率/(%)	费用金额/元
8	AQWMJ	其中:机械费	(STRGF+STJXF)+(CSRGF+CSJXF)	0.63	384.59
9	QTF	施工组织措施费	(STRGF+STJXF)+(CSRGF+CSJXF)	8.17	4 987.41
10	QTFR	其中:人工费	(STRGF+STJXF)+(CSRGF+CSJXF)	3.42	2 087.75
11	QTFJ	其中:机械费	(STRGF+STJXF)+(CSRGF+CSJXF)	1.22	744.75
12	QFJS	取费基数	(RGF+JXF)+(AQWMR+AQWMJ)+(QTFR+QTFJ)	100.00	65 227.02
13	GLF	企业管理费	QFJS	12.00	7 827.24
14	LR	计划利润	QFJS	6.00	3 913.62
15	GF	规费	QFJS	10.30	6 718.38
16	JKTZ	价款调整	JC+DLF	100.00	113 091.03
17	JC	其中:人工价差	STJC+CSJC	100.00	82 189.55
		其中:材料价差	STJC+CSJC	100.00	−9 448.52
18	DLF	其中:独立费	DLFHJ	100.00	40 350.00
19	SJ	税金	ZJF+AQWM+QTF+GLF+LR+GF+JKTZ	3.38	15 407.55
20	HJ	工程总造价	ZJF+AQWM+QTF+GLF+LR+GF+JKTZ+SJ	100.00	471 252.36

十、填写工程预算书封面

封面填写样式如下。

工程预算书

建设单位:××市××县建设局

工程名称:××市××县邀月问天工程

施工单位:××园林工程有限公司

工程造价:(小写)471252.36元

(大写)肆拾柒万壹仟贰佰伍拾贰元叁角陆分

负责人:__________

编制人:__________

编制时间:______年_____月_____日

十一、编制说明

(1) 工程概况。本工程为××市××县泽州园邀月问天工程,建筑面积1 300平方米。

(2) 本工程施工图预算是根据××职业学院设计的××市××县邀月问天工程施工图预算编制的。

(3) 预算定额采用2009年颁发的《河北省园林绿化工程消耗量定额》《河北省仿古建筑工程消耗量定额》。

(4) 企业取费类别为三类,包工包料。

十二、按工程预算书格式的顺序装订成册,并由有关人员签字盖章

在园林工程预算和招投标过程中,由于存在地区差异,各地区的工程预算书和工程造价计算表会有所不同,甚至不同的招投标公司的表格也有差异。但基本原理和计算方法相同,在实际应用的时候要灵活掌握。

十三、汇总、分析标底,按要求填报标底报审文件等

按格式逐项汇总分组工程标底合价和标底总价,分析标底的合理性,明确招标范围,分析本次招标的工程项目和主要工程量,并与初步设计的工程项目和工程量进行比较,再将标底与审批的初步设计概算做比较分析,分析标底的合理性,调整不合理的单价和费用,最后进行标底文件的报审。

☆ 任务考核

序号	检测项目要求	配分	检测标准	得分
1	收集资料情况	10	主要资料齐全	
2	识读图纸和施工内容	10	基本正确,无明显错误	
3	结合定额,划分工程项目	10	正确无误	
4	根据定额计算规则,计算工程量	30	正确无误	
5	套用定额,填写工程预算书	30	表格齐全,内容正确	
6	装订、签字、盖章	10	装订顺序正确,手续齐备	

☆ 知识链接

传统定额计价与工程量清单计价的区别

(一) 单位工程项目划分不同

定额计价的工程项目(即预算定额中的项目)划分是根据工程的不同部位、不同材料、不同工艺、不同施工机械、不同施工方法和材料规格型号进行的,划分十分详细。工程量清单计价的工程项目划分较之定额项目的划分有较大的综合性,它考虑工程部位、材料、工艺特征,但不考虑具体的施工方法或措施,如人工或机械、机械的不同型号等,同时对于同一项目

不再按阶段或过程分为几项,而是综合到一起,工程量清单中的量应该是综合的工程量,而不是按定额计算的“预算工程量”。

（二）编制工程量的单位不同

传统定额预算计价法的工程量由招标单位和投标单位分别按图计算。工程量清单计价法的工程量由招标单位统一计算或委托有工程造价咨询资质单位统一计算,“工程量清单”是招标文件的重要组成部分,各投标单位根据招标人提供的“工程量清单”,结合自身的技术装备、施工经验、企业成本、企业定额、管理水平自主填报单价。

（三）编制工程量时间不同

传统定额计价的工程量是在发出招标文件后编制的(招标人与投标人同时编制或投标人编制在前,招标人编制在后)。工程量清单计价的工程量必须在发出招标文件前编制。

（四）表现形式及费用组成不同

采用传统的定额计价法一般是总价形式,工程造价由直接工程费、间接费、利润、税金构成,计价时先计算直接费,再以直接费(或其中的人工费)为基数计算各项费用、利润、税金,汇总为单位工程造价。工程量清单计价法采用综合单价形式,综合单价包括人工费、材料费、机械使用费、管理费、利润,并考虑风险因素。工程量清单计价具有直观、单价相对固定的特点,工程量发生变化时,单价一般不做调整。

（五）编制的依据不同

编制的依据不同是定额计价和清单计价的最根本区别。定额计价的编制依据就是定额,而工程量清单计价的主要依据是企业定额,包括企业生产要素消耗量标准、材料价格、施工机械配备及管理状况、各项管理费支出标准等。工程量清单计价的本质是要改变政府定价模式,建立起市场形成造价机制。

（六）评标采用的办法不同

传统定额计价投标一般采用百分制评分法。采用工程量清单计价法投标,一般采用合理低报价中标法,既要对总价进行评分,还要对综合单价进行分析评分。

（七）项目编码不同

采用传统的预算定额项目编码,全国各省市采用不同的定额子目。采用工程量清单计价全国实行统一编码,项目编码采用十二位阿拉伯数字表示。

（八）合同价调整方式不同

传统的定额预算计价合同价调整方式有变更签证、定额解释、政策调整等。工程量清单计价法合同价调整方式主要是索赔。工程量清单的综合单价一般通过招标中报价的形式体现,一旦中标,报价作为签订施工合同的依据相对固定下来,不能随意调整,工程结算按承包商实际完成工程量乘以清单中相应的单价计算,减少了调整活口。

☆ 复习提高

由教师指定施工图纸,并给定工程量,由学生对给定的工程量进行复核。按照如下费率进行工程定额计价的编制:措施费费率为 8.17%,企业管理费 8%,利润 4%,规费 7.9%,税金 3.38%。(提示:按园林绿化工程定额,先计算出直接费,再计算间接费、利润等。)

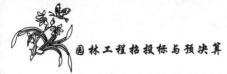

任务3 园林工程施工招标

☆ 能力目标

1. 能进行园林工程招标的组织管理
2. 能进行园林工程招标文件的编制

☆ 知识目标

1. 明确园林工程招标的程序
2. 掌握园林工程施工招标的条件及方式
3. 掌握招标文件的主要内容

☆ 基本知识

一、园林工程施工招标概述

园林工程施工招标，是指招标人（建设单位或业主）就拟建工程提出招标条件，公开或非公开邀请愿意承建该工程的承包单位，对其进行报价，参与承包工程建设任务的竞争，以便从中选择工程承包单位（择优）的活动。

二、园林工程施工招标应具备的条件

（一）建设单位招标应具备的条件

（1）建设单位必须是法人或依法成立的其他组织。

（2）建设单位有招标园林工程相应的资金或资金已落实，以及具有相应的技术管理人员。

（3）建设单位有组织编制园林工程招标文件的能力。

（4）建设单位有审查投标单位园林工程建设资质的能力。

（5）建设单位有组织开标、评标、定标底的能力。

如不具备以上条件的园林工程建设单位，必须委托有相应资质的咨询单位代理招标。

（二）招标的园林工程建设项目应具备的条件

（1）项目概算已经批准。

（2）建设项目正式列入国家、部门或地方的年度固定资产投资计划。

（3）项目建设用地的征用工作已经完成。

（4）有能够满足施工需要的施工图纸和技术资料。

（5）项目建设资金和主要材料、设备的来源已经落实。

（6）已经得到建设项目所在地规划部门批准，施工现场已经完成“四通一清”或一并列入施工项目的招标范围。

园林工程施工招标可采用项目工程招标、分项工程招标、特殊专业工程招标等方式进行，但不得对分项工程的分部、分项工程进行招标。

三、园林工程施工招标方式

园林工程施工招标方式可分为公开招标、邀请招标和议标招标三种。

（一）公开招标

公开招标是园林工程建设项目招标的主要方式。它是由招标人以招标公告的方式邀请不特定的法人或者其他组织投标，然后以一定的形式公开竞争，达到招标目的的过程。采用这种形式，可由招标单位通过国家指定报刊、信息网络或其他媒介发布招标公告。招标公告应当载明招标人的名称和地址，招标项目的性质、数量、实施地点和时间，投标截止日期，以及获取招标文件的办法等事项，并要求潜在投标人提供有关资质证明文件和企业业绩情况。

公开招标的优点：可以给一切有资格的承包商以平等竞争的机会参加投标，招标单位有较大的选择范围，有助于开展竞争，打破垄断，能促使承包商努力提高工程质量，缩短工期，降低造价。

公开招标的缺点：审查投标者资格及标书的工作量大，招标费用支出较多，招标持续的时间较长等。

（二）邀请招标

邀请招标是指招标人以投标邀请书的方式邀请特定的法人或其他组织投标。采用这种形式时，招标人应当向三个以上具备承担招标项目能力、资信良好的特定的法人或其他组织发出投标邀请书。邀请招标不仅可节省招标费用，而且能够提高每个投标者的中标机率，所以对招投标双方都有利。但由于限定了竞争范围，把许多可能有竞争力的竞争者排除在外，被认为不完全符合自由竞争机会均等的原则，所以邀请招标多在特定条件下采用。

(1) 项目技术复杂或有特殊要求，只有少量几家潜在投标人可供选择的。

(2) 受自然地域环境限制的。

(3) 涉及国家安全、国家秘密或者抢险救灾，适宜招标但不宜公开招标的。

(4) 拟公开招标的费用与项目的价值相比，不值得的。

(5) 法律、法规规定不宜公开招标的。

（三）议标招标

议标招标，是通过邀请协商的一种招标形式，即不需通过公开招标或邀请招标，而由建设方或其代理人直接邀请某一个或两三个承包商进行协商，达成协议后将工程项目发包给一家、两家或三家承包商。由于业主只是对承包商谈判，承包商没有竞争，往往报价较高。

四、园林工程施工招标程序

园林工程施工招标可分为准备阶段和招标阶段。按先后顺序应完成以下工作招标程序。

（一）向政府管理招标投标的专设机构提出招标申请

申请的主要内容包括：

(1) 园林建设单位的资质；

(2) 招标工程项目是否具备了条件；

(3) 招标拟采用的方式；

(4) 对招标企业的资质要求；

（5）初步拟订的招标工作日程等。

（二）建立招标机构，开展招标工作

在招标申请被批准后，园林建设单位组织招标机构，统一安排和部署招标工作。

1. 招标机构的主要形式

（1）由建设单位的基本建设主管部门或实行建设项目法人责任制的业主单位负责有关招标的全部工作。

（2）专业咨询机构受建设单位委托，承办招标的技术性和事务性工作，决策仍由建设单位做出。

2. 招标机构的人员组成

（1）决策人：主管部门任命的建设单位负责人或授权代表。

（2）专业技术人员：包括风景园林师，建筑师，结构、设备、工艺等专业工程师和估算师，他们的职责是向决策人提供咨询意见和进行招标的具体事务工作。

（3）一般工作人员。

3. 招标机构的主要任务

（1）编制招标文件。

（2）招标文件的审批手续。

（3）组织委托标底的编制、审查、审定。

（4）发布招标公告或邀请书，审查资质，发招标文件以及图纸技术资料，组织潜在投标人员勘察项目现场并答疑。

（5）提出评标委员会成员名单并核准。

（6）发出中标通知。

（7）退还押金。

（8）组织签订承包合同。

（9）其他该办理的事项。

（三）编制招标文件

招标文件应当包括招标项目的技术要求、对投标人资格审查的标准、投标及报价要求和评标标准等所有实质性要求以及拟签订合同的主要条款。如招标项目需要划分标段，则应在标书文件中载明。

（四）标底的编制和审定

（五）发布招标人公告或招标邀请书

（六）组织投标单位报名并接受投标申请

（七）审查投标单位的资质

审查的主要内容包括营业执照、企业资质等级证书、工程技术人员和管理人员、企业拥有的施工机械设备是否符合承包本工程的要求。同时，还要考察其承担的同类工程质量、工期及合同履行的情况。审查合格后，通知其参加投标；不合格的，通知其停止参加工程投标活动。

（八）发放招标文件

向审查合格的投标单位发放招标文件（包括设计图纸和有关技术资料等），同时由投标

单位向招标单位交纳投标保证金。

（九）踏勘现场及答疑

组织投标单位在规定的时间踏勘施工现场，对招标文件、设计图纸等提出的疑点、有关问题进行交底或答疑。对招标文件中尚须说明或修改的内容可以纪要和补充文件的形式通知投标单位，在投标单位编制标书时，纪要和补充文件与招标文件具有同等效力。

（十）接受标书（投标）

招标单位应根据招标文件的规定，按照约定的时间、地点接受投标单位送交的投标文件，招标单位逐一验收，出具收条，妥善保存，开标前任何单位和个人不准启封标书。

（十一）召开开标会议，审查投标书、组织评标、决定中标单位

（十二）发出中标通知书

（十三）建设单位与中标单位签订承发包合同

园林工程施工招标的一般程序如图 1-3-1 所示。

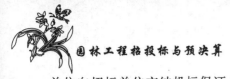

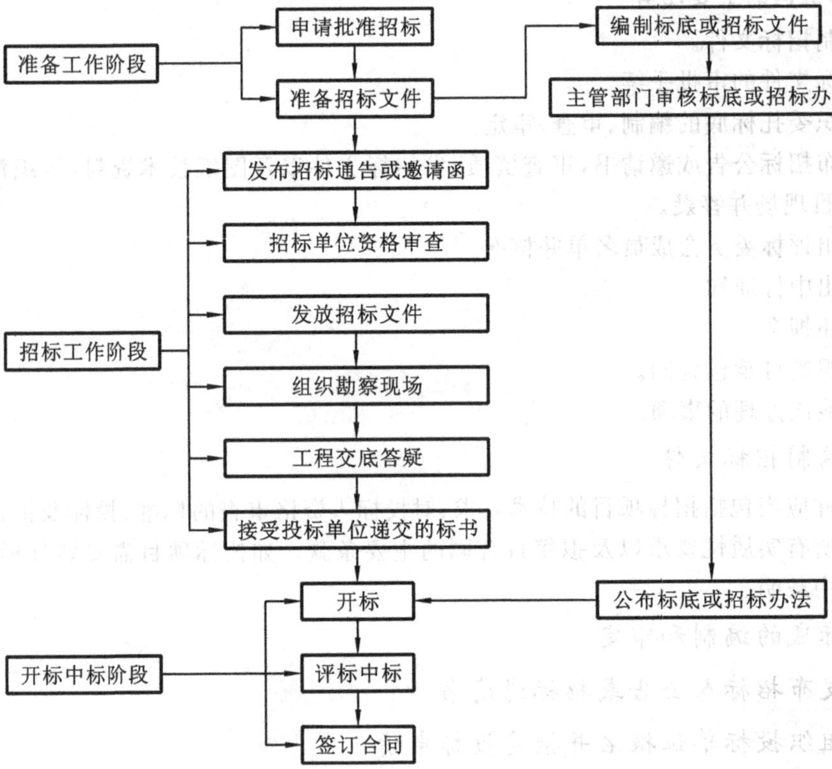

图 1-3-1　园林工程施工招标的一般程序

五、园林工程招标文件的编制

园林工程招标文件是由一系列有关招标方面的说明性文件资料组成的，包括各种旨在阐释招标人意志的书面文字、图表、电子表格、电报、传真、电传等材料。一般来说，招标文件在形式上的构成，主要包括正式文本、对正式文本的解释和对正式文本的修改三个部分。

（一）招标文件正式文本

招标文件的正式文本在形式结构上通常分卷、章、条目，格式如表1-3-1所示。

表1-3-1　园林工程招标文件主要内容

第一卷　投标须知、合同条款及合同格式
　　第一章　投标须知
　　第二章　施工合同通用条款
　　第三章　施工合同专用条款
　　第四章　合同格式
第二卷　技术规范
　　第五章　技术规范
第三卷　投标文件
　　第六章　投标书及投标书附件
　　第七章　工程量清单及报价表
　　第八章　辅助资料表
　　第九章　资格审查表
第四卷　图纸
　　第十章　图纸

1. 投标须知

投标须知主要是告知投标者投标时的有关注意事项，帮助投标单位了解招标工程概况，包括资格要求，投标文件要求，拟建工程的名称、规模、地址，招标方法，发包范围，设计单位，报价计算，投标有效期等，内容应明确具体。

2. 合同主要条款

招标文件中列出的合同主要条款是招标单位向所有参加投标的单位发出的要约，投标单位必须明确是否承诺或提出新的要求，如果承诺，则将成为中标以后甲乙双方签订施工合同的主要依据，其条款在合同中不得改变。合同主要条款包括：

(1) 工程名称和地点；

(2) 工程范围和内容；

(3) 开、竣工日期，保养、养护期；

(4) 工程质量及保修条件；

(5) 工程造价；

(6) 预付款、工程款支付方式和结算办法以及工程质量保修金；

(7) 设计文件及资料的提供日期；

(8) 苗木、材料、设备供应及进场期限；

(9) 双方协作事项；

(10) 履约保证金、履约保函、违约责任和赔偿。

3. 技术规范

技术规范是招标文件中一个非常重要的组成部分，是投标人投标报价和组织施工的主要依据，也是工程师对承包商施工质量进行监控以及对工程进行验收的主要依据。只有严格按规范施工与验收，才能保证最终获得一项合格的工程。技术规范一般包含下列内容：工程的全面描述、工程所用材料的要求、施工质量要求、工程计量方法、验收标准规定、关于其他不可预见因素的规定等。技术规范文件措辞要准确严谨，使各投标单位能有共同的理解。

4. 图纸

图纸是招标文件和合同的重要组成部分，是投标者在拟定施工方案、确定施工方法以及提出替代方案、计算工程量时必不可少的资料。施工图纸能让投标单位对招标工程的技术要求及工作内容有进一步的了解，详细的设计图能使投标者比较准确地计算报价，但常常在实际工程实施中需要陆续补充和修改图纸。这些图纸的补充和修改均需经双方协商认可后，才能作为施工及结算的依据。

5. 工程量清单及报价表

工程量清单是招标文件的重要内容之一，它是投标单位计算投标报价和招标单位编制标底的依据。它是关于合同规定要实施的工程全部项目和内容的一系列表格。

6. 投标书及其附件格式

投标书是由投标单位在规定时间内向招标单位投送的投标文件，投标书是对业主和承包商双方均有约束力的合同的一个重要组成部分。投标书包含投标书及其附件，由投标者按招标文件要求格式填写。为避免因标书内容不全或填写格式错误而造成的废标，招标单位必须对投标书的编制提出具体要求，其内容一般如下。

1）投标书综合说明

在说明中投标单位应将企业概况加以说明，其目的在于使评标委员会成员对投标单位的技术、经济实力及同类工程的施工经历有进一步的了解，投标单位在说明中还应明确对合同主要条款的承诺程度、对拟建工程的重视程度及标书构成等。

2）工程造价

该项是投标书的主要内容之一，招标单位应首先明确标价的编制依据，其中包括所采用的定额、取费标准、单位估价表、招标文件、图纸、答疑纪要等，其次应对填写报价及其构成的要求写清楚。

3）施工组织设计

施工组织设计是综合反映各投标单位技术水准、施工经验及管理能力的文件，招标单位对投标书中施工组织设计要求必须具体、明确，一般应要求以下内容：施工准备工作计划，施工方案或施工方法，施工进度计划，施工平面图，施工单位组织机构及投入本工程的主要技术、管理人员名单架构等。

（二）对招标文件正式文本的解释

解释的主要形式有书面答复、投标预备会等。投标人如果认为招标文件有问题需要澄清，应在收到招标文件后以文字、电传、传真或电报等书面形式向招标人提出，招标人将以文字、电传、传真或电报等书面形式或以投标预备会的方式给予解答。解答包括对询问的解释，但不说明询问来源。解答意见经招标投标管理机构核准，由招标人发给所有获得招标文件的投标人。

（三）对招标文件正式文本的修改

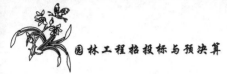

修改的主要形式有补充通知、修改书等。在投标截止日期前，招标人可以自己主动对招

标文件进行修改，或为解答投标人要求澄清的问题而对招标文件进行修改。修改意见经招标投标管理机构核准，由招标人以文字、电传、传真或电报等书面形式发给所有获得招标文件的投标人。对招标文件的修改也是招标文件的组成部分，对投标人起约束作用。投标人收到修改意见以后应立即以书面形式（回执）通知招标人，确认已收到修改意见。为了给投标人合理的时间，使他们在编制投标文件时将修改意见考虑进去，招标人可以酌情延长递交文件的截止日期。

☆ 学习任务

××市园林局拟建设××市主城区小游园二期工程，按照工程建设程序进行该工程项目的施工招标。该工程地点为联华园（联纺路与光华路交叉口）、沁乐园（沁河南侧，沁乐小区北侧）、饰园（滏漳路西段北侧）、和园（陵园路燃料家属南楼东侧）、经纬园（滏西大街与联纺路交叉口东北角）、春风园（雪驰路春风小区北侧）、嘉信园（人民路与建新大街交叉口东南角）区域内；该工程承包方式为包工包料；要求质量标准为合格；计划工期为 60 天；招标范围为图纸内包含的绿化植物种植及养护管理等内容；报价方式为工程量清单报价。

根据以上工程项目特点及基本要求编制该工程施工招标文件。

☆ 任务分析

该工程是由财政拨款建设的城区街头小游园的二期工程，共计七处。××市园林局委托招标代理机构完成招投标工作，招投标采用工程量清单计价方式。

招标文件是招标人向潜在投标人发出的，旨在向其提供为编写投标文件所需的资料并向其通报招标投标将依据的规则和程序等项内容的书面文件。

在编写招标文件时要载明如下内容。

(1) 关于编写和提交投标文件的规定，旨在尽量减少符合资格的承包商或供应商由于不明确如何编写投标文件而处于不利地位或其投标遭到拒绝的可能性。

(2) 关于对投标人资格审查的标准以及投标文件的评审标准和方法。其目的是提高招标过程的透明度和公平性，因而是非常重要的，也是必不可少的。

(3) 关于合同的主要条款。其中主要是商务性条款，有利于投标人了解中标后签订的合同的主要内容，明确双方各自的权利和义务。其中，技术要求、投标报价要求和主要合同条款等内容是招标文件的关键内容，统称实质性要求。

☆ 任务实施

编制招标文件前的准备工作很多，包括收集资料、熟悉情况、确定招标发包承包方式、划分标段与选择分标方案等。其中，选定招标发包承包方式和分标方案，是编制招标文件前最重要的两项准备工作。本项目施工发包承包方式为包工包料，即工程施工所用的全部人工和材料由承包人负责。报价方式采用工程量清单报价。

本工程施工招标文件编制如下。

××市主城区小游园二期工程

施工招标文件

招标文件编号:××

招　　标　　人:××市园林局
招标代理机构:××市卓达建筑工程咨询有限公司

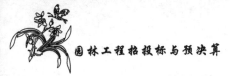

××市主城区小游园二期工程施工招标文件目录

第一章　投标须知

(一) 总则

(二) 招标文件

(三) 投标文件的编制

(四) 投标文件的提交

(五) 开标

(六) 评标

(七) 授予合同

第二章　投标文件商务标部分格式

(一) 投标文件封皮及扉页

(二) 法定代表人授权委托书

(三) 法定代表人或其授权代表身份证复印件、投标保证金递交证明复印件

(四) 投标函

(五) 投标报价说明

(六) 工程量清单报价表封皮

(七) 工程量清单报价表

(八) 措施项目报价表

(九) 其他项目报价表

(十) 投标报价需要的其他资料

(十一) 项目管理机构配备情况

第三章　投标文件技术标部分格式

第四章　施工合同主要条款

第五章　评标办法

第一章　投标须知

序号	内容规定
1	工程名称：××市主城区小游园二期工程 工程规模及地点：联华园（联纺路与光华路交叉口）、沁乐园（沁河南侧，沁乐小区北侧）、饰园（滏漳路西段北侧）、和园（陵园路燃料家属南楼东侧）、经纬园（滏西大街与联纺路交叉口东北角）、春风园（雪驰路春风小区北侧）、嘉信园（人民路与建新大街交叉口东南角） 承包方式：包工包料 要求质量标准：合格 工期要求：60天 招标范围：图纸内包含的内容 报价方式：工程量清单报价
2	资金来源：财政资金
3	投标单位资质等级：城市园林绿化工程贰级及其以上资质
4	投标文件份数：正本一份，副本三份
5	投标保证金交于：××市建设工程交易中心 投标保证金：人民币　　万元整；账号： 开户行：××市商业银行联纺路营业部
6	投标文件递交地点：××市行政服务中心4楼 投标截止时间：2010年3月17日9时30分
7	开标地点：××市行政服务中心4楼 开标时间：2010年3月17日9时30分
8	评标办法：（附后）
9	招标人：××市园林局 联系人：　　　　　　　　联系电话：
10	招标代理机构：××市卓达建筑工程咨询有限公司 联系人：　　　　　　　　联系电话：
11	投标文件的制作：①本工程开标时采用××省计算机辅助评标系统，投标人必须使用××省电子投标文件制作系统编制电子投标文件，并将电子投标文件密封后连同文本投标文件商务部分一同密封、递交。否则按废标处理。②开标时各投标人必须携带并递交投标软件专用锁。③开标时投标人提供的电子投标文件无法打开，后果由投标人自负。

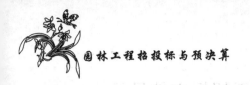

(一)总 则

1. 工程说明

1.1 工程名称:××市主城区小游园二期工程。

1.2 建设地点:联华园(联纺路与光华路交叉口)、沁乐园(沁河南侧,沁乐小区北侧)、饰园(滏漳路西段北侧)、和园(陵园路燃料家属南楼东侧)、经纬园(滏西大街与联纺路交叉口东北角)、春风园(雪驰路春风小区北侧)、嘉信园(人民路与建新大街交叉口东南角)区域内。

1.3 工程范围:本工程为××市园林局拟建的××市主城区小游园二期工程,主要建设内容为绿化种植施工及养护,详见图纸。

1.4 本招标工程,投标人须承诺按照国家和××省的有关规定创建安全质量标准化工地。

1.5 如遇重大变更,招标人有权力改变原招标计划和招标内容,或撤销原招标计划。

1.6 本工程项目的招标按照《中华人民共和国招标投标法》等有关法律、法规和规章的规定,已在××市建设工程招投标办公室完成了工程施工招标前的所有批准、登记、备案等手续,通过公开招标方式,按招标文件中规定的评标办法对投标人进行综合评定,择优选定承包人。

2. 招标范围及工期

2.1 本工程项目的招标范围:施工总承包。

2.2 本招标工程项目的工期要求:计划开工日期 2010 年 6 月 7 日、计划竣工日期 2010 年 8 月 6 日,施工总工期 60 日历天。

2.3 投标人可在满足施工总工期要求的前提下,在投标文件中根据其自身的施工方案确定合理的工期及相应的施工进度。

2.4 实际开工日期以招标人或监理工程师所发出的正式开工令为准,并按照中标人的承诺和中标通知书所填报的施工工期的日历天数,计算中标人的竣工日期,双方将以此作为合同工期,上述变化将不会使中标人获得额外的调整和任何经济补偿。

3. 资金来源

3.1 本招标工程项目资金来源为政府投资。

4. 合格的投标人

凡具有独立法人资格并同时具有城市园林绿化工程施工贰级及其以上资质的施工企业,并通过资格审查,应具备并提供如下资料文件:法人营业执照、施工资质证书、法人代表授权书及被授权人身份证、投标信用手册、项目经理证、外地企业进×备案手续、投标人业绩、建设行政相对人守法情况证明书等,均可参加投标。

5. 踏勘现场和投标答疑

5.1 投标人自行对工程现场及周围环境进行踏勘,以便投标人获取有关编制投标文件和签署合同所涉及现场的资料。投标人承担踏勘现场所发生的自身费用。

5.2 经招标人允许,投标人可为踏勘目的进入招标人的项目现场,但投标人不得因此使招标人承担有关的责任和蒙受损失。投标人应承担踏勘现场的责任和风险。

5.3 投标人接到招标文件和施工图纸并踏勘现场后,请仔细阅读招标文件和施工图纸的内容,投标人如对招标文件、施工图纸和施工现场有任何疑问,请于 2010 年 3 月 2 日 9:30 时前以书面形式(附带电子版)递交至××市卓达建筑工程咨询有限公司。招标人、设计单位和招标代理机构将对投标人提出的所有问题进行解答,并以招标文件补充文件的形式发放给所有投标人，答疑以书面文件答复为准。

5.4 招标人向投标人提供的有关现场的数据和资料，是招标人现有的能被投标人利用的资料，招标人对投标人做出的任何推论、理解和结论均不负责任。

6. 投标费用

投标人应自行承担其投标过程中所涉及的一切费用。在任何情况下，招标人和招标代理机构对上述费用均不负任何责任。

（二）招标文件

7. 招标文件内容

7.1 招标文件包括综合说明、投标须知、施工合同主要条款、投标报价格式、评标办法、附件、图纸与技术资料说明、招标工作日程安排及本工程有关技术资料，以及补充资料、答疑纪要。

7.2 投标人应认真审阅招标文件中的所有内容，并按招标文件要求编制投标文件。如果投标人的投标文件不符合招标文件的要求，责任由投标单位自负。实质上不响应招标文件要求的投标文件将被拒绝。

8. 招标文件的解释

投标人在收到招标文件后，若有问题需要澄清，应于收到招标文件后三日内以书面形式（包括书面文字、传真等，下同）向招标人提出，招标人将以书面形式或现场答疑形式予以解答。答复将于受理质疑后二日内通知所有获得招标文件的投标单位。

9. 招标文件的修改

9.1 在投标截止日期15日前，招标人都可以用补充通知的方式修改招标文件。

9.2 补充通知将以书面形式发给所有获得招标文件的投标人，补充通知作为招标文件的组成部分，对投标人起约束作用。

9.3 为使投标人在编制投标文件时把补充通知内容考虑进去，招标人可以酌情顺延递交投标文件的截止日期。

（三）投标文件的编制

10. 投标文件的语言

与投标有关的所有文件均应使用中文。

11. 投标文件的组成

投标文件由商务部分和技术部分两部分组成。

11.1 商务标部分主要包括下列内容：

11.1.1 投标文件封皮及扉页；

11.1.2 法定代表人授权委托书；

11.1.3 法定代表人或其授权代表身份证复印件；

11.1.4 投标函；

11.1.5 投标报价说明；

11.1.6 投标总价表；

11.1.7 工程量清单报价表封皮；

11.1.8 工程量清单报价表；

11.1.9 措施项目报价表；

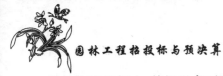

11.1.10 其他项目报价表；

11.1.11 投标报价需要的其他资料；

11.1.12 项目管理机构配备情况。

(1) 项目管理机构配备情况表；

(2) 项目经理简历表。

11.2 技术标部分(施工组织设计)主要包括下列内容：

(1) 拟投入的主要施工机械设备表；

(2) 劳动力计划表；

(3) 计划开、竣工日期和施工进度网络图；

(4) 施工总平面图；

(5) 各分部分项工程的主要施工方法(施工方案)；

(6) 安全生产保证体系及措施；

(7) 工程质量保证体系及措施。

12. 投标文件格式

投标人提交的投标文件应当使用招标文件所提供的投标文件全部格式。

13. 投标报价

13.1 本次招投标采用工程量清单计价方式。投标报价为投标人在投标文件中提出的各项支付金额的总和。

13.2 投标人的投标报价，应是完成招标工程范围及工期的全部，不得以任何理由予以重复，作为投标人计算单价或总价的依据。

13.3 投标报价参考的有关规定、资料：

13.3.1 2008 年××省消耗量定额；

13.3.2 ××市《工程建设造价信息》2008 年第六期材差。

13.4 除非招标人对招标文件予以修改，投标人应按招标人提供的工程量清单中列出的工程项目和工程量填报单价和合价。每一项目只允许有一个报价。任何有选择的报价将不予接受。投标人未填单价或合价的工程项目，在实施后，招标人将不予以支付，并视为该项费用已包括在其他有价款的单价或合价内。

13.5 投标人在报价中具有标价的工程量清单中所报的单价和合价，以及投标报价汇总表中的价格均包括完成该工程项目的成本、利润、税金、开办费、技术措施费、大型机械进出场费、风险费、政策性文件规定费用等所有费用。

13.6 劳保基金与工程材料检测费不进入报价，由招标人支付。材料的检测由甲方直接委托。

13.7 投标人可先到工地踏勘以充分了解工地位置、情况、道路、储存空间、装卸限制及任何其他足以影响承包价的情况，任何因忽视或误解工地情况而导致的索赔或工期延长申请将不被批准。

13.8 投标报价中安全防护、文明施工措施的报价应单独列明，其费用不得低于冀建质[2005]455 号文件规定。

14. 投标货币

本工程投标报价采用的币种为人民币。

15. 投标有效期

从投标截止之日起60天(日历天)。

(四) 投标文件的提交

16. 投标文件的份数和签署

16.1 投标文件的正本和副本均需打印或使用不褪色的墨水笔书写,字迹应清晰易于辨认,并应在商务标封面的右上角清楚地注明"投标文件正本"或"投标文件副本"。正本和副本如有不一致之处,以正本为准。

16.2 技术标分为正本封皮和副本封皮两种。投标人须在封皮内文字注明处书写工程名称并加盖投标人公章和法定代表人印鉴,然后密封,待评标时方可启封。

16.3 投标文件商务标的封皮、投标函、投标报价汇总表加盖投标单位公章和法定代表人印鉴。

17. 投标文件的密封与标志

17.1 投标人应使用××市招标投标管理办公室统一印制的封袋(否则按废标处理)将投标文件的商务和技术部分分别密封。电子投标文件可以与投标文件商务标一同密封,也可以单独密封。商务标封袋上写明"密件:××市主城区小游园二期工程招标投标书商务部分;招标编号;投标单位名称;开标前不得开封"字样,封袋应保证其密封性并应加盖投标单位法人单位公章作骑缝章;技术标采用暗标,投标单位在封皮内(应使用统一印制的封皮)文字注明处书写工程名称并加盖投标单位公章和法定代表人印章,然后密封,技术标密封袋上除封袋本身引有的"技术标"三个字及密封条外,不得有任何字迹或标记,否则作废标处理。

17.2 技术标文件均应使用A4幅面的白纸,图表可用A3纸,不得用彩色打印,不得使用页眉、页脚,页码居中。标题及正文字体统一使用宋体4号字打印(图表不做要求),全套投标文件不得有涂改痕迹和行间插字(因评标时采用技术标评暗标的评标方式,故在技术标文件中所有体现该单位名称、人员或工程业绩等方面的文字资料,均应放入商务标中)。标书(包括封面)应装订完好,散页无效。

18. 投标文件的提交

投标人应按本须知所规定的地点于截止时间前提交投标文件。

19. 投标保证金

19.1 根据××市建设局邯建交[2005]8号文件执行。

19.2 投标人在投送投标文件时应同时提供×万元的投标保证金,此投标保证金是投标文件的一个组成部分。

19.3 对于未能按要求提交投标保证金的,投标人将被视为不响应招标文件要求,其投标文件将被视作无效而予以拒绝。

19.4 投标人有下列情况之一者,将被没收投标保证金。

19.4.1 投标人在投标有效期内撤回其投标文件;

19.4.2 中标人未能在规定期限内签署合同协议。

20. 投标截止期

20.1 投标人应在前附表规定的时间、地点将投标文件递交给招标人。

20.2 招标人可以按本须知规定以补充通知的方式,酌情延长递交投标文件的截止时间。在上述情况下,招标人与投标人以前在投标截止时间方面的全部权利、责任和义务,将适用于延长后新的投标截止期。

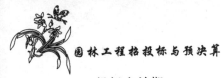

20.3 在投标截止时间以后送到的投标文件为无效文件，招标人拒绝接收。

21. 投标文件的修改与撤回

投标人可以在递交投标文件后，在规定的投标截止时间之前，书面向招标人递交修改或撤回其投标文件的申请通知。投标截止期以后，不能更改投标文件。

（五）开　　标

22. 开标

22.1 在投标单位法定代表人或授权代表在场的情况下，招标单位将于前附表所规定的时间和地点举行开标会议，参加开标的投标单位法人代表或被授权人进入开标会场签名报到，以证明其出席开标会议。

22.2 发生下列情况之一时，其投标文件无效：

(1) 未按本招标文件规定密封；

(2) 未按本招标文件要求加盖投标单位法人章；

(3) 未按本招标文件要求加盖法定代表人印鉴；

(4) 投标截止时间以后送达的投标文件；

(5) 投标单位法定代表人和其委托代理人均未参加开标会；

(6) 投标单位法定代表人参加开标会时，投标单位法定代表人出示的居民身份证原件与企业法人营业执照不符；

(7) 投标单位授权委托人参加开标会时，投标单位授权委托人未出示该企业法定代表人关于授权其参加本工程投标活动的委托书；

(8) 投标单位授权委托代理人出示的居民身份证原件与授权委托书不符；

(9) 授权委托书未加盖投标单位法人章；

(10) 授权委托书未加盖投标单位法定代表人印鉴；

(11) 授权委托书为影印件；

(12) 违反法律、法规及有关规定的其他行为；

(13) 投标文件与招标文件要求有重大偏离或非实质性响应招标文件要求。

（六）评　　标

23. 评标的主要内容及方法

招标人共同依法组建评标委员会，评标委员会由技术、经济、管理等方面的专家组成。在评标前，评标委员会首先按照招标文件中的废标条件剔除无效标书，然后根据投标人投标报价、施工组织方案两个方面对投标人进行符合性评审。评委按照评标办法确定中标候选人，并报招投标监督机构备案。

24. 评标内容的保密

24.1 公开开标后，直到宣布授予中标单位合同为止，凡属于审查、澄清、评标和比较投标的有关资料和有关授予合同的信息情况都不应向投标单位或与该过程无关的其他人泄露。

24.2 在投标文件的审查、澄清、评标和比较以及授予合同的过程中，投标单位对招标单位和评标机构其他成员施加影响的任何行为，都将导致被取消投标资格。

25. 投标文件的澄清

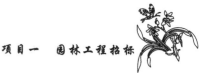

为了有助于投标文件的审查、评价和比较，评标机构可以要求个别投标单位澄清其投标文件，但不允许更改投标报价或投标的实质性内容。但按照本须知规定校核时发现的算术

错误不在此列。

26. 错误的修正

如果用投标文件中数字表示的金额与文字表示的金额不一致时，以文字金额为准；如果投标文件中正本与副本不一致时，以正本为准。

27. 投标文件的评价与比较

27.1 评标机构将仅对按照本须知确定为实质上响应招标文件要求的投标文件进行评价与比较。

27.2 在评价与比较时应根据前附表内容的规定，对投标单位的投标报价、工期、质量、目标、施工方案或施工组织设计等进行综合评价。

27.3 评标委员会经评审，认为所有投标都不符合招标文件要求的，可以否决所有投标，所有投标被否决后，招标人应当依法重新招标。

（七）授予合同

28. 合同授予标准

招标单位将把合同授予其投标文件在实质性响应招标文件要求和按本招标文件评选出的中标单位。

29. 中标通知书

29.1 确定出中标单位后在投标有效期截止前，招标单位将以书面形式通知中标单位其投标被接受。在该通知书（以下合同条件中称“中标通知书”）中给出招标单位对中标单位按本合同实施、完成和维护工程的中标报价（合同条件中称为“合同价格”），以及工期、质量和有关合同签订日期、地点。

29.2 中标通知书将成为合同的组成部分。

29.3 招标单位及时将中标结果通知其他投标单位。

30. 合同协议书的签署

中标单位应按中标通知书中规定的时间和地点，由法定代表人或授权代表前往与建设单位代表洽商和签订合同，如果中标单位违背招标文件规定或自身投标承诺而拒绝签订合同，招标单位有权废除授标，并没收其投标保证金。

31. 未尽事宜

本招标文件未尽事宜，按《中华人民共和国招标投标法》有关文件规定执行。

第二章　投标文件商务标部分格式

（注：商务标部分格式，可参考相关资料编写，略。）

第三章　投标文件技术标部分格式

（1）投标人应编制施工组织设计，包括招标文件第一章投标须知 9.2 项规定的施工组织设计基本内容。编制具体要求是：编制时应采用文字并结合图表形式说明各分部分项工程的施工方法；拟投入的主要施工机械设备情况、劳动力计划等；结合招标工程特点提出切实可行的工程质量、安全生产、文明施工、工程进度、技术组织措施，同时应对关键工序、复杂环节重点提出相应技术措施，如施工技术措施，减少扰民噪音、降低环境污染技术措施，地下管线及其他地上地下设施的保护加固措施等。

（2）根据省建质[2005]455 号文件精神，在技术标第 7 项“安全生产及文明施工措施”中应体现以下内容：

① 安全文明生产情况；

② 建筑工程安全防护、文明施工具体措施；

③ 设置安全生产管理机构和配备专职安全管理人员情况；

④ 施工现场作业人员意外伤害保险办理情况；

⑤ 企业内部安全生产检查措施。

(3) 施工组织设计除采用文字表述外应附下列图表，图表及格式要求附后。

① 拟投入的主要施工机械设备表，见表 3.1。

② 拟投入的劳动力计划表，见表 3.2。

③ 计划开、竣工日期和施工进度网络图，见表 3.3(略)。

④ 施工总平面图，见表 3.4(略)。

表 3.1　拟投入的主要施工机械设备表

{招标工程项目名称}________工程

序号	机械或设备名称	型号规格	数量	国别产地	制造年份	额定功率	生产能力	用于施工部位	备注

表 3.2　拟投入的劳动力计划表

{招标工程项目名称}________工程　　单位：人

工种	按工程施工阶段投入劳动力情况				

注：1. 投标人应按所列格式提交包括分包人在内的估计劳动力计划表。

2. 本计划表是以每班八小时工作制为基础编制的。

第四章　施工合同主要条款

(注：具体的编写内容可结合工程特点根据相关章节编写，详细内容略。)

第五章　评标办法

(注：具体的编写内容可结合工程特点根据相关章节编写，详细内容略。)

☆ 任务考核

序号	考核内容	考核标准	配分	考核记录	得分
1	投标须知	格式正确及有关内容准确	30		
2	投标文件商务标部分格式	工程量清单的编制	20		
3	投标文件技术标部分格式	施工组织设计的编制	20		
4	施工合同	施工合同主要条款	20		
5	评标办法	评标办法的编制	10		

☆ 知识链接

编制施工招标文件应关注的事项

(一) 及时办理招标方案核准和施工招标文件备案

依据有关招标投标法律法规,招标方案(招标范围、招标方式和招标组织形式)核准和施工招标备案是开展施工招投标活动必须完成的两项最基本的工作。

按照有关招投标法律法规的规定,招标人在根据招标核准编制的招标文件发售前(包括对招标文件澄清或者修改),应将招标文件报工程所在地的政府主管部门进行施工招标文件备案登记,获取招标备案登记号。招标代理人员应将招标方案核准文件名称和施工招标文件备案登记号醒目地写入施工招标文件的最终稿。

(二) 法定时限和关键工作时间应醒目地写入施工招标文件中

遵照有关招标投标法律法规,施工招标的法定时限有下列几种:

(1) 招标文件或者资格预审文件发售时间不少于五个工作日;

(2) 最短投标截止时间或者最短开标时间不少于二十日;

(3) 招标人澄清或者修改招标文件的截止时间至少在投标截止时间十五日以前;

(4) 投标保证金有效期应超出投标有效期三十日;

(5) 招标人最迟确定中标人(定标)时间在投标有效期结束日前三十个工作日;

(6) 最迟向项目招投标活动监管部门提交招标投标情况书面报告(施工招标情况的备案)不大于自确定中标人(定标)起以后十五日;

(7) 最迟订立施工合同时间不大于自中标通知书发出之日起以后三十日;

(8) 最迟向中标人和未中标人退还投标保证金时间不大于自订立施工合同之日起以后五个工作日。

(三) 全方位地设计施工投标人资格条件

招标文件中对施工投标人资格条件的设计是实现施工效果、保证投资建设项目顺利实施的关键。施工投标人资格条件较适宜的设计应保证有5~7个(最多9个)投标人参与投标;施工投标人资格条件可以由法定基本条件、法定限制条件、法定施工资质、项目履约能力和信用声誉等五项资格条件组成。

☆ 复习提高

由教师提供包含园林绿化、园路、园桥、假山、景观等内容的工程施工图,并将学生组建成模拟公司,分别对该工程进行工程施工招标组织、编写招标文件等,并由各组同学相互进行工程量的复核。

项目二　园林工程投标

园林工程投标是我国园林建设领域的一项基本制度，园林工程施工企业进行施工投标是其获得施工工程项目的主要途径，也是园林施工企业决策人、技术管理人员在取得工程承包权前的主要工作之一。现阶段，园林工程的竞争非常激烈，如何应用投标技巧和风险防范的对策，实现科学理性的报价，既要能在激烈的竞争中立于不败之地，又能在中标后取得良好的经济效益和社会效益，是园林工程施工企业必须认真研究的问题。

园林工程投标的主要内容包括园林工程技术标书的编制和园林工程商务标书的编制。

技能要求

- 能看懂园林工程招标文件对技术标书与商务标书的要求
- 能编写园林工程技术标书
- 能编写园林工程商务标书
- 会检查和包装园林工程投标文件
- 懂得合理运用投标策略和投标技巧及风险防范

知识要求

- 明确编制园林工程技术标书和商务标书的要求和正确格式
- 明确园林工程投标的程序
- 明确园林工程技术标书与商务标书的内容
- 掌握园林工程技术标书的编写方法
- 掌握园林工程商务标书的编写方法

任务1　技术标书的编制

☆ 能力目标

1. 能编制园林工程技术标书
2. 能够根据实际情况进行投标决策
3. 能进行技术标书的审查、修改及打印装订

☆ 知识目标

1. 掌握园林工程投标的基本程序
2. 掌握园林工程技术标书编制的内容
3. 掌握编制园林工程施工组织设计的要领

☆ 基本知识

一、园林工程投标概述

园林工程投标是指经建设单位(或招标单位)审查获得投标资格的承包企业(或投标单位),按照招标条件,就招标工程编制投标书,提出工程造价、工期、施工方案和保证工程质量的措施等,在规定的期限内向招标人投函,以争取中标承包工程的过程。

园林工程施工企业进行施工投标是其获得工程项目的重要途径,也是施工企业决策人、技术管理人员在取得工程承包权前的主要工作之一。企业的发展必须建立在大量工程项目的基础上,因此,任何一个企业都会通过各种途径获得工程信息,参与工程竞争以获得经济效益和发展空间。

投标过程中应坚持鼓励竞争、防止垄断的原则。为了规范投标活动,保护国家利益、社会公共利益和投标活动当事人的合法权益,提高经济效益,保证项目质量,必须依照法律规范投标行为。我国于 2000 年 1 月 1 日起施行了《中华人民共和国招标投标法》,随后又于 2008 年 5 月 1 日起施行了《中华人民共和国标准施工招标资格预审文件》和《中华人民共和国标准施工招标文件》,进一步规范施工招标资格预审文件、招标文件编制活动,促进招标投标活动的公开、公平和公正。

二、投标程序

(一) 成立投标工作组织机构,获取招标消息,进行投标决策

1. 投标工作组织机构的组成

投标工作是一项技术性很强的工作,需要有专门的机构和专业人员对投标的全过程加以组织和管理。建立一个强有力的投标工作组织机构是获得投标成功的根本保证。因此,投标工作组织机构应由企业法人代表(或决策人)、经营管理类人员、专业工程技术类人员、商务金融类人员 5 至 7 人组成,以研究决策各项投标工作。

2. 投标决策

投标工作组织机构在获得招标信息之后,应对其进行投标决策,决策内容包括三个方面:一是根据项目的专业性特点等确定是否投标;二是如若投标,投什么性质的标,是风险标、保险标、盈利标、保本标还是亏损标;三是投标中如何以长制短,以优胜劣。

实践证明,只有在知己知彼的情况下,选择得当投标项目,同时从本企业具有的工程施工及管理经验、企业现有的工程技术力量、成本估算等方面考查本企业是否能适应招标工程的要求,经过综合分析,必要时可以按上述条件进行加权评分,以确定是否参加投标。

一般可根据下列 10 项指标来判断是否应该参加投标。

(1) 管理的条件:施工企业能否抽出足够的、水平相当的管理工程的人员(包括工地项目经理和组织施工的工程师等)参加该工程。

(2) 工人的条件:主要是指工人的技术水平和工人的工种、人数能否满足该工程要求。

(3) 设计人员条件:如果项目需要,则需视该工程对设计及出图的要求而定。

(4) 机械设备条件:企业现有的机械设备与工程所需的施工机械设备的品种、数量的满足情况。

(5) 工程项目条件:对该项目有关情况的熟悉程度,包含对项目本身、业主和监理情况、

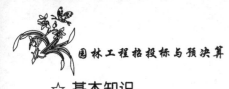

当地市场情况、工期要求、交工条件等。

(6) 以往实施同类工程的经验:企业以往实施同类工程或者类似工程的经验是否充足。

(7) 业主的资金条件是否落实。

(8) 合同条件是否苛刻。

(9) 竞争对手的情况,包括竞争对手的多少、实力。

(10) 对公司今后在该地区带来的影响和机会。

(二) 投标申请

确定投标目标后,投标单位应根据招标单位的要求,在规定的时间内向招标单位提出投标申请或报名,并提交所需的证明文件。

(三) 参加资格预审,获取招标文件

在投标申请或报名获准后,在参加投标资格预审时,施工企业应向招标单位提供以下有关材料:

(1) 企业营业执照、税务登记证及资质证书;

(2) 企业一般情况简历;

(3) 企业财务状况;

(4) 目前在建工程和尚未开工工程一览表;

(5) 类似工程及类似现场条件工程经验及质量状况;

(6) 全员职工状况,包括技术人员、技术工人数量和平均技术等级,主要技术人员的资质等级证书,企业的主要施工机械设备情况;

(7) 其他资料表(如银行信用证明、公司的质量保证体系等)。

资格预审合格后,可根据招标公告或招标邀请中规定的招标文件的领取方式、时间、地点等获取招标文件。最常见的是当面领取,但无法到现场领取招标文件的,则可以采用邮寄、电邮等方式获得招标文件。需要注意的是,投标人要控制好时间,以免直接影响后续的投标工作。

(四) 研究招标文件,参加现场勘查和答疑会

1. 研究招标文件

招标文件是编制投标书的重要依据,取得投标文件后,一定要仔细研究招标文件,充分了解其内容、要求,及时发现需要澄清的疑点等。主要应该从合同方面、承包人责任范围和报价要求方面、技术范围和图纸要求方面进行研究。

2. 现场勘查

投标单位应参加招标单位组织的现场勘查,勘查现场的目的在于了解工程场地和周围环境情况,以获取必要的信息。现场勘查的主要内容包括:

(1) 施工现场是否达到招标文件说明的条件;

(2) 施工现场的地理位置和地形、地貌;

(3) 施工现场的地质、土质、地下水位、水文等情况;

(4) 施工现场气候条件,如气温、湿度、风力、年雨雪量等;

(5) 现场环境,如交通、饮水、污水排放、生活用电、通信等;

(6) 工程在施工现场中的位置或布置;

(7) 临时用地、临时设施搭建等。

3. 答疑会

投标单位在领取招标文件、图纸和有关技术资料及勘查现场后向招标单位提出疑问问题，招标单位可以书面形式进行解答，并将解答同时送达所有获得招标文件的投标单位。或者通过答疑会(投标预备会)进行解答，并以会议记录形式报招标管理机构核准同意后，尽快以书面形式将问题及解答同时发送到所有获得招标文件的投标单位。

（五）编写投标文件，编制施工规划，计算投标报价

1. 编制投标文件准备工作

(1) 投标单位领取招标文件、图纸和有关技术资料后，应仔细阅读"投标须知"，投标须知是投标单位投标时应注意和遵守的事项。

(2) 投标单位应根据图纸核对招标单位在招标文件中提供的工程清单中的工程项目和工程量，如发现项目或数量有误，应在收到招标文件7日内以书面形式向招标单位提出。

(3) 组织投标班子，确定参加投标文件编制人员，为编制好投标文件和投标报价，应收集现行定额标准、取费标准及各类标准图集，收集掌握政策性调价文件，以及材料和设备价格情况。

2. 投标文件编制

(1) 投标单位依据招标文件和工程技术规范要求，并根据施工现场勘查情况编制施工方案或施工组织设计。

(2) 投标单位应根据招标文件要求及编制的施工方案计算投标报价，投标报价应按招标文件中规定的各种因素和依据进行计算，应仔细核对，以保证投标报价的准确无误。

(3) 投标单位按招标文件要求提交投标保证金。

3. 投标文件内容

投标文件应完全按照招标文件的各项要求编制，一般包括以下内容：

(1) 投标书；

(2) 投标书附录；

(3) 投标保证金；

(4) 法定代表人资格证明书；

(5) 授权委托书；

(6) 具有标价的工程量清单与报价表；

(7) 辅助资料表；

(8) 资格审查表(资格预审的不采用)；

(9) 对招标文件中的合同协议条款内容的确认和响应；

(10) 招标文件规定提交的其他资料。

（六）递交投标文件

投标文件编制完成后应仔细整理、核对，要由相关负责人签字盖章，并按招标文件的规定进行分装、密封和标识。在招标文件要求的投标截止时间前按规定的地点递交至招标单位，并取得接收证明。在递交投标文件以后，投标截止时间之前，投标单位可以对所递交的投标文件进行修改或撤回，但所递交的修改或撤回通知必须按招标文件的规定进行编制、密封和标识。注意一定要提供足够份数的投标文件。

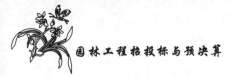

（七）参加开标会，确认有效标

投标单位法定代表人或授权代理人需在投标截止后，按规定时间、地点参加开标会议，开标会议宣布开始后，应由各投标单位代表确认其投标文件的密封完整性，并签字予以确认。招标单位当众宣读评标原则、评标办法后，核查投标单位提交的证件和资料，并按照各投标单位报送投标文件时间先后的逆顺序进行唱标。当众宣读有效标函的投标单位名称、投标报价、工期、质量、主要材料用量、修改或撤回通知、投标保证金、优惠条件，以及招标单位认为有必要的内容，并请投标单位法定代表人或授权代理人签字确认。

（八）接受询标，签订合同

1. 询标

询标是指评标委员会对投标文件内容含义不明确的部分等向投标单位所做的询问。为了使评标委员会能够公正、公平、有效地评审投标文件，评标委员会可以要求投标单位对投标文件中含义不明确、同类问题表达不一致或者有明显文字和计算错误或者投标文件符合招标文件实质性要求，但个别地方存在遗漏或者提供的技术信息、数据等方面有细微偏差的内容做必要的澄清、说明或者补正。投标单位对评标委员会提出的问题应据实回答，并在规定时间内以书面形式正式答复。投标人的澄清不得变更投标价格或对其投标文件进行实质性修改，并由法定代表人或授权代理人签字。澄清、说明或补正经评标委员会讨论同意可作为投标文件的组成部分。

2. 签订合同

评标委员会评审确定中标单位后，经招标管理机构核准同意，招标单位向中标单位发放“中标通知书”，中标单位收到中标通知书后，按规定提交履约担保，并根据《中华人民共和国合同法》《建设工程施工合同管理办法》在规定日期、时间和地点与建设单位进行合同的签订。若中标单位拒绝在规定的时间内提交履约担保和签订合同，招标单位可报请招标管理机构批准同意后取消其中标资格，并按规定没收其投标保证金，并考虑与另一参加投标的投标单位签订合同。

建设单位如拒绝与中标单位签订合同，除双倍返还投标保证金外，还需赔偿有关损失。建设单位与中标单位签订合同后，招标单位及时通知其他投标单位其投标未被接受，按要求退回招标文件、图纸和有关技术资料，同时退回投标保证金（无息）。因违反规定被没收的投标保证金不予退回。

三、技术标书的编制

技术标书的编制是根据拟投标项目工程的特点和施工现场的实际情况等编制，用于指导工程施工的技术性文件。其核心内容是如何科学合理地安排好劳动力、材料、设备、资金和施工方法这五个主要的施工要素。根据工程的特点和要求，以先进的、科学的施工方法与组织手段将人力和物力、时间和空间、技术与经济、计划和组织等诸多因素合理优化配置，从而保证施工任务依质量要求按时完成。园林工程项目技术标书所覆盖的范围包括障碍拆除、园林绿化、园林建筑、安装工程等图纸范围内的全部内容，还包括文明施工措施费及工程量清单注明的其他内容。

（一）技术标书编制的依据

（1）工程招标文件及有关设计图纸、施工图纸。

(2) 施工现场实际情况和周围环境、地质条件和气象状况。

(3) 现行的国家园林绿化工程施工与验收规范及行业标准。

(4) 国家、省、市有关安全、文明施工的标准和规定。

(5) 投标单位原有同类工程所投入施工技术力量和机械设备等情况。

(二) 技术标书编制的内容

(1) 技术标书的总说明。注意要明确工期、安全、质量目标，以及服务履约程度等。

(2) 本项工程的有利条件与不利条件以及对工程不利条件的措施。

(3) 本项工程的重点与难点及其相对应的优化措施。

(4) 对本项工程设计意图的理解并提出相应的调整方案。

(5) 施工组织机构的设置及人员配备。

(6) 施工进度表。

(7) 施工现场平面布置图。

(8) 机械设备的配备及进出场计划、施工材料的准备及进出场计划、劳动力的配备及劳动力计划表。

(9) 主要工程项目的施工方法或施工技术要点，包括施工顺序、施工准备、施工方法、施工重点环节的技术措施及误差修正。

(10) 各种保证措施：质量保证措施、工期保证措施、冬雨季施工措施、夜间施工措施、安全施工措施、文明施工措施、施工合理化建议和降低成本措施、工程质量通病防治措施、各专业交叉施工应对措施、施工协调配合措施、环境保护措施、成品保护措施等。

(11) 新工艺、新产品、新技术、新材料的应用建议等。

(三) 技术标书的审查、修改、打印装订

1. 审查

一般情况下，标书编制的时间都比较短，且内容又比较多，在标书编制的过程中难免会有错误出现，技术标书完成后，标书审查是必不可少的。审查的内容主要包括：标书的统一性与一致性、对招标文件的响应性和符合性；工期安排是否合理，能否满足招标文件的要求；机械设备是否齐全、机械配置是否合理；组织机构和专业技术力量能否满足施工需要；施工组织设计是否合理可行；工程质量保证措施是否可靠。

2. 修改

标书审查时审查人员指出了相应的不足、缺陷或错误，标书编制人应根据审查的结果，结合该投标项目实际情况确定标书修改的原则、方法与具体要求，进行具体的补充、完善及修改，并由总体协调人审核修改的情况，最后定稿。

3. 打印装订

标书的打印输出是标书后期工作中的重要一环，因为标书的输出工作量大，输出的质量直接影响到标书的观感效果和标书的总体质量。标书必须按照招标文件规定的格式、内容填写，要做到版面整洁、排版统一合理、整齐美观。

在标书全部校对无误后，统一进行装订。装订的格式及要求，要根据具体条件及投标对象的要求、投标对手的情况确定。

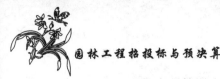

☆ 学习任务

根据某园林工程招标文件、施工图，编制园林工程施工组织设计和技术标书。

☆ 任务分析

技术标书对于投标单位而言，是针对投标工程应投入的人力、物力、财力的合理计划，也是控制工程施工进度、保证施工质量的一个自我约定，更是对建设方所做出的一个重要书面承诺；对于建设方来说，它是用于监督和检查工程质量以及掌握工程进度的一个重要依据。因此，投标单位决不能只重视商务标书而轻视技术标书，高质量的技术标书可体现施工单位在管理和技术上的能力，同时，也是确保圆满完成工程施工任务的一个重要前提。

☆ 任务实施

一、技术标书编制准备

（一）认真研读招标文件和设计图纸

1. 研读招标文件

招标文件主要包括招标公告（或投标邀请书）、投标须知、评标办法、合同专用条款、技术规范、图纸、投标书要求和格式、参考资料等。

(1) 招标文件是编制标书的依据，每个参加编制标书的工作人员均须详细阅读招标文件及有关招标资料，充分了解招标文件的内容和要求。

(2) 通过招标公告（或投标邀请书）主要了解工程项目名称、建设地点、工程概况及标段划分。

(3) 通过投标须知主要了解工期要求、质量要求、招标控制价及其他要求。

(4) 通过评标办法主要了解技术标书的评审标准及办法，无论是采用综合评标法还是采用最低投标价法，投标单位都必须按评审标准要求制作标书，不得缺项、少项等。

(5) 对于合同专用条款要进行仔细的阅读。很多的隐藏要求都包含在此部分中，比如，施工机械要求、苗木及工程材料要求、测量或实验人员要求以及业主或监理的办公室建筑面积大小要求等。

(6) 通过投标文件格式主要了解技术标书的编制格式，尤其各附表的格式及要求，比如要求画网络图、劳动力计划表后要求附特种工人证书、机械使用表要求附来源证明等。

(7) 招标文件应全面、详细地阅读，并记录好存在的疑问、重点与难点以及需要进一步落实和明确的问题。

2. 研读设计图纸

研读设计图纸及有关资料主要是为了了解拟投标工程项目的建筑、结构、苗木等情况，它是投标单位编制组织设计的基础。只有掌握了投标工程中各专业工程项目的情况，才能编制施工方案、制订施工进度计划、安排劳动力等。要着重找出工程在施工中的重点和难点，并要有针对性的解决措施。

工程重点一般是指工程量大、工期占用时间长、对整个工程的完成起主导作用的工程部位的施工或业主招标文件中指定的重点工程。对重点工程要编制单独的施工方案，详细编写保证其工期和施工质量的方法。一般可从技术、人工、材料、机械、运输、管理等几个方面进行编写。

工程难点是指技术要求高、施工难度大的工程部位的施工。例如，苗木栽植反季节施工项目，要科学合理地提出确保苗木成活的施工方案和养护管理办法，这最能反映出一个园林施工企业的整体实力，这部分内容要详写，图文并茂，语言简练。

（二）认真勘查施工现场的环境

在做技术标时，必须充分了解和分析工程所处的立地条件。每一个工程都有不同的立地条件，只有充分考虑到这些客观因素之后，制作的技术标书才会有明确的针对性。

（三）突出设计主题和自身技术优势

必须仔细研究设计的主题立意，提炼设计的中心内容，并科学说明采用的新材料、新方法、新工艺，以突出自身的技术优势。

（四）认真听取招标单位对项目施工的补充要求

在充分了解和明确招标文件与设计图纸内容之后，务必要了解投资方有什么新的意向，主观上还有什么其他设想。应在不违反招标文件规定、不影响工程施工质量的前提下，尽可能考虑和吸纳投资方的主观意向，这样制作出来的技术标书将更具有竞争力。

二、召开施工组织设计方案会

切实、合理可行的施工组织设计方案是标书优质和合理报价的基础，它往往体现着投标单位的整体实力和施工水平，直接影响着投标书的质量，对是否中标起着关键性的作用，应予以足够重视，常通过施工组织设计方案会多次讨论研究决定。

施工组织设计方案会应由工程技术部门、经济预算部门及有关人员参加。

工程技术部门负责介绍工程概况、招标文件的要求、现场踏勘及标前会议情况，然后提出初步的施工组织设计方案，并指出其重点、难点以及需要讨论确定或需要进一步优化的方案，供与会者讨论、比较、分析、研究，最后形成一个统一的施工组织设计方案。方案应做到合理、优化，并完全响应招标文件的要求和紧扣设计者或业主的意图。

三、技术标书编写阶段

（一）确定技术标书编制目录及前言

1. 精心确定编制目录

目录是技术标书的结构和顺序，它反映了项目实施的思路，能让人一目了然。目录应该大小标题明确、错落有致、上下关联。小标题尽可能详细些，以示方案中考虑了哪些因素，并附上页数，便于查阅。评标期间评审人员一般不可能逐个细读标书，往往是先整体了解，再重点细部阅读，目录便是整体了解的对象，以此来判断方案的内容是否齐全、何为重点、条理是否清晰等，进而形成对技术标书的初步印象。

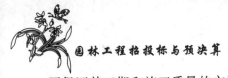

一般来说，业主在招标文件中对投标文件的内容与格式都有一定的要求，一定要根据该要求和评标得分点编制，所有得分点要编制到投标文件的目录中并尽量在级别较高的目录中。确定目录之前，应详细、反复阅读招标文件中有关的内容，以便编出全面的、完全响应招标文件要求的目录来。如果招标文件没有明确的要求，则根据以往同类型工程或同地区、同业主以往的要求与习惯来确定投标文件的目录。

2. 确定施工目标

根据招标文件要求，确定好该项目的施工目标，主要有工程工期目标，质量目标，安全目标，现场管理目标，应用新技术、管理机构设置及主要管理人员到位目标等。

（二）编制施工技术方案

施工技术方案是技术标书的核心内容，它应体现施工企业的施工技术水平及管理能力。

1. 制订施工流程

施工流程的安排要科学、合理，可操作性强。如绿化工程可按以下流程进行：进场→场地清理→进土和土方造型→土壤测试和改良→定点放样→挖种植穴→大苗种植（含种植前的疏枝和修剪）→树木支撑→场地细平→小苗种植→种植地被植物→清理场地→工程养护（含苗木补植）→办理移交。

2. 制订施工操作方案

根据工程项目的施工流程，制订出详细的施工操作方案，进一步阐述各施工程序应掌握的技术要点和注意事项。所表述的内容一定要有针对性，要充分考虑周围环境的立地条件和气候特点，切忌照搬照抄，毫无特色。

3. 重点及难点工程施工方案

在编写施工技术方案时重点工程要单独编写，工程难点要详细说明，着重说明该工程完成的技术措施、组织保障等。评标过程中评审人员一般会对此部分详细审查，也是技术标书重要的得分点。

（三）编制施工进度

施工进度计划应按施工方案中的施工流程及招标文件中要求的工期安排。一般常用网络计划图和横道图两种形式表示。

由于网络计划具有明显的逻辑性，它不但能清楚地表示项目控制进度计划中的各项工作内容及时间安排，尤其是能够明确地表达工作之间的内在联系和相互制约关系，能够运用数字方法来分析计划和进行优化，因而网络计划比横道计划有更好、更多的优点，网络计划在工程项目中用来控制工程工期得到越来越广泛的应用。

网络计划不仅能反映施工生产计划安排情况，还反映出各工种的分解及相互关系以及操作的时空关系、施工资源分布的合理程度等。评标时评审人员主要看计划总工期能否达到标书要求、工程各分部分项工作的施工节拍是否合理、各工种衔接配合是否顺畅、施工资源的流向是否合理均匀、关键线路是否明确、机动时间是否充分、有无考虑季节施工的不利影响等，对工程计划安排的可行性、合理性做出判断。此外，还可从网络计划图的编制水平看出编制人员的技术水平、企业的生产管理水平等。因此，网络计划图中的每一个节点和箭头，都要经得起推敲，同时还不能过于烦琐，要着重于主要的分部、分项工程安排的逻辑和时空关系。编制施工进度计划过程中，既要注意听取招标方的意见，也要考虑到客观的施工条件以及实际的工程量，切不可为了一味满足招标方的要求违背科学和客观可能性而盲目地制订。

（四）编制施工组织方案

施工组织方案就是技术标中的施工组织总体方案。施工组织方案包括施工任务分解、施工队伍分工、施工组织安排等内容。简单地说，施工组织方案就是按照工程特点和要求进行任务划分，安排几个施工队伍，怎样组织协调以便按质、按期、安全地完成施工任务。编制时应注意：施工任务的划分要使各施工队的工程任务尽量均衡；各施工队的工作分工和职责要明确；施工组织安排要合理。

（五）绘制施工总平面图

施工现场平面布置图（即施工总平面图），如同技术标书的窗口一样，它可集中反映现场生产方式、主要施工设备的投入及布置的合理性。施工总平面图按照功能可划分为施工作业区、辅助作业区、材料堆放区和办公生活区。具体包括如下内容：

(1) 拟施工区域的位置，平面轮廓；

(2) 施工机械设备的位置；

(3) 施工现场内外运输道路；

(4) 临时供水管线、排水管线、消防设施；

(5) 临时供电线路及变配电设施位置；

(6) 施工临时设施位置；

(7) 物料堆放位置与绿化区域位置；

(8) 围墙与入口位置等。

从搅拌站、夯压机械、运输机械等大型机械设备的选择和布置，可以看出现场施工工程材料的组织运动形式；材料堆场及临时设施的规模等，可反映出工程的规模以及企业施工资源的集结程度；从水、电、通信、监控设备的布置，可以看出施工的整体实力；现场设备的数量、性能等，则反映了施工生产的主要方式和难易程度等。因此，一份好的施工场地平面布置图就如同一份简易的施工方案，是施工生产的技术、安全、文明施工、进度、现场管理等的形象简明的表述，也是重点评审的部分。

（六）确定人、材、机计划

该项内容通常用表格形式表达。所谓人、材、机（又称工、料、机）计划，就是根据工程各分项内容的需要，结合施工进度、施工技术及组织方案等科学地安排诸要素。劳动力的配备既不能太多，以免人浮于事，造成劳动力成本增加，也不能过少而影响工期的进展，同时要注意技能人员的搭配；管理人员的确定，除了其资历应满足要求外，还要有类似工程施工经验的专业人员担任。材料用量及进场计划应根据工程量及工程总进度计划安排。同样，施工机械必须类型齐全、配套完整，并能满足施工质量和进度要求，其运行状况应满足工程以及施工安全的要求。

（七）编制保证质量和工期等措施

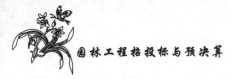

编制各项保证措施一定要以工程招标文件的具体要求为基准，要仔细推敲、斟酌招标文件相关条款的具体要求，读懂读透，确保不丢项、漏项，尤其是分值较高、影响较大的项目。编制时一定要明确各项措施的控制目标。要结合工程实际情况及投标人自身实力与特点，从施工的实际需要出发，通过综合分析，制定出有针对性、实效性、可操作性的保障措施，不能照本宣科、泛泛而谈、空洞无内容，使之起到保证施工进度，确保施工质量和安全，科学、合理、有序地指导施工的作用。

☆ 任务考核

序号	考核内容	考核标准	配分	考核记录	得分
1	技术标书的内容构成和格式	掌握正确的标书编制的步骤和格式	20		
2	根据施工图编制施工组织设计的具体内容	编制的内容是否完善正确	10		
3	施工组织部署	是否正确	5		
4	施工进度计划及工期保证措施	是否合理	10		
5	施工技术措施	是否合理	30		
6	施工质量目标及保证措施	是否有效	5		
7	文明施工和安全生产措施	是否有效	5		
8	施工机械配置	是否合理	5		
9	施工合理化建议和降低成本措施	是否有效	5		
10	工程质量通病防治措施	是否有效	5		

☆ 知识链接

施工组织设计编制要求

(1) 施工组织设计的内容应具有真实性，能够客观反映实际情况。

(2) 施工组织设计的内容应涵盖项目的施工全过程，做到技术先进，部署合理，工艺成熟，针对性、指导性、可操作性强。

(3) 施工组织设计中分部分项工程施工方法应在实施阶段细化，必要时可单独编制。

(4) 施工组织设计中大型施工方案的可行性在投标阶段应经过初步论证，在实施阶段应进行细化并审慎详细论证。

(5) 施工组织设计涉及的新技术、新工艺、新材料和新设备的应用，应通过有关部门组织的鉴定。

(6) 施工组织设计的内容应包括常规内容和施工方法，同时根据工程实际情况和企业素质，可增设附加内容。

简化类和基本类投标施工组织设计与实施性施工组织设计编制要求详见表 2-1-1 所示。

表 2-1-1 施工组织设计编制要求

内容目录		简化类投标施工组织设计	基本类投标施工组织设计	实施性施工组织设计
第一部分 常规内容	编制依据及说明		依据文件的名称	
	工程概况	简述工程规模、结构形式和现场条件特点	分别介绍各专业内容、项目场地特点和现场施工条件，分析工程施工关键问题	简述工程名称、地点、规模、建设单位、设计单位、监理单位、质量安全监督单位、施工总包、主要分包、结构形式、施工条件（水、电、道路、场地等情况）、各专业工程设计概况（可采用表格化形式说明），分析工程施工中的关键问题
	施工准备工作		针对工程特点，简述施工单位的技术准备、生产准备	针对工程特点，简述业主及施工单位的技术准备、生产准备。技术准备包括罗列出需编制专项施工方案的名称、样板间施工计划、试验工作计划、职工培训计划，向业主索取已施工项目的验收证明文件等。生产准备包括现场道、水、电来源及其引入方案，机械设备的来源，各种临时设施的布置，劳动力的来源及有关证件的办理，选定分包单位并签订施工合同等
	施工管理组织机构	项目经理和项目技术负责人的简历及证书复印件	项目管理机构设置及主要管理人员的简历和证书复印件	以图表形式列出项目管理组织机构图，详细阐述项目各职能部门及主要管理人员的岗位职责，对企业相关体系文件中有的内容可加以引用，但体系文件应配备施工组织设计同时使用
	施工部署		概述工程质量、安全、工期、文明施工、环保目标，施工区段划分，大型机械设备及精密测量装置配备，劳动力投入，分包项目名称	概述工程质量、安全、工期、文明施工、环保目标，施工区段（阶段）的划分，大型机械设备及精密测量装置的配备，拟投入的各工种劳动力数量，计划分包项目名称及具体进场与出场时间
	施工现场平面布置与管理	施工现场总平面图	施工各阶段平面布置及管理措施，用图表示，并加以说明	结合工程实际，有针对性地对施工现场的平面布置加以说明，画出各阶段现场平面布置图，并阐述施工现场平面管理规划
	施工进度计划	施工总进度计划	施工总进度计划及次级进度计划，论证进度计划的合理性	根据合同工期要求，编制出施工总进度计划、单位工程施工进度计划及次级进度计划，并阐述具体的保障各级进度计划的技术措施、组织措施、经济措施及相应的奖惩条例
	资源需求计划		用表格形式列出主要资源需求计划，如劳动力需求计划，主要材料和预制品需求计划，机械设备、大型工具、器具需求计划，生产工艺设备需求计划，施工设施需求计划	
	工程质量保证措施	企业三项管理体系认证证书复印件	企业三项管理体系认证证书复印件，三项管理体系在具体工程中的注意事项和深化事宜	对于通过三项管理体系认证的企业，质量、安全、文明施工、环境保护各项保证措施的内容可不编写，配合相应体系文件同时使用；对于企业没有通过体系认证的部分内容，对应的保证措施的内容应详细编写；结合工程实际情况，在体系文件中未包含的一些具有针对性的保证措施应重点编写
	安全生产保证措施			
	文明施工、环境保护保证措施			
	雨季、台风和夏季高温季节的施工保证措施	根据工程的特点、施工周期和施工场地环境条件，有针对性地进行叙述		根据工程特点、施工周期及场地环境简要介绍

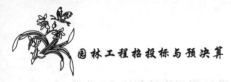

续表

<table>
<tr><th colspan="2">内容目录</th><th>简化类投标施工组织设计</th><th>基本类投标施工组织设计</th><th>实施性施工组织设计</th></tr>
<tr><td rowspan="2">第二部分 施工方法</td><td>分部分项工程施工方法</td><td colspan="2">确定各分部分项工程的施工方法，提供企业工艺标准中相应的章节名称</td><td>结合具体工程，确定各分部分项工程名称。当企业有内部工艺标准时，分部分项工程施工方法可引用企业工艺标准中的对应内容，对企业工艺标准中没有的内容，应详细编写，重点突出。当企业无内部工艺标准时，分部分项工程施工方法应结合工程具体情况及企业自身素质，有针对性地编写</td></tr>
<tr><td>工程施工的重点和难点</td><td colspan="2">列出工程重点、难点部位名称，详细介绍其施工方法及保证措施</td><td>企业结合自身素质和工程的实际情况，列出重点、难点部位，详细介绍施工方法及保证措施</td></tr>
<tr><td rowspan="5">第三部分 附加内容</td><td>新技术、新工艺、新材料和新设备的应用</td><td>罗列采用的新技术、新工艺、新材料和新设备的名称</td><td colspan="2">罗列采用的新技术、新工艺、新材料和新设备的名称、应用部位、注意事项，预测其经济效益和社会效益</td></tr>
<tr><td>成本控制措施</td><td>预测成本控制总目标</td><td>预测成本控制总目标及为实现总目标所采取的技术措施和管理措施</td><td>预测成本控制目标及为实现总目标所采取的技术措施和管理措施。具体措施包括：优选材料、设备质量和价格；优化工期和成本，减少赶工费；跟踪监控计划成本与实际成本差额；分析产生原因，采取纠正措施；全面履行合同，减少业主索赔机会；健全工程施工成本控制组织，落实控制者责任等</td></tr>
<tr><td>施工风险防范</td><td>列举可能发生的风险，简述应对措施</td><td colspan="2">列举并评估各种可能发生的风险，细述防范对策和管理措施</td></tr>
<tr><td>总承包管理和协调</td><td>分包项目名称</td><td>分包项目名称和内容，总包和各分包单位的主要协调配合措施，总包对各分包单位的主要管理措施</td><td>概述分包项目名称和内容，总包与分包单位的主要协调配合措施，总包对各分包单位的主要管理措施及质量、安全、进度、文明施工、环保的要求。主要管理措施包括与分包单位签订质量、安全、进度、文明施工、环保目标责任协议书，建立定期联检制，加强三检制，加强例会制，充分利用计算机、网络等信息化技术参与管理等</td></tr>
<tr><td>工程创优计划及保证措施</td><td>创优目标及过程路线图（目标分解）</td><td>创优目标及过程路线图（目标分解），采取的技术、组织和经济措施</td><td>明确创优目标及过程路线图（目标分解），细述所采取的技术、组织及经济措施</td></tr>
</table>

☆ 复习提高

由教师提供包含园林绿化、园路、园桥、假山、景观等内容的工程施工图，并在校园内或者实训基地内指定区域为该工程的施工现场，并请教师结合实际设定真实工作情景，由学生分组编制该区域内的园林工程施工组织设计或园林工程技术标书。

任务2　商务标书的编制

☆ 能力目标

1. 能够正确、全面地编制工程量清单
2. 能分析工程投标要求，利用工程量清单编制工程造价
3. 会运用工程量清单报价完成园林工程商务标的编制

☆ 知识目标

1. 理解工程量清单的概念、作用及优点
2. 掌握工程量清单报价的编制程序及内容
3. 掌握园林工程商务标的编制程序及内容

☆ 基本知识

一、工程量清单概述

工程量清单管理模式的内涵是“量价分离”，充分体现市场竞争机制。它不同于过去一直沿用的定额计价模式，是国际上通用的工程计价模式。工程量清单是编制招标工程标底和投标报价的依据，也是支付工程进度款和办理工程结算、调整工程量以及工程索赔的依据。

（一）工程量清单的概念

工程量清单是建设工程的分部分项工程项目、措施项目、其他项目、规费项目和税金项目的名称和相应数量等的明细清单。工程量清单是按照招标要求和施工设计图纸要求，将建设工程的全部项目和内容，依据统一的工程量计算规则、计量单位和统一的工程量清单项目编制规则要求，编列和计算分部分项工程、措施和其他项目的数量，作为招标文件的组成部分，供投标单位逐项填写并进行投标报价。

工程量清单是招标文件的组成部分。推行工程量清单是工程造价管理发展与国际接轨的必然趋势，也是解决定额计价存在的问题、适应工程建设发展和市场需求的有效方法。

（二）工程量清单的编制

工程量清单是招标文件的重要组成部分，应反映建设工程的全部工程内容及为实现这些工程内容而进行的其他工作。工程量清单是编制标底和投标报价的依据，是签订工程合同、调整工程量和办理竣工结算的基础。由于其专业性强、内容复杂，所以对编制人员的业务水平要求较高。能否编制出完整、严谨的工程量清单，直接影响招标质量的高低，也是招标成败的关键。因此，工程量清单必须由有编制招标文件能力的招标人或受其委托具有相应资质的工程造价咨询机构、招标代理机构依据有关计价办法、招标文件的有关要求、设计文件和施工现场实际情况进行编制。

1. 工程量清单编制的一般规定

(1) 工程量清单应由具有编制招标文件能力的招标人或受其委托具有相应资质的工程造价咨询机构、招标代理机构编制。

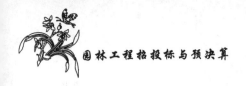

(2) 采用工程量清单方式招标，工程量清单必须作为招标文件的组成部分，其准确性和完整性由招标人负责。

(3) 工程量清单是工程量清单计价的基础，应作为招标控制价、投标报价、计算工程量、支付工程款、调整合同价款、办理竣工结算以及工程索赔等的依据。

(4) 工程量清单应由分部分项工程量清单、措施项目清单、其他项目清单、规费项目清单、税金项目清单组成。

(5) 编制工程量清单的依据：

①《建设工程工程量清单计价规范》；

②国家或省级、行业建设主管部门颁发的计价依据和办法；

③建设工程设计文件；

④与建设工程项目有关的标准、规范、技术资料；

⑤招标文件及其补充通知、答疑纪要；

⑥施工现场情况、工程特点及常规施工方案；

⑦其他相关资料。

2. 分部分项工程量清单的项目设置

《建设工程工程量清单计价规范》(GB 50500—2008，虽已作废，但现实中有广泛应用，故本书借些规范论述)规定分部分项工程量清单应包括项目编码、项目名称、项目特征、计量单位和工程量。

1) 项目编码

项目编码即分部分项工程量清单项目名称的数字标识。项目编码应采用十二位阿拉伯数字表示。一至九位应按《建设工程工程量清单计价规范》(GB 50500—2008)附录的规定设置，十至十二位应根据拟建工程的工程量清单项目名称设置，同一招标工程的项目编码不得有重码。各级编码代表的含义如下：

第一级表示工程分类顺序码(分二位)，如建筑工程为01，园林绿化工程为05；第二级表示专业工程顺序码(分二位)；第三级表示分部工程顺序码(分二位)；第四级表示分项工程项目名称顺序码(分三位)；第五级表示工程量清单项目名称顺序码(分三位)，由工程量清单编制人编制，从001开始，应根据拟建工程的工程量清单项目名称设置，同一招标工程的项目编码不得有重码。详细举例说明如图2-2-1所示。

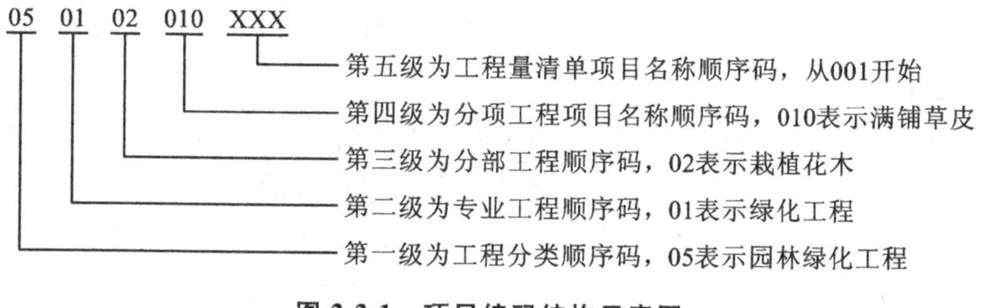

图2-2-1　项目编码结构示意图

补充项目的编码由《建设工程工程量清单计价规范》(GB 50500—2008)附录的顺序码与B和三位阿拉伯数字组成，并应从×B001起顺序编制，同一招标工程的项目不得重码。工程量清单中需附有补充项目的名称、项目特征、计量单位、工程量计算规则、工程内容。

2）项目名称

分部分项工程量清单的项目名称应按《建设工程工程量清单计价规范》(GB 50500—2008)附录的项目名称结合建设工程的实际情况确定。编制工程量清单出现《建设工程工程量清单计价规范》(GB 50500—2008)附录中未包括的项目时，编制人应做补充，并报省级或行业工程造价管理机构备案，省级或行业工程造价管理机构应汇总报住房和城乡建设部标准定额研究所。

3）项目特征

项目特征是指构成分部分项工程量清单项目、措施项目自身价值的本质特征，分部分项工程量清单项目特征应按《建设工程工程量清单计价规范》(GB 50500—2008)附录中规定的项目特征，结合建设工程项目的实际予以描述。

4）计量单位

计量单位应采用基本单位，除各专业另有特殊规定外，均按以下单位计量：

以重量计算的项目——吨(t)或千克(kg)；以体积计算的项目——立方米(m^3)；以面积计算的项目——平方米(m^2)；以长度计算的项目——米(m)；以自然计量单位计算的项目——个、套、块、樘、组、台等；没有具体数量的项目——系统、项等。

所列工程量应按《建设工程工程量清单计价规范》(GB 50500—2008)附录中规定的工程量计算规则计算，其精度按下列规定：

以“吨(t)”为单位，保留小数点后三位数字，第四位小数四舍五入；以“米(m)”“平方米(m^2)”“立方米(m^3)”为单位，保留小数点后两位数字，第三位小数四舍五入；以“个”“项”等为单位，应取整数。

5）工程量

分部分项工程量清单中所列工程量应按《建设工程工程量清单计价规范》(GB 50500—2008)附录中规定的工程量计算规则计算。

工程量的计算主要通过工程量计算规则计算得到。工程量计算规则是指对清单项目工程量的计算规定。除另有说明外，所有清单项目的工程量应以实体工程量为准，并以完成后的净值计算，投标人投标报价时，应在单价中考虑施工中的各种损耗和需要增加的工程量。

园林绿化工程包括绿化工程，园路、园桥、假山工程，园林景观工程。在园林绿化工程中未列项的可按建筑工程、装饰装修工程、安装工程、市政工程的相关项目编码列项计算。如亭、台、楼、阁、长廊的柱、梁、墙、喷泉的水池等可按建筑工程相关项目编码列项。

3. 措施项目清单

措施项目就是所谓非实体性项目，一般来说，其费用的发生和金额的大小与使用时间、施工方法或者两个以上工序相关，与实际完成的实体工程量的多少关系不大，如大中型施工机械进出场及安拆，文明施工和安全防护、临时设施等。但有的非实体性项目，如混凝土浇筑的模板工程，与完成的工程实体具有直接关系，并且是可以精确计量的项目，用分部分项工程量清单的方式，采用综合单价更有利于合同管理。

措施项目清单应根据建设工程的实际情况列项。通用措施项目可按表 2-2-1 选择列项，专业工程的措施项目可按《建设工程工程量清单计价规范》(GB 50500—2008)附录中规定的项目选择列项。若出现该规范未列的项目，可根据工程实际情况补充。

表 2-2-1　通用措施项目一览表

序　号	项目名称
1	安全文明施工(含环境保护、文明施工、安全施工、临时设施)
2	夜间施工
3	二次搬运
4	冬雨季施工
5	大型机械设备进出场及安拆
6	施工排水
7	施工降水
8	地上、地下设施,建筑物的临时保护设施
9	已完工程及设备保护

措施项目中可以计算工程量的项目清单宜采用分部分项工程量清单的方式编制,列出项目编码、项目名称、项目特征、计量单位和工程量计算规则;不能计算工程量的项目清单,以“项”为计量单位。

4. 其他项目清单

工程建设标准的高低、工程的复杂程度、工程的工期长短、工程的组成内容、发包人对工程管理要求等都直接影响其他项目清单的具体内容,《建设工程工程量清单计价规范》(GB 50500—2008)中仅提供了 4 项内容作为列项参考。其不足部分,编制人员可根据工程的具体情况进行补充。

1) 暂列金额

招标人在工程量清单中暂定并包括在合同价款中的一笔款项,用于施工合同签订时尚未确定或者不可预见的所需材料、设备、服务的采购,施工中可能发生的工程变更、合同约定调整因素出现时的工程价款调整以及发生的索赔、现场签证确认等的费用。暂列金额包括在合同价款之内,但并不直接属承包人所有,而是由发包人暂定并掌握使用的一笔款项。

2) 暂估价

招标人在工程量清单中提供的用于支付必然发生但暂时不能确定价格的材料的单价以及专业工程的金额。一般而言,为方便合同管理和计价,需要纳入分部分项工程量清单项目综合单价中的暂估价最好只是材料费,以方便投标人组价。以“项”为计量单位给出的专业工程暂估价一般应是综合暂估价,应当包括除规费、税金以外的管理费、利润等。

3) 计日工

在施工过程中,完成发包人提出的施工图纸以外的零星项目或工作,按合同中约定的计日工综合单价计价。计日工包括完成该项作业的人工、材料、施工机械台班等,计日工的单价由投标人通过投标报价确定;计日工的数量按完成发包人发出的计日工指令的数量确定。

4) 总承包服务费

总承包服务费是指总承包人为配合协调发包人进行的工程分包自行采购的设备、材料等进行的管理、服务,以及施工现场管理、竣工资料汇总整理等服务所需的费用。

总承包服务费是在工程建设的施工阶段实行施工总承包时,当招标人在法律、法规允许的范围内对工程进行分包和自行采购供应部分材料设备时,要求总承包人提供相关服务以及对施工现场进行协调和统一管理、对竣工资料进行统一汇总整理等所需的费用。招标人应当预计该项费用并按投标人的投标报价向投标人支付该项费用。

5. 规费项目清单

规费即根据省级政府或省级有关权力部门规定必须缴纳的、应计入建筑安装工程造价的费用。但在工程建设项目施工中的计取标准和办法由国家及省级建设行政主管部门依据省级政府或省级有关权力部门的相关规定制定。规费项目清单应按照下列内容列项：

(1) 工程排污费；

(2) 工程定额测定费；

(3) 社会保障费,包括养老保险费、失业保险费、医疗保险费；

(4) 住房公积金；

(5) 危险作业意外伤害保险。

6. 税金项目清单

税金是依据国家税法的规定应计入建筑安装工程造价内,由承包人负责缴纳的营业税、城市建设维护税及教育费附加等的总称。

二、工程量清单计价

(一) 一般规定

(1) 采用工程量清单计价,建设工程造价由分部分项工程费、措施项目费、其他项目费、规费和税金组成,如图 2-2-2 所示。

(2) 分部分项工程量清单应采用综合单价计价。综合单价是指完成一个规定计量单位的分部分项工程量清单项目或措施清单项目所需的人工费、材料费、施工机械使用费和企业管理费与利润,以及一定范围内的风险费用。

(3) 措施项目清单计价应根据拟建工程的施工组织设计进行计算。可以计算工程量的措施项目,应按分部分项工程量清单的方式采用综合单价计价;其余的措施项目可以“项”为单位的方式计价,应包括除规费、税金外的全部费用。措施项目清单中的安全文明施工费应按照国家或省级、行业建设主管部门的规定计价,不得作为竞争性费用。

(4) 规费和税金应按国家或省级、行业建设主管部门的规定计算,不得作为竞争性费用。

(二) 工程量清单计价方法

工程量清单计价方法是以招标人提供的工程量清单为平台,投标人根据自身的技术、财务、管理能力进行投标报价,招标人根据具体的评标细则进行优选,这种计价方式是市场定价体系的具体表现形式。

1. 工程量清单计价的基本方法

工程量清单计价作为一种独立的计价模式,主要在工程项目的招标投标过程中使用,包括编制招标标底、投标报价、合同价款的确定与调整和办理工程结算等。

(1) 招标工程如设有标底,标底应根据招标文件中的工程量清单和有关要求、施工现场实际情况、合理的施工方法以及按照建设行政主管部门制定的有关工程造价计价办法进行编制。

(2) 投标报价应根据招标文件中工程量清单的有关要求、施工现场实际情况及拟定的施工方案或施工组织设计,根据企业定额和市场价格信息,并参照建设行政主管部门发布的现行消耗量及相关定额进行编制。

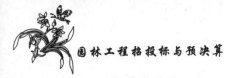

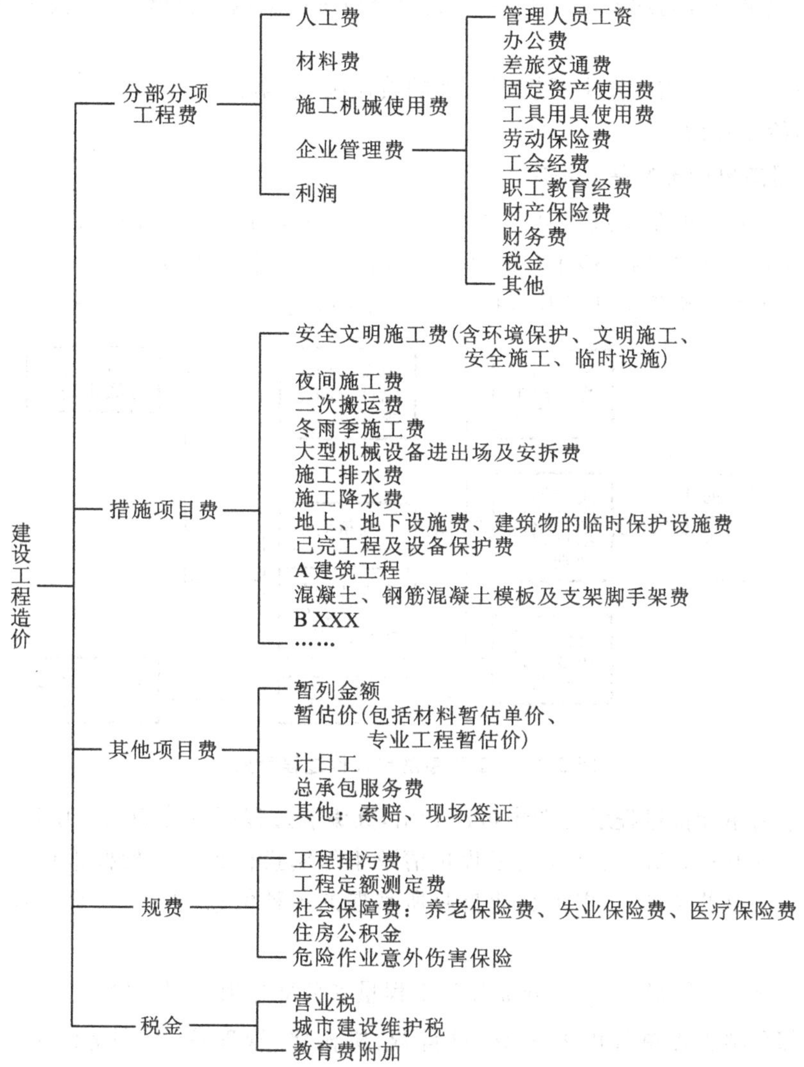

图 2-2-2 工程量清单计价的建设工程造价组成示意图

(3) 工程量清单计价应包括招标文件规定完成工程量清单所需的全部费用，通常由分部分项工程费、措施项目费和其他项目费以及规费、税金组成。

① 分部分项工程费是指为完成分部分项工程量所需的实体项目费用。

② 措施项目费是指分部分项工程费以外，为完成该工程项目施工，发生于该工程施工前和施工过程中的技术、生活、安全等方面的非工程实体项目所需的费用。

③ 其他项目费是指分部分项工程费和措施项目费以外，该工程项目施工中可能发生的其他费用。

(4) 工程量变更及其计价。合同中综合单价因工程量变更，除合同另有约定外，应按照下列办法确定。

① 工程量清单漏项或由于设计变更引起新的工程量清单项目，其相应综合单价由承包方提出，经发包人确认后作为结算的依据。

② 由于设计变更引起工程量增减部分，属合同约定幅度以内的，应执行原有的综合单

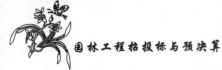

价；增减的工程量属合同约定幅度以外的，其综合单价由承包人提出，经发包人协商确认后，给予补偿。

由于工程变更，且实际发生了规定以外的费用损失，承包人可提出索赔要求，与发包人协商确认后，给予补偿。

2. 工程量清单计价的基本程序

工程量清单计价的基本过程可以描述为：在统一的工程量计算规则的基础上，制定工程量清单项目设置规则，根据具体工程的施工图纸计算出各个清单项目的工程量，再根据各种渠道所获得的工程造价信息和经验数据计算得到工程造价，如图 2-2-3 所示。

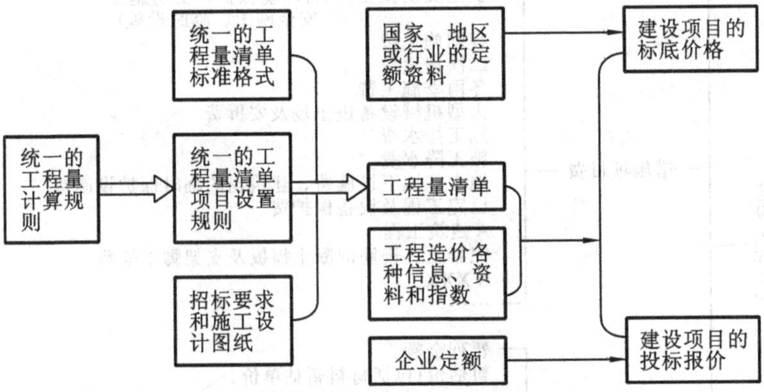

图 2-2-3　工程量清单计价过程示意图

从工程量清单计价过程示意图中可以看出，其编制过程可以分为两个阶段：第一阶段是工程量清单的编制；第二阶段是利用工程量清单来编制投标报价。投标报价是在业主提供的工程量计算结果的基础上，根据企业自身所掌握的各种信息、资料，结合企业定额编制得出的。

(1) 分部分项工程费＝ $\sum$（分部分项工程量×分部分项工程单价）。

其中分部分项工程单价由人工费、材料费、机械费、管理费、利润等组成，并考虑风险费用。

(2) 措施项目费＝ $\sum$（措施项目工程量×措施项目综合单价）。

措施项目费包括技术措施费用和组织措施费用，措施项目综合单价的构成与分部分项工程单价构成类似。

(3) 其他项目清单。

暂列金额应按招标人在其他项目清单中列出的金额填写；材料暂估价应按招标人在其他项目清单中列出的单价计入综合单价；专业工程暂估价应按招标人在其他项目清单中列出的金额填写；计日工按招标人在其他项目清单中列出的项目和数量，自主确定综合单价并计算计日工费用；总承包服务费根据招标文件中列出的内容和提出的要求自主确定；出现规范中未列的项目，可根据工程实际情况补充。

(4) 规费、税金项目费。

规费和税金应按国家或省级、行业建设主管部门的规定计算，不得作为竞争性费用。《建设工程工程量清单计价规范》(GB 50500—2008)中规费项目清单包括工程排污费、工程定额测定费、社会保障费(养老保险费、失业保险费、医疗保险费)、住房公积金、危险作业意外伤害保险等。

税金项目费包括营业税、城市建设维护税和教育费附加,若出现其他项目,应根据税务部门的规定列项。

(5) 单位工程报价=分部分项工程费+措施项目费+其他项目费+规费+税金。

(6) 单项工程报价= $\sum$ 单位工程报价。

(7) 建设项目总报价= $\sum$ 单项工程报价。

(三) 工程量清单报价标准格式

1. 封面

投标人编制投标报价时,由投标人单位注册的造价人员编制。投标人盖单位公章,法定代表人或其授权人签字或盖章;编制的造价人员(造价工程师或造价员)签字盖执业专用章。格式见表 2-2-2。

表 2-2-2 封面

工程量清单投标总价

招 标 人:______________________________

工程名称:______________________________

投标总价(小写):______________________________

(大写):______________________________

投 标 人:______________________________

(单位盖章)

法定代表人

或其授权人:______________________________

(签字或盖章)

编制人:______________________________

(造价人员签字盖专用章)

编制时间: 年   月   日

2. 总说明

格式见表 2-2-3。

表 2-2-3　总说明

工程名称：　　　　　　　　　　　　　　　　　　　　　　　第　　页 共　　页

投标报价总说明的内容应包括：

(1) 采用的计价依据；

(2) 采用的施工组织设计；

(3) 综合单价中包含的风险因素及风险范围(幅度)；

(4) 措施项目的依据；

(5) 其他有关内容的说明等。

3. 工程项目投标报价汇总表

表中金额应按单项工程投标报价汇总表的合计金额填写。格式见表 2-2-4。

表 2-2-4　工程项目投标报价汇总表

序号	单项工程名称	金额/元	其中		
			暂估价/元	安全文明施工费/元	规费/元
合计					

注：本表适用于工程项目招标控制价或投标报价的汇总。

4. 单项工程投标报价汇总表

单位工程名称应按单位工程投标报价汇总表的工程名称填写；表中金额应按单位工程投标报价汇总表的合计金额填写。格式见表 2-2-5。

表 2-2-5 单项工程投标报价汇总表

序号	单位工程名称	金额/元	其中		
			暂估价/元	安全文明施工费/元	规费/元
合计					

注：本表适用于单项工程招标控制价或投标报价的汇总。暂估价包括分部分项工程中的暂估价和专业工程暂估价。

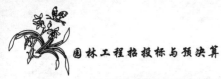

5. 单位工程投标报价汇总表

表中金额应分别按照分部分项工程量清单计价表、措施项目清单计价表、其他项目清单计价表、规费与税金清单计价表相应税金填写。格式见表2-2-6。

表2-2-6 单位工程投标报价汇总表

工程名称：　　　　　　　　　　　　标段：　　　　　　　　　　　　第　页共　页

序号	汇总内容	金额/元	其中：暂估价/元
1	分部分项工程		
1.1			
1.2			
1.3			
1.4			
1.5			
2	措施项目		
2.1	安全文明施工费		
3	其他项目		
3.1	暂列金额		
3.2	专业工程暂估价		
3.3	计日工		
3.4	总承包服务费		
4	规费		
5	税金		
招标控制价合计＝1＋2＋3＋4＋5			

注：本表适用于单位工程投标报价的汇总，如无单位工程划分，单项工程也使用本表汇总。

6. 分部分项工程量清单与计价表

编制投标报价时，投标人对表中的“项目编码”“项目名称”“项目特征描述”“计量单位”“工程量”均不应做改动。“综合单价”“合价”自主决定填写。对“其中：暂估价”栏，投标人应将招标文件中提供了暂估材料单价的暂估价进入综合单价，并应计算出暂估单价的材料在“综合单价”及其“合价”中的具体数额。因此，为更详细反映暂估价情况，也可在表中增设一栏“综合单价”其中的“暂估价”。格式见表 2-2-7。

表 2-2-7　分部分项工程量清单与计价表

工程名称：　　　　　　　　　　　　标段：　　　　　　　　　　第　页　共　页

序号	项目编码	项目名称	项目特征描述	计量单位	工程量	金额/元		
						综合单价	合价	其中：暂估价
本页小计								
合计								

注：根据建设部（现已更名为住房和城乡建设部）、财政部发布的《建筑安装工程费用项目组成》（建标[2003]206 号）的规定，为计取规费等的使用，可在表中增设其中的“直接费”“人工费”或“人工费＋机械费”。

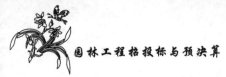

7. 工程量清单综合单价分析表

该分析表集中反映了构成每一个清单项目综合单价的各个价格要素的价格及主要的“工、料、机”消耗量。使用本表可填写使用的省级或行业建设主管部门发布的计价定额，如不使用，不填写。格式见表 2-2-8。

表 2-2-8 工程量清单综合单价分析表

工程名称： 标段： 第 页 共 页

项目编码			项目名称				计量单位				
清单综合单价组成明细											
定额编号	定额名称	定额单位	数量	单价				合价			
				人工费	材料费	机械费	管理费和利润	人工费	材料费	机械费	管理费和利润
人工单价	小计										
元/工日	未计价材料费										
清单项目综合单价											
材料费明细	主要材料名称、规格、型号				单位	数量		单价/元	合价/元	暂估单价/元	暂估合价/元
	其他材料费							—		—	
	材料费小计							—		—	

注：1. 如不使用省级或行业建设主管部门发布的计价依据，可不填写定额名称、编号等。

2. 招标文件提供了暂估单价的材料，按暂估的单价填入表内“暂估单价”栏及“暂估合价”栏。

8. 措施项目清单与计价表(一)、(二)

编制投标报价时，除安全文明施工费必须按《建设工程工程量清单计价规范》(GB 50500—2008)的强制性规定，按省级、行业建设主管部门的规定计取外，其他措施项目均可根据投标施工组织设计自主报价。格式见表 2-2-9、表 2-2-10。

表 2-2-9 措施项目清单与计价表(一)

工程名称： 标段： 第 页 共 页

序 号	项目名称	计算基础	费率/(%)	金额/元
1	安全文明施工			
2	夜间施工			
3	二次搬运			
4	冬雨季施工			
5	大型机械设备进出场及安拆			
6	施工排水			
7	施工降水			
8	地上、地下设施，建筑物的临时保护设施			
9	已完工程及设备保护			
10	各专业工程的措施项目			
11				
12				
13				
14				
15				
16				
17				
18				
合计				

注：1. 本表适用于以“项”计价的措施项目。

2. 根据建设部、财政部发布的《建筑安装工程费用项目组成》(建标[2003]206 号)的规定，“计算基础”可为“直接费”“人工费”或“人工费+机械费”。

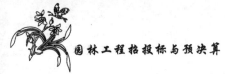

表 2-2-10　措施项目清单与计价表(二)

工程名称：　　　　　　　　　　　　　　标段：　　　　　　　　　　　　　　第　　页 共　　页

序号	项目编码	项目名称	项目特征描述	计量单位	工程量	金额/元	
						综合单价	合价
本页小计							
合计							

注：本表适用于以综合单价形式计价的措施项目。

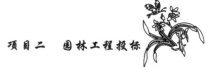

9. 其他项目清单与计价汇总表

编制投标报价，应按招标文件工程量清单提供的“暂列金额”和“专业工程暂估价”填写金额，不得变动。“计日工”“总承包服务费”自主确定报价。格式见表 2-2-11。

表 2-2-11　其他项目清单与计价汇总表

工程名称：　　　　　　　　　　　　标段：　　　　　　　　　　　　第　　页 共　　页

序　号	项目名称	计量单位	暂定金额/元	备　注
1	暂列金额			明细详见表 2-2-12
2	暂估价			
2.1	材料暂估价			明细详见表 2-2-13
2.2	专业工程暂估价			明细详见表 2-2-14
3	计日工			明细详见表 2-2-15
4	总承包服务费			明细详见表 2-2-16
5				
	合计			—

注：材料暂估单价进入清单项目综合单价，此处不汇总。

暂列金额明细表要求招标人能将暂列金额与拟用项目列出明细，但如确实不能详列，也可只列暂定金额总额，投标人只需要直接将工程量清单中所列的暂列金额纳入投标总价，并且不需要在工程量清单中所列的暂列金额以外再考虑任何其他费用。格式见表 2-2-12。

表 2-2-12　暂列金额明细表

工程名称：　　　　　　　　　　　　标段：　　　　　　　　　　　　第　　页　共　　页

序　号	项目名称	计量单位	暂定金额/元	备　注
合计				—

材料暂估单价表由招标人填写，并在备注栏说明暂估价的材料拟用在哪些清单项目上，投标人应将所列材料暂估单价计入工程量清单综合单价报价中。材料包括原材料、燃料、构配件以及按规定应计入建筑安装工程造价的设备。格式见表 2-2-13。

表 2-2-13　材料暂估单价表

工程名称：　　　　　　　　　　　　标段：　　　　　　　　　　　　第　　页 共　　页

序　号	材料名称、规格、型号	计 量 单 位	单价/元	备　注

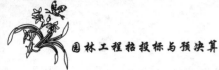

专业工程暂估价应在表内填写工程名称、工程内容、暂估金额，投标人应将所列金额计入投标总价中。格式见表 2-2-14。

表 2-2-14 专业工程暂估价表

工程名称： 标段： 第 页 共 页

序 号	工 程 名 称	工 程 内 容	暂估金额/元	备 注
合计				—

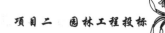

计日工表中项目名称、暂定数量由招标人填写，编制投标报价时，人工、材料、机械台班单价由投标人自主确定，按已给暂定数量计算合价，计入投标总价中。格式见表 2-2-15。

表 2-2-15 计日工表

工程名称：　　　　标段：　　　　第　页共　页

编号	项目名称	单位	暂定数量	综合单价	合价
一	人工				
1					
2					
3					
4					
5					
6					
人工小计					
二	材料				
1					
2					
3					
4					
5					
6					
材料小计					
三	施工机械				
1					
2					
3					
4					
5					
6					
施工机械小计					
合计					

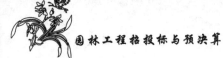

编制投标报价时，由投标人根据工程量清单中的总承包服务内容，自主决定报价。格式见表 2-2-16。

表 2-2-16　总承包服务费计价表

工程名称：　　　　　　　　　　　　　　　　标段：　　　　　　　　　　　　　　第　　页　共　　页

序　　号	工 程 名 称	项目价值/元	服务内容	费率/(%)	金额/元
1	发包人发包专业工程				
2	发包人供应材料				
合计					

10. 规费、税金项目清单与计价表

根据建设部、财政部发布的《建筑安装工程费用项目组成》(建标[2003]206 号)的规定，“计算基础”可为“直接费”“人工费”或“人工费＋机械费”。在施工实践中，有的规费项并非每个工程所在地都要征收，实践中可作为按实计算的费用处理。格式见表 2-2-17。

表 2-2-17　规费、税金项目清单与计价表

工程名称：　　　　　　　　　　　　标段：　　　　　　　　　　　　第　页 共　页

序　号	项 目 名 称	计 费 基 础	费率/(%)	金额/元
1	规费			
1.1	工程排污费			
1.2	社会保障费			
(1)	养老保险费			
(2)	失业保险费			
(3)	医疗保险费			
1.3	住房公积金			
1.4	危险作业意外伤害保险			
1.5	工程定额测定费			
2	税金	分部分项工程费＋措施项目费＋其他项目费＋规费		
合计				

三、商务标书

(一) 商务标书的内容

商务标书的格式文本较多，各地都有自己的文本，商务标书一般应包括以下内容。

(1) 商务标书目录。

(2) 投标函及投标函附录。

(3) 法定代表人身份证明或附有法定代表人身份证明的授权委托书。

(4) 投标保证金收据。

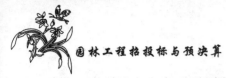

(5) 投标报价部分：工程量清单投标总价，投标报价总说明，工程项目投标报价汇总表，单项工程投标报价汇总表，单位工程投标报价汇总表，分部分项工程量清单与计价表，工程

量清单综合单价分析表，措施项目清单与计价表，其他项目清单与计价汇总表(暂列金额明细表、暂估价表、计日工表、总承包服务费计价表)，规费、税金项目清单与计价表等。

(6) 项目管理组织机构。

(7) 资格资质审查证明材料。

① 法定代表人授权委托书(法定代表人参加本项目的报价时，无须填写法定代表人授权委托书，但须在投标文件中附法定代表人的身份证复印件)。

② 投标人营业执照副本、有效的安全生产许可证原件。

③ 投标人专业工程施工资质原件、投标保证金缴纳凭证原件。

④ 项目经理(或建造师)证书、施工业绩合同原件。

⑤ 会计师(审计事务所)出具的投标人上一年度审计报告复印件或投标人近两年资产负债表、损益表及经营状况(包括销售额)复印件加盖公章。

⑥ 招标人要求提交或投标人认为需要提交的其他资格资质证明材料。

(二) 商务标书投标报价的编制原则

投标报价的编制主要是投标单位对承建招标工程所要发生的各种费用的计算，在进行投标计算时必须进一步复核招标文件工程量，预先确定施工方案和施工进度，此外投标计算还必须与采用的合同形式相协调。报价是投标的关键性工作，报价是否合理直接关系到投标的成败。报价的编制原则如下。

(1) 以招标文件中设定的承发包双方工作范围责任划分作为考虑投标报价费用项目和费用计算的基础，根据工程承发包模式考虑投标报价的费用内容和计算深度。

(2) 以施工方案、技术措施等作为投标报价计算的基本条件。

(3) 以反映企业技术和管理水平的企业定额作为计算人工、材料和机械台班消耗量的基本证据。

(4) 充分利用现场考察、调研得来的市场价格信息和行情资料，编制基价，确定调价方法。

(5) 报价计算方法要科学严谨、简明适用。

(三) 商务标书投标报价的编制依据

投标报价应根据下列依据编制。

(1)《建设工程工程量清单计价规范》。

(2) 国家或省级、行业建设主管部门颁发的计价办法。

(3) 企业定额及国家或省级、行业建设主管部门颁发的计价定额。

(4) 招标文件、工程量清单及其补充通知、答疑纪要。

(5) 建设工程设计文件及相关资料。

(6) 施工现场情况、工程特点及拟定的投标施工组织设计或施工方案。

(7) 与建设项目相关的标准、规范等技术资料。

(8) 市场价格信息或工程造价管理机构发布的工程造价信息。

(9) 其他相关资料。

(四) 商务标书投标报价的编制方法

1. 以工程量清单计价模式投标报价

这是与市场经济相适应的投标报价方法，也是国际通用的竞争性招标方式所要求的。

一般由工程造价咨询企业根据业主委托，将拟建招标工程全部项目和内容按相关的计算规则计算出工程量，列在清单上作为招标文件的组成部分，供投标人逐项填报单价，计算出总价，作为投标报价，然后通过评标竞争，最终确定合同价。报价流程详见图 2-2-4。投标者填报单价时，单价应完全依据企业技术、管理水平等企业实力而定，以满足市场竞争的需要。

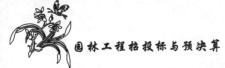

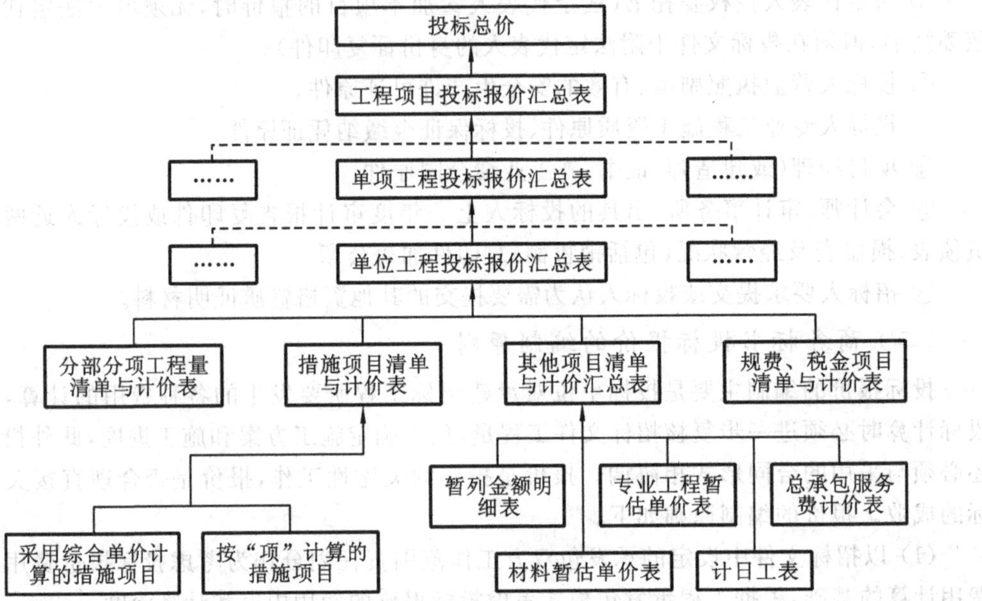

图 2-2-4　工程量清单计价模式投标报价流程简图

我国工程造价改革的总体目标是形成以市场形成价格为主的价格体系。《建设工程工程量清单计价规范》(GB 50500—2008)规定，自 2008 年 12 月 1 日起全部使用国有资金投资或国有资金投资为主的工程建设项目必须采用工程量清单计价。非国有资金投资的工程建设项目，可采用工程量清单计价。

2. 以定额计价模式投标报价

采用预算定额计价模式编制投标报价，即按照定额规定的分部分项工程分别由招标单位和投标单位按图计算工程量，套用定额基价或根据市场价格确定直接费，然后再按规定的费用定额计取各项费用，最后汇总形成标价。在实行工程量清单计价方法之前，主要采用此法。此法的详细内容见相关章节。自工程量清单计价模式实施以来，仅有部分非国有资金投资的工程建设项目采用定额计价模式。

（五）商务标书投标报价的技巧

工程投标中的报价技巧是指在工程投标中为达到中标目的所采用的策略或技能。在现实的工程投标中，适当地运用报价技巧，对于施工单位中标并取得合理的利润，具有重要的影响。

1. 不平衡报价法

不平衡报价法可以在不提高总报价的前提下，达到中标的目的。它通常是在工程项目总报价基本确定后，适当调整总报价内部各个部分的比例。采用这种报价方法时，应根据工程项目不同特点及施工条件等来选择报价策略，详见表 2-2-18。在以下三个方面宜采用不平衡报价的方法。

(1) 支付条件良好或能够早日结账的项目，其报价可适当降低。前者如政府项目或银行项目，后者如项目的开办、场地平整及土方开挖等。

(2) 预计工程量会不断增加的项目或设计图纸不明确的项目，单价可适当提高，这样在最终结算时可以多获利润；工程内容解释不清楚的项目或预计工程量可能减少的项目，其单价可适当降低，工程结算时损失也会减少。

(3) 任意项目，又叫暂定项目或可选择项目，对这类项目要具体分析。因为这类项目要待开工后再由业主研究决定是否实施，以及由哪家承包商实施。如果工程只由一家承包商施工，对其中肯定要做的工程，其单价可高些，不一定做的则应低些；如果工程分标，该暂定项目也可能由其他承包商施工时，应慎重考虑，不宜报高价，以免造成损失。

表 2-2-18　常见的不平衡报价法

序　号	信息类型	变动趋势	不平衡结果
1	工程款支付的时间	早	单价高
		晚	单价低
2	工程量有变化	增加	单价高
		减少	单价低
3	暂定工程	自己承包的可能性高	单价高
		自己承包的可能性低	单价低
4	单价分析表	人工费和机械费	单价高
		材料费	单价低
5	报单价的项目	无工程量	单价高
		假定的工程量	单价适中

2. 以退为进报价法

当施工单位在招标文件中发现有不明确的内容，并有可能据此索赔时，可以以退为进，即通过报低价先争取中标，再寻找机会进行索赔。这样做不仅能增加中标的机会，还可以获得合理的利润。采用此种方法，要求施工单位有丰富的施工及索赔经验。

3. 灵活报价法

灵活报价法是指根据招标工程的不同特点采用不同的报价。投标单位既要考虑自身的优势和劣势，也要分析项目的特点，按照不同的特点、类别、施工条件等来选择报价策略。如：工程施工条件差的工程、专业要求高的技术密集型工程而本单位有专长的，可以相对报高价；总价低的小工程，以及自己不愿意做又不方便不投标的工程可以相对报高价；特殊工程可以相对报高价；工期要求急的工程可以相对报高价；投标对手少的工程可以相对报高价；支付条件不理想的工程可以相对报高价。反之，施工条件好的工程可适当低价；工作简单、工程量大、一般单位都能施工的工程可适当低价；本企业在新地区开发市场或该地区其他工程即将结束而机械设备无工地转移时，可适当低价；本企业在该地区有在建工程，招标项目能利用其现有的设备、劳动力资源，或短期内能突击完成的工程，可适当低价；投标对手多，竞争激烈的工程可适当低价；支付条件好的工程报价需稍微低些。

4. 暂定工程量的报价

暂定工程量有三种。第一种是业主规定了暂定工程量的分项目内容和暂定总价款，并规定所有投标人都须在总报价中加入这笔暂定金额，但由于分项工程量不很准确，允许将来按投标人所报单价和实际完成的工程量付款。因暂定总价款是固定的，对各投标人的总报价没有影响，所以其单价可适当提高。第二种是列出了暂定工程量的项目和数量，但并没有限制这些工程量的估算总价款，要求投标人既列出单价，也应按暂定项目的数量计算总价，当将来结算时，可按实际完成的工程量和所报单价支付。处理这种情况，难度较大，投标人应慎重考虑。如果单价定得较高，将会增大总报价，影响竞争力和中标后的利润；如果单价定得较低，将来这类工程量加大，则会影响利润。第三种情况，只有暂定工程的一笔固定总金额，由业主确定。这种情况对投标报价没有实际影响。

5. 多方案报价法

对于一些招标文件，如果发现工程范围不很明确、条款不清楚或很不公正、技术规范要求过于苛刻，则要在充分估计投标风险的基础上，按多方案报价法处理。也就是原招标文件报一个价，再提出如果某因素在按某种情况变动的条件下，报价可降低多少，由此可报出一个较低的价。这样做可以降低总价，吸引业主。

6. 增加建议方案

有时招标文件中规定，可以对原方案提出某些建议。投标者这时应抓住机会，组织一批有经验的设计和施工人员对原招标文件的设计和施工方案仔细研究，提出更为合理的方案，或者可以降低总造价或者缩短工期，以吸引业主，促成自己方案中标。如通过研究图纸，发现有明显不合理之处，可提出改进设计的建议和能确实降低造价的措施。在按原方案报价的同时，再按建议方案报价。但要注意建议方案不要写得太深入、具体，要保留原方案的技术关键。同时要强调的是，建议方案一定要比较成熟，有很好的可行性和可操作性。

7. 突然降价法

投标报价中各竞争对手往往在报价时采取迷惑对手的方法，即先按一般情况报价或报出较高的价格，以表现出自己对该工程兴趣不大，到快投标截止时，再突然降价。采用这种方法时，一定要在准备投标报价的过程中考虑降价的幅度，在临近投标截止日期前，根据情报信息与分析判断，再做最后决策。

8. 无利润投标法

无利润投标法适用于以下几种情况。

(1) 对于分期建设的项目，先以低价获得首期项目，而后赢得机会创造第二期工程中的竞争优势，并在以后的实施中赚得利润。

(2) 某些施工企业其投标的目的不在于从当前的工程上获利，而是着眼于长远的发展。如为了开辟市场、掌握某种有发展前途的工程施工技术等。

(3) 在一定的时期内，施工单位没有在建的工程，如果再不得标，就难以维持生存。所以，在报价中可能只要一定的管理费用，以维持公司的日常运转，渡过暂时的难关后，再图发展。

9. 联保法和捆绑法

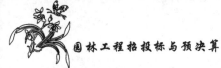

联保法是指在竞争对手众多的情况下，由几家实力雄厚的承包商联合起来控制标价的方法。各家确保一家投标单位先中标，随后在第二次、第三次招标中，再用同样办法保第二家、第三家投标单位中标。联保法在实际的招投标工作中很少使用。而捆绑法比较常用，即两三家公司，其主营业务类似或相近，单独投标会出现经验、业绩不足或工作负荷过大而造成高报价，失去竞争优势，而以捆绑形式联合投标，可以做到优势互补、规避劣势、利益共享、风险共担，相对提高了竞争力和中标几率。这种方法目前在国内许多大项目中使用。

☆ 学习任务

某施工企业通过招标公告了解到，××区居民庭院及园林景观改造建设工程正在进行公开招标，该施工企业综合各方面因素，决定进行该工程项目的施工投标。前期的相关工作已经完成，进入商务标书编制阶段，请根据招标文件中提供的工程量清单（见表 2-2-19）和暂列金额（见表 2-2-20）进行投标报价的编制。

表 2-2-19 分部分项工程量清单表

工程名称：××区居民庭院及园林景观改造建设工程　　标段：　　第 1 页 共 1 页

序号	项目编码	项目名称	项目特征描述	计量单位	工程量
1	050102001001	栽植山杏	1. 乔木种类：山杏。2. 乔木胸径：$D=4$ cm。3. 养护期：三年	株	200
2	050102001002	栽植金叶榆	1. 乔木种类：金叶榆。2. 乔木胸径：$D=4\sim5$ cm。3. 养护期：三年	株	300
3	050102004001	栽植忍冬	1. 灌木种类：忍冬，3 株/丛，15 枝条以上。2. 高度：1.6 m。3. 养护期：三年	丛	50
4	050102004002	栽植重瓣榆叶梅	1. 灌木种类：重瓣榆叶梅，3 株/丛，15 枝条以上。2. 高度：1.8 m。3. 养护期：三年	丛	300
5	050102010001	铺种草坪	1. 草皮种类：早熟禾。2. 铺种方式：满铺。3. 养护期：三年	m^2	1 110
6	010407002001	坡道	1. 垫层种类、厚度：不少于 10 cm 3＃～7＃碎石。2. 面层厚度：水泥砂浆抹面，宽度 900 mm。3. 伸缩缝：间距 5 cm	m^2	112
7	040103002001	余方弃置	1. 废弃料品种：土方。2. 运距：10 km	m^3	48
8	040204001001	普通道板铺设	1. 材质：水泥花砖（利旧）。2. 尺寸：5 cm×25 cm×25 cm。3. 垫层材料品种、厚度、强度：3 cm 厚 M10 水泥干拌砂，基底压实。4. 图形项目特征：基本图形	m^2	82
9	040204003001	边石	1. 材料：机切花岗岩边石（利旧）。2. 尺寸：500 mm×150 mm×350 mm。3. 形状：长条方形。4. 垫层、基础：3 cm 厚 M10 水泥干拌砂、12 cm 厚 C15 砼，外侧做砼护坡	m	49
10	040305001001	挡墙	1. 材料：机砖。2. 形式：砌筑、水泥砂浆抹面。3. 垫层厚度 M10 水泥砂浆砌筑	m^3	10.31
11	y 补	圆形树池带座椅	1. 圆形树池带座椅（含基础等全部工作，具体尺寸现场确定）。2. 面材：木质	个	10
12	y 补	不锈钢桌凳	1. 一桌四凳（含基础等全部工作，具体尺寸现场确定）。2. 材料：不锈钢	套	5

表 2-2-20　暂列金额明细表

工程名称：××区居民庭院及园林景观改造建设工程　　　　标段：　　　　第 1 页　共 1 页

序号	项目名称	计量单位	暂定金额/元	备注
1	暂列金额	项	5 435.96	
	合计		5 435.96	

注：此表由招标人填写，如不能详列，也可只列暂定金额总额，投标人应将上述暂列金额计入投标总价中。

☆ 任务分析

完成该任务需对招标文件要求和工程量清单等进行详细的研究，依据《建设工程工程量清单计价规范》和国家及省、市、地区的定额、标准、规范、企业定额等，结合企业的状况进行综合投标报价，要按照工程量清单编制与报价工作步骤，结合不同分部工程工程量计算规则，进行工程量复核，最后计算出该项目的投标报价。

☆ 任务实施

工程量清单组价任务的实施，一般按照图 2-2-5 的步骤执行。本任务的工程量清单组价填报按如下顺序装订。

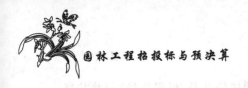

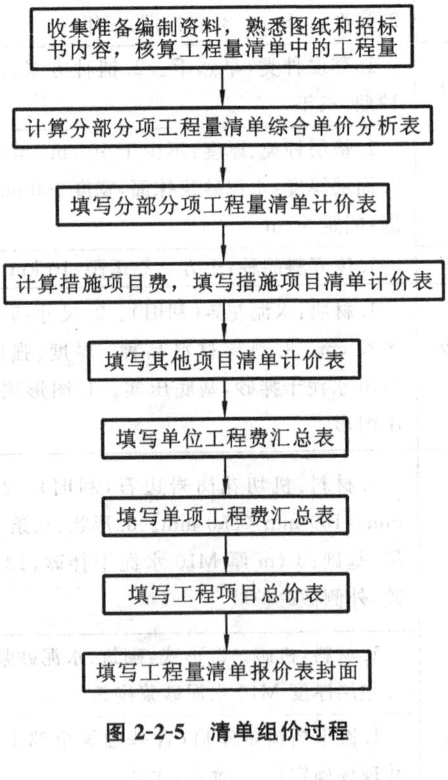

图 2-2-5　清单组价过程

一、投标总价

投标总价如表 2-2-21 所示。

表 2-2-21　投标总价

投 标 总 价

招　标　人：________________

工程名称：××区居民庭院及园林景观改造建设工程

投标总价(小写)：227075.19

(大写)：贰拾贰万柒仟零柒拾伍元壹角玖分

投　标　人：________________

(单位盖章)

法定代表人

或其授权人：________________

(签字或盖章)

编　制　人：________________

(造价人员签字盖专用章)

编制时间：　　　年　　　月　　　日

二、总说明

总说明如表 2-2-22 所示。

表 2-2-22　总说明

工程名称：××区居民庭院及园林景观改造建设工程　　　　第 1 页

说明：

(1) 工程概况：本工程总面积约 20 000 m^2，含园林绿化及部分市政工程，计划开工日期 2011 年 5 月 6 日、计划竣工日期 2011 年 6 月 6 日，施工现场已达到施工条件。

(2) 该工程清单报价文件包括：单项工程费汇总表、分部分项工程量清单计价表、措施项目清单计价表、分部分项工程量清单综合单价分析表、规费和税金计价表等。

(3) 该工程清单报价编制依据：甲方招标文件、工程施工图纸、《建设工程工程量清单计价规范》、《黑龙江省建设工程计价依据(园林绿化工程计价定额)》和工程造价管理站发布的材料价格及相关的标准、规范、企业定额等。

(4) 工程项目的招标范围：施工图纸及工程量清单内所有工作内容。

(5) 工程质量：合格；园林绿化工程施工要求成活率 100%，保证保活期为三年(含竣工验收当年)，市政工程要求保质一年。

三、工程项目投标报价汇总表

工程项目投标报价汇总表如表 2-2-23 所示。

表 2-2-23　工程项目投标报价汇总表

工程名称：××区居民庭院及园林景观改造建设工程　　　　第 1 页　共 1 页

序号	单项工程名称	金额/元	其中		
			暂估价/元	安全文明施工费/元	规费/元
1	××区居民庭院及园林景观改造建设工程	227 075.19		387.76	8 607.96
合计		227 075.19		387.76	8 607.96

注：本表适用于工程项目招标控制价或投标报价的汇总。

四、单位工程投标报价汇总表

单位工程投标报价汇总表如表 2-2-24 所示。

表 2-2-24　单位工程投标报价汇总表

工程名称：××区居民庭院及园林景观改造建设工程　　标段：　　第 1 页　共 1 页

序号	汇总内容	金额/元	其中：暂估价/元
1	分部分项工程	205 057.74	
1.1	其中：人工费	36 239.70	
1.2			
1.3			
1.4			
1.5			
2	措施项目	485.60	
2.1	安全文明施工费	387.76	
3	其他项目	5 435.96	
3.1	暂列金额	5 435.96	
3.2	暂估价		
3.3	计日工		
3.4	总承包服务费		
4	规费	8 607.96	
5	税金	7 487.93	
投标报价合计=1+2+3+4+5		227 075.19	

注：本表适用于单位工程招标控制价或投标报价的汇总，如无单位工程划分，单项工程也使用本表汇总。

五、规费、税金项目清单计价表

规费、税金项目清单计价表如表 2-2-25 所示。

表 2-2-25　规费、税金项目清单与计价表

工程名称：××区居民庭院及园林景观改造建设工程　　标段：　第 1 页　共 1 页

序号	项目名称	计算基础	费率/(%)	金额/元
1	规费	分部分项工程费+措施项目费+其他项目费	4.08	8 607.96
1.1	工程排污费	分部分项工程费+措施项目费+其他项目费	0.05	105.49
1.2	社会保障费	(1)+(2)+(3)	3.46	7 299.89
(1)	养老保险费	分部分项工程费+措施项目费+其他项目费	2.86	6 034.01
(2)	失业保险费	分部分项工程费+措施项目费+其他项目费	0.15	316.47
(3)	医疗保险费	分部分项工程费+措施项目费+其他项目费	0.45	949.41
1.3	住房公积金	分部分项工程费+措施项目费+其他项目费	0.48	1 012.70
1.4	危险作业意外伤害保险	分部分项工程费+措施项目费+其他项目费	0.09	189.88
2	税金	分部分项工程费+措施项目费+其他项目费+规费	3.41	7 487.93

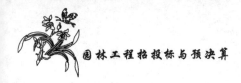

六、分部分项工程量清单与计价表

分部分项工程量清单与计价表如表 2-2-26 所示。

表 2-2-26 分部分项工程量清单与计价表

工程名称：××区居民庭院及园林景观改造建设工程　　标段：　　第　页共　页

序号	项目编码	项目名称	项目特征描述	计量单位	工程量	金额/元		
						综合单价	合价	其中：暂估价
1	050102001001	栽植山杏	1. 乔木种类：山杏。2. 乔木胸径：$D=4$ cm。3. 养护期：三年	株	200	140.01	28 002.00	
2	050102001002	栽植金叶榆	1. 乔木种类：金叶榆。2. 乔木胸径：$D=4\sim5$ cm。3. 养护期：三年	株	300	250.01	75 003.00	
3	050102004001	栽植忍冬	1. 灌木种类：忍冬，3 株/丛，15 枝条以上。2. 高度：1.6m。3. 养护期：三年	丛	50	123.83	6 191.50	
4	050102004002	栽植重瓣榆叶梅	1. 灌木种类：重瓣榆叶梅，3 株/丛，15 枝条以上。2. 高度：1.8m。3. 养护期：三年	丛	300	118.83	35 649.00	
5	050102010001	铺种草坪	1. 草皮种类：早熟禾。2. 铺种方式：满铺。3. 养护期：三年	m^2	1 110	17.10	18 981.00	
6	010407002001	坡道	1. 垫层种类、厚度：不少于 10 cm3＃～7＃碎石。2. 面层厚度：水泥砂浆抹面，宽度 900 mm。3. 伸缩缝：间距 5 cm	m^2	112	42.58	4 768.96	
7	040103002001	余方弃置	1. 废弃料品种：土方。2. 运距：10 km	m^3	48	28.90	1 387.20	
8	040204001001	普通道板铺设	1. 材质：水泥花砖(利旧)。2. 尺寸：5 cm×25 cm×25 cm。3. 垫层材料品种、厚度、强度：3 cm 厚 M10 水泥干拌砂，基底压实。4. 图形项目特征：基本图形	m^2	82	13.31	1 091.42	
9	040204003001	边石	1. 材料：机切花岗岩边石(利旧)。2. 尺寸：500 mm×150 mm×350 mm。3. 形状：长条方形。4. 垫层、基础：3 cm 厚 M10 水泥干拌砂、12 cm 厚 C15 砼，外侧做砼护坡	m	49	22.07	1 081.43	
10	040305001001	挡墙	1. 材料：机砖。2. 形式：砌筑、水泥砂浆抹面。3. 垫层厚度 M10 水泥砂浆砌筑	m^3	10.31	523.98	5 402.23	
11	y 补	圆形树池带座椅	1. 圆形树池带座椅(含基础等全部工作，具体尺寸现场确定)。2. 面材：木质	个	10	2 000.00	20 000.00	
12	y 补	不锈钢桌凳	1. 一桌四凳(含基础等全部工作，具体尺寸现场确定)。2. 材料：不锈钢	套	5	1 500.00	7 500.00	
合计							205 057.74	

七、工程量清单综合单价分析表

工程量清单综合单价分析表如表 2-2-27 所示，共 12 页。

表 2-2-27　工程量清单综合单价分析表(1)

工程名称：××区居民庭院及园林景观改造建设工程　　标段：　　第 1 页　共 12 页

项目编码	050102001001	项目名称	栽植山杏					计量单位		株		
清单综合单价组成明细												
定额编号	定额名称	定额单位	数量	单价				合价				
				人工费	材料费	机械费	管理费和利润	人工费	材料费	机械费	管理费和利润	
E	山杏	株	200		40.00				8 000.00			
S8-14	栽植乔木(带土球)，土球直径在 40 cm 以内	株	200	5.26	0.38		1.58	1 052.00	76.00		315.00	
S8-112	三根树棍杆，每根在 2.3 m 以内	株	200	2.10	12.60		0.63	420.00	2 520.00		126.00	
S8-148×j12 换	水车浇水，阔叶乔木胸径在 4 cm 以内	100 株	2.00	1 652.97	1 028.00	3 022.00	496.00	3 306.00	2 056.00	6 044.00	992.00	
S8-210×j3 换	阔叶乔木(树高)200 cm 以内，冠幅 1～3 m	100 株	2.00	946.27		317.00	284.00	1 893.00		634.00	568.00	
人工单价		小计						6 671.00	12 652.00	6 678.00	2 001.00	
35.05 元/工日		未计价材料费										
清单项目综合单价								140.01				
材料费明细	主要材料名称、规格、型号				单位	数量	单价/元	合价/元				
	山杏				株	1	40	40				
	镀锌铁丝 12＃～16＃				kg	0.1	3.85	0.39				
	水				m^3	1.42	7.5	10.65				
	树棍 ϕ12 cm				根	3	4.07	12.21				
	其他材料费						—					
	材料费小计						—	63.26				

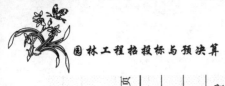

表 2-2-27　工程量清单综合单价分析表(2)

工程名称：××区居民庭院及园林景观改造建设工程　　　　标段：　　　　第 2 页　共 12 页

项目编码	050102001002	项目名称		栽植金叶榆			计量单位		株		
清单综合单价组成明细											
定额编号	定额名称	定额单位	数量	单价/元				合价/元			
				人工费	材料费	机械费	管理费和利润	人工费	材料费	机械费	管理费和利润
E	金叶榆	株	300		150.00				45 000.00		
S8-14	栽植乔木(带土球)，土球直径在 40 cm 以内	株	300	5.26	0.38		1.58	1 578.00	114.00		474.00
S8-112	三根树棍杆，每根在 2.3m 以内	株	300	2.10	12.60		0.63	630.00	3 780.00		189.00
S8-210×j3 换	阔叶乔木(树高)200 cm 以内，冠幅 1～3 m	100 株	3	946.27		317.00	284.00	2 839.00		951.00	852.00
S8-148×j12 换	水车浇水，阔叶乔木胸径在 4 cm 以内	100 株	3	1 652.97	1 027.67	3 022.33	496.00	4 959.00	3 083.00	9 067.00	1 488.00
人工单价		小计						10 006.00	51 977.00	10 018.00	3 003.00
35.05 元/工日		未计价材料费									
清单项目综合单价								250.01			
材料费明细	主要材料名称、规格、型号					单位	数量	单价/元	合价/元		
	金叶榆					株	1	150	150		
	镀锌铁丝 12＃～16＃					kg	0.1	3.85	0.39		
	水					m^3	1.42	7.5	10.65		
	树棍 ϕ12 cm					根	3	4.07	12.21		
	其他材料费							—			
	材料费小计							—	173.26		

表 2-2-27　工程量清单综合单价分析表(3)

工程名称：××区居民庭院及园林景观改造建设工程　　　　标段：　　　　第 3 页　共 12 页

项目编码	050102004001	项目名称		栽植忍冬				计量单位		丛	
清单综合单价组成明细											
定额编号	定额名称	定额单位	数量	单价/元				合价/元			
				人工费	材料费	机械费	管理费和利润	人工费	材料费	机械费	管理费和利润
E	忍冬	丛	50		30.00				1 500.00		
S8-51	栽植灌木(带土球)，土球直径在 30 cm 以内	丛	50	3.51	0.19		1.05	175.50	9.50		52.50
S8-215×j3 换	灌木树高 180 cm 以内	100 丛	0.5	525.84		83.80	157.80	262.92		41.90	78.90
S8-159×j12 换	水车浇水针叶乔木或花灌木树高在 200 cm 以内	100 丛	0.5	2 569.84	74.80	4 724.80	771.00	1 284.92	37.40	2 362.40	385.50
人工单价		小计						1 723.34	1 546.90	2 404.30	516.90
35.05 元/工日		未计价材料费									
清单项目综合单价								123.83			
材料费明细	主要材料名称、规格、型号					单位	数量	单价/元	合价/元		
	忍冬					株	1	30	30		
	水					m^3	0.12	7.5	0.93		
	其他材料费							—			
	材料费小计							—	30.93		

表 2-2-27　工程量清单综合单价分析表(4)

工程名称：××区居民庭院及园林景观改造建设工程　　　　标段：　　　　第 4 页　共 12 页

项目编码	050102004002	项目名称		栽植重瓣榆叶梅			计量单位		丛		
清单综合单价组成明细											
定额编号	定额名称	定额单位	数量	单价/元				合价/元			
				人工费	材料费	机械费	管理费和利润	人工费	材料费	机械费	管理费和利润
E	重瓣榆叶梅	丛	300		25.00				7 500.00		
S8-51	栽植灌木(带土球)土球直径在 30 cm 以内	丛	300	3.51	0.19		1.05	1 053.00	57.00		316.00
S8-215×j3 换	灌木树高 180 cm 以内	100 丛	3	525.64		84.00	157.67	1 577.00		252.00	473.00
S8-159×j12 换	水车浇水针叶乔木或花灌木树高在 200 cm 以内	100 丛	3	2 569.77	74.67	4 725.00	771.00	7 709.00	224.00	14 175.00	2 313.00
人工单价		小计						10 339.00	7 781.00	14 427.00	3 102.00
35.05 元/工日		未计价材料费									
清单项目综合单价								118.83			
材料费明细	主要材料名称、规格、型号					单位	数量	单价/元	合价/元		
	榆叶梅					株	1	25	25		
	水					m^3	0.12	7.5	0.93		
	其他材料费							—			
	材料费小计							—	25.93		

表 2-2-27　工程量清单综合单价分析表(5)

工程名称：××区居民庭院及园林景观改造建设工程　　　　标段：　　　　第 5 页　共 12 页

项目编码	050102010001		项目名称	铺种草坪				计量单位	m²		
清单综合单价组成明细											
定额编号	定额名称	定额单位	数量	单价/元				合价/元			
				人工费	材料费	机械费	管理费和利润	人工费	材料费	机械费	管理费和利润
S8-107	满铺草皮平坦表面	100 m²	11.10	343.14	919.38		102.95	3 808.85	10 205.12		1 142.75
S8-204×j12 换	草坪浇水水车	1000 m²	1.11	462.69	720.00	2 128.29	138.83	513.59	799.20	2 362.40	154.10
人工单价			小计					4 322.44	11 004.32	2 362.40	1 296.85
35.05 元/工日			未计价材料费								
清单项目综合单价								17.10			
材料费明细	主要材料名称、规格、型号					单位	数量	单价/元	合价/元		
	草皮					m²	1.1	8	8.80		
	水					m³	0.15	7.5	1.11		
	其他材料费							—			
	材料费小计							—	9.91		

表 2-2-27　工程量清单综合单价分析表(6)

工程名称：××区居民庭院及园林景观改造建设工程　　标段：　　第 6 页　共 12 页

项目编码	010407002001	项目名称		坡道			计量单位		m²		
清单综合单价组成明细											
定额编号	定额名称	定额单位	数量	单价/元				合价/元			
				人工费	材料费	机械费	管理费和利润	人工费	材料费	机械费	管理费和利润
T7-12	砾(碎)石垫层干铺	10 m³	1.12	165.09	853.3	7.24	117.21	184.9	955.7	8.11	131.28
T7-53	混凝土散水面层一次抹光面层厚 80mm	100 m²	1.12	658.59	1 901.5	87.34	467.6	737.63	2 129.71	97.82	523.71
人工单价		小计						922.52	3 085.41	105.93	654.99
35.05 元/工日		未计价材料费									
清单项目综合单价								42.58			
材料费明细	主要材料名称、规格、型号					单位	数量	单价/元	合价/元		
	低流动性混凝土碎石粒径 20 mm C15 水泥 425＃					m³	0.09	179.92	16.44		
	水泥砂浆 1∶1					m³	0.01	304.93	1.56		
	草袋子					m²	0.22	2.55	0.56		
	混砂					m³	0.03	45	1.31		
	锯木屑					m³	0.01	10.28	0.06		
	模板板方材					m³	0	468.28	0.07		
	石油沥青 30＃					kg	0.01	2.45	0.03		
	水					m³	0.04	7.5	0.29		
	碎(砾)石 40 mm					m³	0.11	65	7.23		
	其他材料费							—			
	材料费小计							—	27.55		

表 2-2-27　工程量清单综合单价分析表(7)

工程名称：××区居民庭院及园林景观改造建设工程　　　　标段：　　　　第 7 页　共 12 页

项目编码	040103002001	项目名称		余方弃置			计量单位		m³		
清单综合单价组成明细											
定额编号	定额名称	定额单位	数量	单价/元				合价/元			
				人工费	材料费	机械费	管理费和利润	人工费	材料费	机械费	管理费和利润
S1-46	人工装汽车土方	100 m³	0.48	578.33			231.33	277.6			111.04
S1-288	自卸汽车(载重 6t)运距 10 km 以内	1000 m³	0.05	0.09	90.00	20 715.00	0		4.32	994.32	0
人工单价		小计						277.6	4.32	994.32	111.04
35.05 元/工日		未计价材料费									
清单项目综合单价								28.90			
材料费明细	主要材料名称、规格、型号					单位	数量	单价/元	合价/元		
	水					m³	0.01	7.5	0.09		
	其他材料费										
	材料费小计								0.09		

表 2-2-27　工程量清单综合单价分析表(8)

工程名称：××区居民庭院及园林景观改造建设工程　　　　标段：　　　　第 8 页　共 12 页

项目编码	040204001001	项目名称	普通道板铺设	计量单位	m^2

清单综合单价组成明细

定额编号	定额名称	定额单位	数量	单价/元 人工费	单价/元 材料费	单价/元 机械费	单价/元 管理费和利润	合价/元 人工费	合价/元 材料费	合价/元 机械费	合价/元 管理费和利润
S2-2	人行道整形碾压	100 m^2	0.82	60.29		10.21	24.12	49.44		8.37	19.78
S2-347	异型彩色花砖安砌普通型砖水泥砂浆 1∶3	10 m^2	8.2	46.62	58.34		18.65	382.28	478.39		152.92
人工单价		小计						431.72	478.39	8.37	172.7
35.05 元/工日		未计价材料费									
清单项目综合单价								13.31			

材料费明细	主要材料名称、规格、型号	单位	数量	单价/元	合价/元		
	砂(中砂)	m^3	0.04	45	1.85		
	混砂	m^3	0.004	45	0.18		
	水泥 325#	t	0.01	420	3.78		
	其他(材料)费				0.03		
	水泥花砖 5 cm×25 cm×25 cm	块	16.32				
	其他材料费			—			
	材料费小计			—	5.83		

表 2-2-27　工程量清单综合单价分析表(9)

工程名称：××区居民庭院及园林景观改造建设工程　　标段：　　第 9 页　共 12 页

项目编码	040204003001			项目名称		边石		计量单位		m	
清单综合单价组成明细											
定额编号	定额名称	定额单位	数量	单价/元				合价/元			
				人工费	材料费	机械费	管理费和利润	人工费	材料费	机械费	管理费和利润
S2-356	侧缘石垫层人工铺装混凝土垫层	m^3	1.96	86.09	168.93		21.45	168.74	331.10		42.04
S2-359	侧缘石安砌石质侧石长 50 cm	100m	0.49	455.29	103.90		182.12	223.09	50.91		89.24
S2-361	立缘石混凝土后座	10 m^3	0.15	688.47	203.75	7.77	275.388	103.27	30.56	1.1655	41.31
人工单价		小计						495.10	412.58	1.1655	172.59
35.05 元/工日		未计价材料费									
清单项目综合单价								22.07			
材料费明细	主要材料名称、规格、型号					单位	数量	单价/元	合价/元		
	水泥砂浆 1∶3					m^3	0	186.44	0.09		
	石灰砂浆 1∶3					m^3	0.01	111.06	0.91		
	水					m^3	0.01	7.5	0.06		
	混凝土 C10					m^3	0.04	285	11.63		
	石质侧石(立缘石)					m	1.02				
	其他材料费							—			
	材料费小计							—	12.69		

表 2-2-27　工程量清单综合单价分析表(10)

工程名称：××区居民庭院及园林景观改造建设工程　　　　标段：　　　　第 10 页　共 12 页

项目编码	040305001001	项目名称		挡墙			计量单位		m³		
清单综合单价组成明细											
定额编号	定额名称	定额单位	数量	单价/元				合价/元			
				人工费	材料费	机械费	管理费和利润	人工费	材料费	机械费	管理费和利润
S3-228	砖砌体挡墙	10 m³	1.03	544.33	2 661.32	209.11	217.73	561.21	2 743.82	215.59	224.48
S3-490	水泥砂浆抹面墙面无嵌线	100 m²	1.12	531.36	591.50	43.55	212.54	594.06	661.30	48.69	237.62
Z5-223	线条刷乳胶漆 8 cm 以内	m	68.8	0.91	0.15		0.62	62.61	10.32		42.58
人工单价		小计						1 217.87	3 415.44	264.28	504.68
35.05 元/工日		未计价材料费									
清单项目综合单价								523.98			

材料费明细	主要材料名称、规格、型号	单位	数量	单价/元	合价/元		
	水泥砂浆中砂 M10	m³	0.26	159.59	41.97		
	水泥砂浆 1∶2	m³	0.11	254.6	28.3		
	水泥砂浆 1∶2.5	m³	0.13	214.79	27.46		
	素水泥浆	m³	0.01	532.05	5.94		
	机砖	千块	0.52	420	219.66		
	水	m³	0.93	7.5	6.94		
	腻子	kg	0.33	1.63	0.54		
	清油	kg	0	18.73	0.04		
	乳胶漆	kg	0.07	6.11	0.41		
	砂纸	张	0.04	0.31	0.01		
	其他材料费			—			
	材料费小计			—	331.28		

表 2-2-27　工程量清单综合单价分析表(11)

工程名称：××区居民庭院及园林景观改造建设工程　　　标段：　　　第 11 页　共 12 页

项目编码	y 补	项目名称	圆形树池带座椅				计量单位	个			
清单综合单价组成明细											
定额编号	定额名称	定额单位	数量	单价/元				合价/元			
				人工费	材料费	机械费	管理费和利润	人工费	材料费	机械费	管理费和利润
E	圆形树池带座椅	个	10		2 000				20 000		
人工单价		小计							20 000		
35.05 元/工日		未计价材料费									
								2 000			
材料费明细	主要材料名称、规格、型号					单位	数量	单价/元	合价/元		
	其他材料费							—			
	材料费小计							—			

表 2-2-27　工程量清单综合单价分析表(12)

工程名称：××区居民庭院及园林景观改造建设工程　　　　标段：　　　　第 12 页　共 12 页

项目编码	y补	项目名称		不锈钢桌凳				计量单位		套	
清单综合单价组成明细											
定额编号	定额名称	定额单位	数量	单价/元				合价/元			
				人工费	材料费	机械费	管理费和利润	人工费	材料费	机械费	管理费和利润
E	石桌凳	套	5		1 500				7 500		
人工单价		小计							7500		
35.05 元/工日		未计价材料费									
清单项目综合单价								1 500			
材料费明细	主要材料名称、规格、型号					单位	数量	单价/元	合价/元		
	其他材料费							—			
	材料费小计							—			

八、措施项目清单与计价表(一)

措施项目清单与计价表(一)(见表 2-2-28)适用于以综合单价形式计价的措施项目,本工程不填写。

表 2-2-28 措施项目清单与计价表(一)

工程名称:××区居民庭院及园林景观改造建设工程　　标段:　　第 1 页　共 1 页

序　号	项 目 名 称	计算基础	费率/(%)	金额/元
1	安全文明施工	人工费	1.07	387.76
2	夜间施工	人工费	0.08	28.99
3	二次搬运	人工费	0.08	28.99
4	冬雨季施工	人工费		
5	大型机械设备进出场及安拆			
6	施工排水			
7	施工降水			
8	地上、地下设施,建筑物的临时保护设施			
9	已完工程及设备保护	人工费	0.11	39.86
10	各专业工程的措施项目			
11				
12				
合计				485.60

注:1. 本表适用于以“项”计价的措施项目。

2. 根据建设部、财政部发布的《建筑安装工程费用项目组成》(建标[2003]206 号)的规定,“计算基础”可为“直接费”“人工费”或“人工费＋机械费”。

九、其他项目清单与计价汇总表

其他项目清单与计价汇总表如表 2-2-29 所示。

表 2-2-29 其他项目清单与计价汇总表

工程名称:××区居民庭院及园林景观改造建设工程　　标段:　　第 1 页　共 1 页

序　号	项 目 名 称	计量单位	暂定金额/元	备　注
1	暂列金额	项	5 435.96	详见暂列金额明细表
2	暂估价			—
2.1	材料暂估价		—	—
2.2	专业工程暂估价	项		—
3	计日工			—
4	总承包服务费			—
合计			5 435.96	—

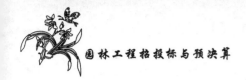

十、暂列金额明细表

本工程无材料暂估价、专业工程暂估价、计日工、总承包服务费项目，不填写。暂列金额明细表如表 2-2-30 所示。

表 2-2-30　暂列金额明细表

工程名称：××区居民庭院及园林景观改造建设工程　　　　标段：　　　　　　　第 1 页　共 1 页

序号	项目名称	计量单位	暂定金额/元	备注
1	暂列金额	项	5 435.96	
2				
3				
4				
5				
6				
7				
8				
9				
10				
11				
合计			5 435.96	

注：此表由招标人填写，如不能详列，也可只列暂定金额总额，投标人应将上述暂列金额计入投标总价中。

☆ 任务考核

序号	考核内容	考核标准	配分	考核记录	得分
1	园林工程量清单编制	计算精确、填写正确、编制准确	30		
2	工程量清单编制格式	格式正确	30		
3	工程量清单报价编制	根据工程施工工艺流程进行清单组价，并能正确填写相关表格	40		

☆ 知识链接

园林工程投标技巧

在园林工程投标过程中，投标报价是最关键的一步。报价过高，可能因为超出“最高限价”而丢失中标机会；报价过低，则可能因为低于“合理低价”而成为废标，或者即使中标，也会给企业带来亏本的风险。因此，投标单位应针对工程的实际情况，凭借自己的实力，正确运用投标策略和报价方法来达到中标的目的，从而给企业带来较好的经济效益。

（一）标段的选择

业主招标时，常允许一个承包商同时报投多个标段。投标单位要考虑投几个标段、投哪些标段，有实力的承包商尽可能多投标段。报投标段太少，投标覆盖面小，限制了投标操作灵活性，降低中标率；太多了，在限定时间内，标书编制任务重，编标人员精力分散，影响标书编写质量而降低中标率，同时还加大了购买、编制标书的费用开支。

在选择工程标段位置方面，一是所选标段工程施工内容要与本单位施工强项相吻合；二是要做到标段大小兼顾，可以到工地现场查看后再做决定；三是要注意避开实力较强的竞争对手。

（二）投标书的编制

编制投标书是投标工作的主要内容。一般业主出售标书以后，会很快召开由投标单位参加的标前会并组织现场考察，以解答投标单位对标书及施工现场的疑问。所以，投标单位在购买标书后要抓紧时间认真阅读、反复研究招标文件，列出需要业主解答的问题清单和需要在工地现场调查了解的项目清单。

现场考察后要立即制订编标计划，明确人员分工，使整个编标过程按计划进行，以免出现前松后紧、粗制滥造的情况。投标书的主要内容是施工组织设计和工程预算标价。工程施工方案是其中的关键，直接影响到预算标价及投标的成败，投标单位要根据现场考察情况，初定几套方案进行测算、比较，以确定合理、经济的方案。工期安排至少要比业主限定时间提前，以取得标书评审中工期提前奖励得分。

编制预算要注意几个问题：第一，采用的定额要正确，业主没指定的，一般采用同行业国家最新定额；第二，各项预算单价要考虑施工期间价格浮动因素；第三，工程量以业主给定的工程量清单为准，即使发现有明显的错误，未经业主书面批准不得自行调整；第四，其他项目费用、暂定金等要按招标文件要求列计；第五，预算编制完成后要复核审查，切不可有误。另外，还要注意工程预算与施工组织设计相统一，施工方案是预算编制的必要依据，预算反过来又指导调整施工方案，两者是相互联系的统一体，不可分离编制。

（三）确定投标最终报价

投标最终报价是投标单位以标书编制的预算价为基础，综合考虑各种因素后对预算标价进一步修订的报价，可以在标书中列报，也可以以降低函的形式另报。投标单位投标最终报价一般要占整个投标书分值的60%～70%，将对是否中标产生直接影响。所以，一定要根据所做工程预算认真分析、反复比较，以使所确定的最终报价最大限度地接近报价，提高中标率。以下根据招标工程报价类型的不同，就如何确定最终报价分别论述。

1. 合理标报价

合理标是工程招投标常用的最基本形式。所谓合理标就是业主根据工程设计预算，制定出工程招标标底，投标单位的投标最终报价与业主的标底相比较，误差在业主限定的合理范围之内，称之为入围。确定候选中标单位资格后，业主将组织人员全面评审入围单位的投标书，计算出投标单位的整体得分。相反投标单位的最终报价不在限定范围之内者，称之为废标，此类投标单位已无中标资格。合理标的报价一般是稍低于业主的标底（－5%～－8%）的报价，可能是一个范围，也可能是一个确定的数。所以，投标单位要以正确的预算为基础，认真分析研究业主标底的可能范围，计算出投标最优报价即为投标最终报价。

2. 复合标报价

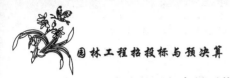

复合标是合理标的一种特殊形式，工程的标底是由业主标底与各投标单位的投标最终报价加权平均复合而得的，并称为复合标底。各投标单位的最终报价分别与业主的标底相

比，其误差在业主规定的范围内，称之为第一次入围。第一次入围的各投标单位的最终报价的平均值与业主标底加权平均，从而得出复合标底。而后，第一次入围的各投标单位的最终报价再与复合标底相比，其误差在业主规定的范围之内者，称之为第二次入围。第二次入围的投标单位取得候选中标单位资格，业主将组织人员全面评审这些单位的投标书，计算出各单位的整体投标得分。无论第一次是否入围，凡第二次没有入围的投标单位，均称之为废标，此类投标单位已无中标资格。所以，在投复合标工程项目时，除要分析业主的标底外，还要考虑竞争对手的投标报价，测算出复合标底的大致范围。

3. 低价标报价

低价标是工程招标的一种特有形式，即投标最终报价最低的投标单位优选中标。在参与此类工程项目投标时不可为了中标而盲目压低投标报价，造成中标后亏本施工的现象。投标单位要认真阅读、反复研究招标文件，充分了解工程全面情况，优化工程施工组织设计，根据本单位的管理水平，测算出工程施工的成本价(保本价)。低价标的投标最终报价以不低于成本价为原则。

总之，测算、确定投标最终报价是一项系统而复杂的工作，往往有许多因素无法确定，要靠积累的经验去分析判断。

☆ 复习提高

结合相关任务的学习，由教师给定施工图纸、招标公告、工程量清单等，由学生分组组成投标公司，完成相应的商务标书的编制。

项目三　园林工程开标、评标、定标

技能要求

- 园林工程开标、评标、定标的程序
- 园林工程开标、评标、定标的方法及具体要求

知识要求

- 园林工程开标、评标、定标的基本知识
- 园林工程开标、评标、定标的基本特点

任务1　园林工程开标、评标、定标

☆ 能力目标

1. 了解建设工程施工开标、评标与定标的概念
2. 熟悉建设工程施工开标、评标与定标的程序
3. 掌握评标的基本方法，并能理论联系实际，进行案例分析，解决实际问题

☆ 知识目标

1. 掌握开标、评标、定标的基本概念
2. 掌握开标、评标、定标的程序及注意事项
3. 掌握开标会议的程序、评标的方法、定标方式等

☆ 基本知识

一、开标

招标与投标是一种商品交易行为，是交易过程的两个方面，是建设工程合同基本的订立方式。在招标投标方式订立建设工程合同过程中，一般包含招标、投标和决标（定标）三个主要阶段，其中决标是核心环节。开标由招标人主持，邀请所有的投标人和评标委员会的全体人员参加，招投标管理机构负责监督，大中型项目也可以请公证机关进行公证。

（一）开标概况

开标是指招标单位在规定的时间、地点内，在有投标人出席的情况下，当众公开拆开投标资料（包括投标函件），宣布投标人（或单位）的名称、投标价格以及投标价格的修改的过程。开标应当按招标文件规定的时间、地点和程序，以公开方式进行。

1. 开标的时间

(1) 开标时间应当在提供给每一个投标人的招标文件中事先确定，以使每一个投标人都能事先明确开标的准确时间，以便届时参加，确保开标过程的公开、透明。

(2) 开标时间应与提交投标文件的截止时间相一致。将开标时间规定为提交投标文件

截止时间的同一时间，目的是防止招标人或者投标人利用提交投标文件的截止时间以后与开标时间之前的一段时间间隔做手脚，进行暗箱操作。比如，有些投标人可能会利用这段时间与招标人或招标代理机构串通，对投标文件的实质性内容进行更改等。关于开标的具体时间，实践中常会有两种情况：如果开标地点与提交投标文件的地点相一致，则开标时间与提交投标文件的截止时间应一致；如果开标地点与提交投标文件的地点不一致，则开标时间与提交投标文件的截止时间应有合理的时间间隔。

2. 开标的地点

为了使所有投标人都能事先知道开标地点，并能够按时到达，开标地点应当在招标文件中事先确定，以便使每一个投标人都能事先为参加开标活动做好充分的准备，如根据情况选择适当的交通工具，并提前做好机票、车票的预订工作等。招标人如果确有特殊原因，需要变动开标地点，则应当按照《中华人民共和国招标投标法》第二十三条的规定对招标文件做出修改，作为招标文件的补充文件，书面通知每一个提交投标文件的投标人。

3. 开标应当公开进行

只有公开开标，才能体现和维护公开透明、公平公正的原则。开标既然是公开进行的，就应当有一定的相关人员参加，这样才能做到公开性，让投标人的投标为各投标人及有关方面所共知。邀请所有的投标人或其代表出席开标，可以使投标人得以了解开标是否依法进行，有助于使他们相信招标人不会任意做出不适当的决定；同时，也可以使投标人了解其他投标人的投标情况，做到知己知彼，大体衡量一下自己中标的可能性，这对招标人的中标决定也将起到一定的监督作用。此外，为了保证开标的公正性，一般还邀请相关单位的代表参加，如招标项目主管部门的人员、评标委员会成员、监察部门代表等。有些招标项目，招标人还可以委托公证部门的公证人员对整个开标过程依法进行公证。

（二）开标前的准备工作

（1）成立评标委员会，制定评标办法。

（2）委托公证，通过公证人的公证，从法律上确认开标是合法有效的。

（3）按招标文件规定的投标截止日期密封标箱。

（三）开标会议的程序

1. 招标人签收投标人递交的投标文件

在开标当日递交投标文件的应当填写投标文件报送签收一览表，招标人专人负责接收投标人递交的投标文件。提前递交的投标文件也应当办理签收手续，由招标人携带至开标现场。在招标文件规定的截标时间后递交的投标文件不得接收，由招标人原封退还给有关投标人。在截标时间前递交投标文件的投标人少于三家的，招标无效，开标会即告结束，招标人应当依法重新组织招标。

2. 出席开标会的投标人代表签到

投标人授权出席开标会的代表本人填写开标会签到表，招标人专人负责核对签到人身份，应与签到的内容一致。

3. 开标会主持人宣布开标会开始

主持人宣布开标人、唱标人、记录人和监督人员。主持人一般为招标人代表，也可以是招标人指定的招标代理机构的代表；开标人一般为招标人或招标代理机构的工作人员；唱标人可以是投标人的代表或者招标人或招标代理机构的工作人员；记录人由招标人指派；招标办监管人员或招标办授权的工作人员进行监督。记录人按开标会记录的要求开始记录。

4. 开标会主持人介绍主要与会人员

主要与会人员包括到会的招标人代表、招标代理机构代表、各投标人代表、公证机构公证人员、见证人员及监督人员等。

5. 开标会纪律

主持人宣布开标会程序、开标会纪律和当场废标的条件。开标会纪律一般包括：场内严禁吸烟；凡与开标无关人员不得进入开标会场；参加会议的所有人员应关闭寻呼机、手机等，开标期间不得高声喧哗；投标人代表有疑问应举手发言，参加会议人员未经主持人同意不得在场内随意走动。

投标文件有下列情形之一的，应当场宣布为废标：未按招标文件要求密封的；无单位和法定代表人或法定代表人委托的代理人的印鉴；未按规定的格式填写，内容不全或字迹模糊、辨认不清；逾期送达；投标人未参加开标会议。

6. 核对投标人授权代表的相关资料

投标人代表出示法定代表人委托书和有效身份证件，同时招标人代表当众核查投标人的授权代表的授权委托书和有效身份证件，确认授权代表的有效性，并留存授权委托书和身份证件的复印件。法定代表人出席开标会的要出示其有效证件。主持人还应当核查各投标人出席开标会代表的人数，无关人员应当退场。

7. 主持人宣布投标文件截止和实际送达时间

宣布招标文件规定的递交投标文件的截止时间和各投标人实际送达时间。在截标时间后送达的投标文件应当场废标。

8. 招标人、投标人代表共同检查各投标书的密封情况

招标人和投标人的代表共同检查各投标书的密封情况，也可以由招标人委托的公证机构检查并公证，密封不符合招标文件要求的投标文件应当场废标，不得进入评标。密封不符合招标文件要求的，招标人应当通知招标办监管人员到场见证。

9. 主持人宣布开标和唱标次序

一般按投标书送达时间逆顺序开标、唱标。经确认无误的投标文件，则可以由现场的工作人员在所有在场人员的监督之下进行当众拆封。

10. 唱标人依唱标顺序依次开标并唱标

开标由指定的开标人在监督人员及与会代表的监督下当众拆封，拆封后应当检查投标文件组成情况并记入开标会记录，开标人应将投标书、投标书附件以及招标文件中可能规定需要唱标的其他文件交由唱标人进行唱标。唱标时需宣读投标人名称、投标价格和投标文件的其他主要内容。其他主要内容，主要是指投标报价有无折扣或者价格修改等，如果要求或者允许报替代方案的话，应包括替代方案投标的总金额，还应包括工期、质量、投标保证金等。在递交投标文件截止时间前收到的投标人对投标文件的补充、修改也同时宣布。在递交投标文件截止时间前收到投标人撤回其投标的书面通知的投标文件不再唱标，但须在开标会上说明。这样做的目的在于，使全体投标者了解各家投标者的报价和自己在其中的顺序，了解其他投标单位的基本情况，以充分体现公开开标的透明度。

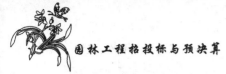

11. 开标会记录签字确认

开标会记录应当如实记录开标过程中的重要事项，包括开标时间、开标地点、出席开标会的各单位及人员、唱标记录、开标会程序、开标过程中出现的需要评标委员会评审的情况，有公证机构出席公证的还应记录公证结果，投标人的授权代表应当在开标会记录上签字确认，对记录内容有异议的可以注明，但必须对没有异议的部分签字确认。

12. 公布标底

招标人设有标底的，标底必须公布。唱标人公布标底。

13. 送封闭评标区封存

投标文件、开标会记录等送封闭评标区封存。

14. 主持人宣布开标会结束

由主持人宣布开标会结束，进入评标阶段。

（四）开标过程中的注意事项

招标人在招标文件要求提交投标文件的截止时间前收到的所有投标文件，开标时都应当众予以拆封，不能遗漏，否则就构成对投标人的不公正对待。如果是招标文件所要求的提交投标文件的截止时间以后送达的投标文件应当拒收，且应不予开启，原封不动地退回，主要是为了避免造成舞弊行为，出现不公正现象。

要求对开标过程中的重要事项进行记载，包括开标时间、开标地点、开标时具体参加单位、人员、唱标的内容、开标过程是否经过公证等都要记录在案，并将开标会记录作为档案存档备查。这样做，既可以使权益受到侵害的投标人行使要求复查的权利，有利于确保招标人尽可能自我完善、加强管理、少出漏洞，还有助于有关主管部门进行检查。任何投标人要求查询，都应当允许，这是保证开标过程透明和公正、维护投标人利益的必要措施。

二、评标

所谓评标，是指招标人根据招标文件的要求，对投标人所报送的投标资料进行审查，对工程施工组织设计、报价、质量、工期等条件进行评比和分析，从中选出最佳投标人的过程。评标是指根据招标文件确定的标准和方法，对每个投标人的标书进行评价比较，以便最终确定中标人。评标是招标投标活动中十分重要的阶段，评标是否真正做到公平、公正，决定着整个招标投标活动是否公平和公正。评标质量的好坏决定着能否从众多投标竞争者中选出最能满足招标项目各项要求的中标者。

（一）评标委员会

评标应由招标人依法组建的评标委员会负责，即由招标人按照法律的规定，挑选符合条件的人员组成评标委员会，负责对各投标文件的评审工作。对于依法必须进行招标的项目即法定强制招标的项目，评标委员会的组成必须符合规定；对法定强制招标项目以外的自愿招标项目的评标委员会的组成，根据相关法律规定，招标人可以自行决定。招标人组建的评标委员会应按照招标文件中规定的评标标准和方法进行评标工作，对招标人负责，从投标竞争者中评选出最符合招标文件各项要求的投标者，最大限度地实现招标人的利益。

1. 人员组成

评标委员会须由下列人员组成。

(1) 招标人的代表：招标人的代表参加评标委员会，可以在评标过程中充分表达招标人的意见，与评标委员会的其他成员进行沟通，并对评标的全过程实施必要的监督。

(2) 相关技术方面的专家：由招标项目相关专业的技术专家参加评标委员会，对投标文件所提方案的技术可行性、合理性、先进性和质量可靠性等技术指标进行评审比较，以确定在技术和质量方面确能满足招标文件要求的投标。

(3) 经济方面的专家：由经济方面的专家对投标文件所报的投标价格、投标方案的运营成本、投标人的财务状况等投标文件的商务条款进行评审比较，以确定在经济上对招标人最有利的投标。

(4) 其他方面的专家：根据招标项目的不同情况，招标人还可聘请除技术专家和经济专家以外的其他方面的专家参加评标委员会。比如，对一些大型的项目，可聘请法律方面的专家参加评标委员会，以对投标文件的合法性进行审查把关。

2. 成员人数

评标委员会成员人数须为 5 人以上单数。评标委员会成员人数过少，不利于从经济、技术等各方面对投标文件进行全面的分析比较，难以保证评审结论的科学性、合理性。评标委员会成员人数也不宜过多，否则会影响评审工作效率，增加评审费用。评标委员会成员人数须为单数，以便于在各成员评审意见不一致时，可按照多数通过的原则产生评标委员会的评审结论，推荐中标候选人或直接确定中标人。

3. 专家人数

评标委员会成员中，有关技术、经济等方面的专家人数不得少于成员总数的 2/3，以保证各方面专家人数在评标委员会成员中占绝对多数，充分发挥专家在评标活动中的权威作用，保证评审结论的科学性、合理性。

4. 专家条件

一般参加评标委员会的专家应当同时具备以下条件：

(1) 从事相关领域工作满 8 年；

(2) 具有高级职称或者具有同等专业水平。

具有高级职称，即具有经国家规定的职称评定机构评定，取得高级职称证书的职称，包括高级工程师，高级经济师，高级会计师，正、副教授，正、副研究员等。对于某些专业水平已达到与本专业具有高级职称的人员相当的水平，有丰富的实践经验，但因某些原因尚未取得高级职称的专家，也可聘请作为评标委员会成员。

（二）评标的原则

1. 公平、公正、科学、择优

招投标相关的法律法规规定评标活动要遵循公平、公正、科学、择优的原则。为了体现公平和公正的原则，招标人和招标代理机构应在制作招标文件时，依法选择科学、合理的评标方法和标准，不得含有倾向或者排斥潜在投标人的内容，不得妨碍或者限制投标人之间的竞争；招标人应依法组建合格的评标委员会；评标委员会应依法评审所有投标文件，择优推荐中标候选人。

2. 严格保密

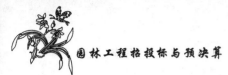

严格保密的措施涉及多个方面，包括：评标地点保密；评标委员会成员的名单在中标结果确定之前保密，以防止有些投标人对评标委员会成员采取行贿等手段，以谋取中标；与投

标人有利害关系的人不得进入相关项目的评标委员会，若已经进入评标委员会的，应当按照法律规定更换，评标委员会的成员自己也应当主动退出；评标委员会成员在封闭状态下开展评标工作，评标期间不得与外界有任何接触，对评标情况承担保密义务；招标人、招标代理机构或相关主管部门等参与评标现场工作的人员，均应承担保密义务。

3. 独立评审

评标是评标委员会受招标人委托，由评标委员会成员依法运用其知识和技能，根据法律规定和招标文件的要求，独立对所有投标文件进行评审和比较，以评标委员会的名义出具评标报告，推荐中标候选人的活动。评标委员会虽然由招标人组建并受其委托评标，但是，一经组建并开始评标工作，评标委员会即应依法独立开展评审工作。不论是招标人，还是有关主管部门，均不得非法干预、影响或改变评标过程和结果。

4. 严格遵守评标方法

评标工作虽然在严格保密的情况下，由评标委员会独立评审，但是，评标委员会应严格遵守招标文件中确定的评标标准和方法，对投标文件进行系统的评审和比较。招标文件中没有规定的标准和方法不得作为评标的依据。

（三）评标方法

1. 定性评审

对于标的额较小的中小型工程评标可以采用定性比较的专家评议法，评标委员会通过对投标人的投标报价、施工方案、业绩等内容进行定性的分析与比较，选择投标人在各项指标方面都较优良者为中标人，也可以用表决的方式确定中标人，或者选择能够满足招标文件各项要求，并且经过评审的投标价格最低、标价合理者为中标人。

2. 定量评审

1）经评审的最低投标价法

经评审的最低投标价法简称为最低投标价法，是指能够满足招标文件的实质性要求，并经评审的投标价格最低（低于成本的例外）应推荐为中标人的方法。最低投标价既不是投标价，也不是中标价，它是将一些因素折算为价格，用价格指标作为评审标书优劣的衡量方法，评标价最低的投标书为最优。定标签订合同时，仍以报价作为中标的合同价。

2）综合评标法

综合评标法是指通过分析比较找出能够最大限度地满足招标文件中规定的各项综合评价标准的投标，并推荐为中标候选人的方法。综合评标法是一种定量的评标办法，在评定因素较多而且繁杂的情况下，可以综合地评定出各投标人的素质情况和综合能力。长期以来，该评标法一直是建设工程领域采用的主流评标方法，它适用于大型复杂的工程施工评标。

（1）评标委员会根据招标项目的特点和招标文件中规定的需要量化的因素及权重（评分标准），将准备评审的内容进行分类，各类中再细化成小项，并确定各类及小项的评分标准。

（2）评分标准确定后，每位评标委员独立地对投标书分别打分，各项分数统计之和即为该投标书得分。

（3）综合评分。如报价以标底价为标准，报价低于标底相应范围内为满分，报价高于标底相应范围以上或低于相应范围以下均以 0 分计。同样报价以技术标为标准进行类似评分。

(4) 评标委员会拟定“综合评标比较表”，载明以下内容：投标人的投标报价、对商务偏差的调整值、对技术偏差的调整值、最终评审结果等，以得分最高的投标人为中标人。

(四) 评标的步骤

评标的目的是根据招标文件中确定的标准和方法，对每个投标人的标书进行评价和比较，以评出最佳的投标人。评标必须以招标文件为依据，不得采用招标文件规定以外的标准和方法进行评标，凡是评标中需要考虑的因素都必须写入招标文件之中。

1. 初步评标

初步评标工作比较简单，但却是非常重要的一步。初步评标的内容包括投标人资格是否符合要求，投标文件是否完整，是否按规定方式提交投标保证金，投标文件是否基本上符合招标文件的要求，有无计算上的错误等。如果投标人资格不符合规定，或投标文件未做出实质性的响应，都应作为无效投标处理，不得允许投标人通过修改投标文件或撤销不合要求的部分而使其投标具有响应性。经初步评标，凡是确定为基本上符合要求的投标，下一步要核定投标中有没有计算和累计方面的错误。在修改计算错误时，要遵循两条原则：如果数字表示的金额与文字表示的金额有出入，要以文字表示的金额为准；如果单价和数量的乘积与总价不一致，要以单价为准。但是，如果招标人认为有明显的小数点错误，此时要以标书的总价为准，并修改单价。如果投标人不接受根据上述修改方法而调整的投标价，可拒绝其投标并没收其投标保证金。

2. 详细评标

在完成初步评标以后，下一步就进入到详细评定和比较阶段。只有在初步评标中确定为基本合格的投标，才有资格进入详细评定和比较阶段。具体的评标方法取决于招标文件中的规定，并按评标价的高低，由低到高，评定出各投标的排列次序。

3. 编写并上报评标报告

评标工作结束后，招标人要编写评标报告，上报招标主管部门。评标报告包括以下内容：

(1) 招标公告刊登的媒体名称、时间及购买招标文件的单位名单；

(2) 开标日期及地点；

(3) 投标人名单；

(4) 投标报价及调整后的价格(包括重大计算错误的修改)；

(5) 开标记录和评标情况及说明，包括无效投标人名单及原因；

(6) 评标的原则、标准和方法及评标委员会成员名单；

(7) 评标结果和中标候选人排序表及授标建议。

三、定标

定标又称决标，即在评标完成后确定中标人，是业主对满意的合同要约人做出承诺的法律行为。决标中公开、公平、公正的原则是非常重要的。中标人一旦确定就是定标。定标具有承诺的性质，定标就表示合同的订立，就对双方当事人都具有约束力。所以，招标人在决定中标人后，应向中标人发出中标通知，然后在规定的期限内与中标人正式签订建设工程合同。

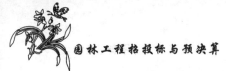

（一）定标的期限

招标人应当在投标有效期限内定标，投标有效期是投标截止日期起至中标通知书签发日期止。一般不能延长，因为它是确定投标保证金有效期的依据。如有特殊情况需要延长的，应当进行以下工作。

（1）报招投标主管部门备案，延长投标有效期。

（2）取得投标人的同意。招标人应当向投标人书面提出延长要求，投标人应做书面答复。投标人不同意延长投标有效期的，视为投标截止前撤回投标，招标人应当退回其投标保证金。同意延长投标有效期的投标人，不得因此修改投标文件，而应相应延长投标保证金的有效期。

（3）除不可抗力原因外，因延长投标有效期造成投标人损失的，招标人应当给予补偿。

（二）定标的原则

中标人的投标应当符合下列两条原则之一：

（1）中标人的投标能够最大限度地满足招标文件规定的各项综合评价标准；

（2）中标人的投标能够满足招标文件的实质性要求，并且经评审的投标价格最低，但是低于成本的投标价格除外。

（三）中标人的确定

定标时，应当由业主行使决策权。确定中标人时，可能有以下三种情况。

（1）由业主根据评标委员会提出的书面评标报告，在中标候选人的推荐名单中确定中标人。

（2）业主可委托评标委员会确定中标人，招标人也可以通过授权评标委员会直接确定中标人。

（3）优先确定排名第一的中标候选人为中标人，使用国有资金投资或者国家融资的项目，招标人应当确定排名第一的中标候选人为中标人。排名第一的中标候选人放弃中标，或者因不可抗力提出不能履行合同，或者招标文件规定应当提交履约保证金而在规定期限内未能提交的，招标人可以确定排名第二的中标候选人为中标人。排名第二的中标候选人因同类原因不能签订合同的，招标人可以确定排名第三的中标候选人为中标人。

（四）授标与合同签订

决标后，在向中标的投标人发中标通知书时，也要通知其他没有中标的投标人，并及时退还其投标保证金。合同授予中标人，并要求在投标有效期内进行。具体的合同签订方法有两种：一是在发中标通知书的同时，将合同文本寄给中标单位，让其在规定的时间内签字退回；二是中标单位收到中标通知书后，在规定的时间内派人前来签订合同。如果是采用第二种方法，合同签订前，允许相互澄清一些非实质性的技术性或商务性问题，但不得要求投标人承担招标文件中没有规定的义务，也不得有标后压价的行为。合同签字并在中标人按要求提交了履约保证金后，合同就正式生效，招标工作进入到合同实施阶段。合同签订的详细内容见相关章节。公布中标结果后，未中标的投标人应当在公布中标通知书后的 7 天内退回招标文件和相关的图纸资料，同时招标人应当退回未中标投标人的投标文件和发放招标文件时收取的押金。

☆ 学习任务

某园林景观建设工程项目采用公开招标方式，有A、B、C、D、E、F、G、H、I共9家承包商参加投标，经资格预审9家承包商均满足招标要求。G单位因为交通堵塞迟到2分钟而被禁止入场；H单位已经递交的投标文件没有按照招标文件的要求密封，在开标时由公证人员确定其无效标；I单位因为投标书中综合报表中缺少"质量等级"一栏，被评标委员会查出，当场退出开标大会现场。该工程采用二阶段评标法评标，评标委员会由7名委员组成。评标的具体情况如下。

1. 第一阶段评技术标

技术标共计40分，其中施工方案15分，总工期8分，工程质量6分，项目班子6分，企业信誉5分。技术标各项内容的得分为各评委的评分去掉一个最高分和一个最低分的算术平均值。技术标合计得分不满28分者，不再评其商务标。评标情况见表3-1-1、表3-1-2。

表3-1-1 各评委对6家投标人施工方案评分的汇总表

投标人	评委一	评委二	评委三	评委四	评委五	评委六	评委七	平均得分
A	13.0	11.5	12.0	11.0	11.0	12.5	12.5	11.9
B	14.5	13.5	14.5	13.0	13.5	14.5	14.5	14.1
C	12.0	10.0	11.5	11.0	10.5	11.5	11.5	11.2
D	14.0	13.5	13.5	13.0	13.5	14.0	14.5	13.7
E	12.5	11.5	12.0	11.0	11.5	12.5	12.5	12.0
F	10.5	10.5	10.5	10.0	9.5	11.0	10.5	10.4

表3-1-2 各投标人总工期、工程质量、项目班子、企业信誉得分汇总表

投标人	总工期	工程质量	项目班子	企业信誉
A	6.5	5.5	4.5	4.5
B	6.0	5.0	5.0	4.5
C	5.0	4.5	3.5	3.0
D	7.0	5.5	5.0	4.5
E	7.5	5.5	4.0	4.0
F	8.0	4.5	4.0	3.5

2. 第二阶段评商务标

商务标共计60分。以标底的50%与承包商报价算术平均数的50%之和为基准价，但最高(最低)报价高于(低于)次高(次低)报价的15%者，在计算承包商报价算术平均数时不予考虑，且商务标得分为15分。以基准价为满分(60分)，报价比基准价每下降1%，扣1分，最多扣10分；报价比基准价每增加1%，扣2分，扣分不保底。商务标评标汇总表见表3-1-3。

表3-1-3 标底和各投标人报价汇总表 单位：万元

投标人	A	B	C	D	E	F	标底
报价	136 560.00	111 080.00	143 030.00	130 980.00	132 410.00	141 250.00	137 900.00

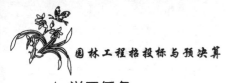

请按照上述基本情况完成该项目的开、评、定标工作。

☆ 任务分析

G 投标人未按照招标文件的要求(时间)参加开标会议;H 投标人未按照招标文件的要求进行密封;I 投标人未按招标文件规定的格式填写,故 G、H、I 三家投标人被废标。废标以后,三个单位失去投标资格,同时也失去了竞标的机会。需对另外 6 家投标人按照技术标书和商务标书的评标原则及方法进行评标,综合得分最高者确定为中标单位。

☆ 任务实施

评标工作主要内容如下。

一、计算各投标人技术标评分

由于承包商 C 的技术标得分仅 27.2 分,小于 28 分的最低限,按规定不再评其商务标,实际上已经作为废标处理,详细评分见表 3-1-4。

表 3-1-4 各投标人的技术标得分

投标人	总工期	工程质量	项目班子	企业信誉	施工方案	合计
A	6.5	5.5	4.5	4.5	11.9	32.9
B	6.0	5.0	5.0	4.5	14.1	34.6
C	5.0	4.5	3.5	3.0	11.2	27.2
D	7.0	5.5	5.0	4.5	13.7	35.7
E	7.5	5.5	4.0	4.0	12.0	33.0
F	8.0	4.5	4.0	3.5	10.4	30.4

二、计算各投标人的商务标得分

对于 B 投标人,因为

$$(130\ 980.00-111\ 080.00)/130\ 980.00=15.19\%>15\%$$

所以 B 投标人的报价(111 080.00 万元)在计算基准价时不予考虑,且其商务标得分为 15.00分。

那么

基准价=137 900.00 万元×50%+(136 560.00+130 980.00+132 410.00+141 250.00)万元/4 ×50%=136 600.00 万元

各投标人商务标得分详见表 3-1-5。

表 3-1-5 各投标人的商务标得分

投标人	报价/万元	报价与基准价的比例/(%)	扣　分	得分
A	136 560.00	(136 560.00/136 600.00)×100=99.97	(100−99.97)×1=0.03	59.97
B	111 080.00			15.00
D	130 980.00	(130 980.00/136 600.00)×100=95.89	(100−95.89)×1=4.11	55.89
E	132 410.00	(132 410.00/136 600.00)×100=96.93	(100−96.93)×1=3.07	56.93
F	141 250.00	(141 250.00/136 600.00)×100=103.40	(103.40−100)×2=6.80	53.20

三、计算各投标人的综合得分

各投标人的综合得分如表 3-1-6 所示。

表 3-1-6 各投标人的综合得分

投标人	技术标得分	商务标得分	综合得分
A	32.9	59.97	92.87
B	34.6	15.00	49.60
D	35.7	55.89	91.59
E	33.0	56.93	89.93
F	30.4	53.20	83.60

四、推荐拟中标单位

根据表 3-1-6 各投标人的综合得分进行中标候选人排序，如表 3-1-7 所示。因为 A 投标人综合得分最高，故推荐其为中标人。

表 3-1-7 中标候选人排序表

名次	投标人	技术标得分	商务标得分	综合得分	备注
1	A	32.9	59.97	92.87	推荐中标人
2	D	35.7	55.89	91.59	
3	E	33.0	56.93	89.93	
4	F	30.4	53.20	83.60	
5	B	34.6	15.00	49.60	

☆ 任务考核

序号	考核内容	考核标准	配分	考核记录	得分
1	开标、评标、定标的程序	合理、准确、不漏项	20		
2	组织及主持开标会	确保开标会顺利召开	30		
3	能够确认有效标、无效标	根据相关要求进行确认	30		
4	能运用多种评标法评标	会两种以上评标法	20		

☆ 知识链接

开标、评标、定标报告格式

常用的开标、评标、定标报告格式示例见表 3-1-8～表 3-1-11。

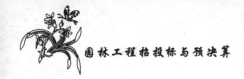

表 3-1-8　开标、评标、定标报告封面

________________（工程名称）

开标、评标、定标报告

招标编号：

招 标 单 位：__________（盖章）
法定代表人：__________（盖章）
地　　　址：
邮　　　编：
联　系　人：
电　　　话：

日期：________年______月______日

表 3-1-9 开标报告

一、开标报告

按照招标文件规定的时间＿＿＿＿＿＿和地点＿＿＿＿＿＿，在招标单位支持下，邀请所有投标单位的法定代表人或其授权委托代理人及有关的监督部门人员，公开开标。

1. 参加的主要人员：(详见会议签到表)

2. 标书密封检查情况：

3. 确认无误后，当众拆封，宣布有关投标人、价格等主要内容

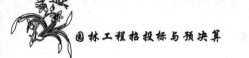

表 3-1-10　评标报告

二、评标报告

评标委员会(具体产生见建设工程评委人员记录)在__________(地点)于__________(时间)进行评标。记录如下。

1. 工程招标综合说明

2. 评标标准方法

3. 投标企业的基本情况和数据表

4. 符合要求的投标一览表

5. 废标情况说明

6. 经评审的价格或者评分一览表

7. 经评审的投标人排序

8. 推荐中标候选人名字与签订合同前委托处理的事宜

9. 需澄清、说明、补正事项纪要

10. 评标委员会签名

表 3-1-11　定标报告

三、定标报告

招标人根据招标文件的规定和评标报告，经预中标公示无异议后，确定＿＿＿＿＿＿＿＿＿＿＿＿＿＿＿为中标单位。

确定说明：

☆ 复习提高

根据项目一和项目二相应任务的学习，由教师组织学生进行分组，4～5 人为一组，组成学生模拟招标单位一家和模拟投标单位五家，进行园林工程模拟招投标实训，目的是使学生充分理解和掌握园林工程招标、投标、开标、评标、定标的程序和相关能力要点。

项目四　园林工程施工合同

园林工程施工合同是园林工程的主要合同，是园林工程建设质量控制、进度控制、投资控制的主要依据。合同管理是指根据法律、法规和企业自身的职责，对其所参与的建设工程合同的谈判、签订和履行全过程进行的组织、指导、协调和监督。其中，订立、履行、变更、解除、转让、终止是合同管理的内容，审查、监督、控制是合同管理的手段。合同管理必须是全过程的、系统性的、动态性的。在市场经济条件下，建设市场主体之间相互的权利义务关系主要是通过合同确立的，因此，在建设领域加强对园林工程施工合同的管理具有十分重要的意义。

技能要求

- 能完成园林工程施工合同的签订
- 能根据园林工程特点进行合同管理

知识要求

- 掌握建设工程合同的概念、特点和类型
- 掌握合同签订、实施的基本内容
- 掌握园林工程施工合同的变更、终止及争议和纠纷的解决

任务1　园林工程施工合同管理

☆ 能力目标

1. 能够组织园林工程施工合同的签订与管理
2. 能够对园林工程施工合同进行审查与谈判
3. 能够对合同争议进行处理

☆ 知识目标

1. 能够了解获取合同的程序
2. 能够掌握园林工程施工合同的组成

☆ 基本知识

一、园林工程施工合同的概念

园林工程施工合同是指发包方（建设单位或总承包单位）和承包方（施工单位或分包单位）之间为完成商定的园林工程施工项目，实现一定的经济目的和社会效益，明确双方权利和义务关系的协议。依据工程施工合同，承包方的基本义务是完成发包方交给的植物种植、景观营造、建筑和安装等工程任务，其基本权利是从发包方处取得工程价款；发包方的基本

义务是按合同规定为承包方提供必要的施工条件并支付工程价款，而其基本权利则是获得发包的园林工程的实物形态。园林工程施工合同是园林工程的主要合同，是园林工程建设质量控制、进度控制、投资控制的主要依据。

园林工程施工合同的当事人中，发包方和承包方双方应该是平等的民事主体。承包方、发包方双方签订施工合同，必须具备相应经济技术资质和履行园林工程施工合同的能力。在对合同范围内的工程实施建设时，发包方必须具备组织能力，承包方必须具备有关部门核定经济技术的资质等级证书和营业执照等证明文件。

园林工程建设的发包方可以是具备法人资格的国家机关、事业单位、国有企业、集体企业、私营企业、经济联合体和其他社会团体，也可以是依法登记的个人合伙企业、个体经营者或个人，经合法完备手续取得甲方资格，承认全部合同条件，能够而且愿意履行合同规定义务（主要是支付工程价款能力）的合同当事人。发包方既可以是建设单位，也可以是取得建设项目总承包资格的项目总承包单位。

二、园林工程施工合同的特点

（一）园林工程施工合同标的的特殊性

园林工程施工合同的标的为各类园林产品，如园林建筑、园林景观小品、园林植物等，其基础部分与大地相连、不能移动，不同于工厂批量生产的产品，具有单件性、重复性的特点。这就决定了每个施工合同中的项目都是特殊的，相互间具有不可替代性。

（二）园林工程施工合同履行期限的长期性

在园林工程建设中植物、建筑物的施工，由于材料类型多、工作量大，施工工期都较长（与一般工业产品相比）。而且合同履行期限又长于施工工期，因为工程建设的施工单位应当在合同签订后才开始，还需加上合同签订后到正式开工前的一个较长的施工准备时间和工程全部竣工验收后，办理竣工结算及保修期的时间，特别是对植物产品的管护工作需要更长的时间。此外，在工程的施工过程中，还可能因为不可抗力、工程变更、材料供应不及时、季节变化等原因而顺延工期。所有这些情况，决定了施工合同的履行期限具有长期性特点。

（三）园林工程施工合同内容的多样性

园林工程施工合同除了应具备合同的一般内容外，还应对安全施工，专利技术使用，发现地下障碍和文物，工程分包，不可抗力，工程设计变更，材料设备的供应、运输、验收等内容做出规定。在施工合同的履行过程中，除施工企业与发包方的合同关系外，还应涉及与劳务人员的劳动关系、与保险公司的保险关系、与材料设备供应商的买卖关系、与运输企业的运输关系等。所有这些，都决定了施工合同的内容具有多样性和复杂性的特点。

（四）园林工程施工合同监督的严格性

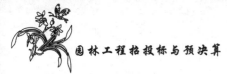

由于园林工程施工合同的履行对国家的经济发展，人民的工作、生活和生存环境等都有重大影响，因此，国家对园林工程施工合同的监督是十分严格的。具体体现在以下几个方面：对合同主体监督的严格，园林工程施工合同主体一般只能是法人；对合同订立监督的严格，必须要符合国家有关建设程序的规定，在施工过程中经常会发生影响合同履行的纠纷，因此，园林工程施工合同应当采用书面形式；对合同履行监督的严格，在园林工程施工合同履行的纠纷中，除了合同当事人及其主管机构应当对合同进行严格的管理外，合同的主管机关（工商行政管理机构）、金融机构、建设行政主管机关（管理机构）等，都要对施工合同的履

行进行严格的监督。

三、园林工程施工合同的作用

园林工程施工合同的作用主要有以下四个方面。

（一）明确建设单位和施工单位在整个工程施工中的权利和义务

园林工程施工合同已经签订，即具有法律效力，合同中明确规定了各方的权利和义务，它是合同主体双方在履行合同过程中的行为准则，合同双方都应该以施工合同作为行为的依据。

（二）有利于对园林工程施工的管理

合同当事人对园林工程施工的管理应以合同为依据。有关的国家机关、金融机构对施工的监督和管理，也是以园林工程施工合同为重要依据的。

（三）有利于建筑市场的培育和发展

随着社会主义市场经济体制的建立，建设单位和施工单位将逐渐成为建筑市场的合格主体，建设项目实现真正的企业负责制，施工企业参与市场公平竞争。在建筑产品交换过程中，双方都要利用合同这一法律形式，明确规定各自的权利和义务，以最大限度地实现自己的经济目的和经济效益。施工合同作为工程商品交换的基本法律形式，贯穿于工程建设交易的全过程。建设工程合同的依法签订和全面履行，是建立一个完善的建筑市场的最基本条件。

（四）是进行监理的依据和推行监理制的需要

在监理制度中，建设单位、施工单位、监理单位三者的关系是通过园林工程施工合同和园林工程施工监理合同确立的。国内外实践经验证明，园林工程建设监理的主要依据是合同。园林监理工程师在园林工程监理过程中要做到坚持按合同办事，坚持按规范办事，坚持按程序办事。园林监理工程师必须根据合同秉公办事，监督业主和承包商都履行各自的合同义务。因此承发包双方签订一个内容合法，条款公平、完备，适应建设监理要求的施工合同是实施公正监理的根本前提条件，也是推行建设监理制的内在要求。

四、园林工程施工合同的内容

住房和城乡建设部和国家工商行政管理总局于 2013 年 4 月印发的《建设工程施工合同（示范文本）》（GF 2013—0201），是各类公用建筑、民用住宅、工业厂房、交通设施及线路工程施工和设备安装的合同范本。该文本由合同协议书、通用合同条款和专用合同条款三部分构成。

（一）合同协议书

合同协议书单独作为合同示范文本的一个部分，主要有以下三个方面的目的：一是确认双方达成一致意见的合同主要内容，使合同主要内容清楚明了；二是确认合同主体双方并签字盖章，约定合同生效；三是合同双方郑重承诺履行自己的义务，有助于增强履约意识。

合同协议书共计 13 条，主要包括工程概况、合同工期、质量标准、签约合同价与合同价格形式等合同主要内容，并约定了合同生效的方式及合同订立的时间、地点，以及对双方当事人均有约束力的合同文件。

建设工程施工合同文件包括：

(1) 中标通知书(如果有)；

(2) 投标函及其附录(如果有)；

(3) 专用合同条款及其附件；

(4) 通用合同条款；

(5) 技术标准和要求；

(6) 图纸；

(7) 已标价工程量清单或预算书；

(8) 其他合同文件。

在合同履行过程中，双方有关工程的洽商、变更等书面协议或文件也构成对双方有约束力的合同文件，将其视为合同协议书的组成部分。

(二) 通用合同条款

通用合同条款是合同当事人根据《中华人民共和国建筑法》《中华人民共和国合同法》等法律法规制定的，同时，也考虑了建设工程施工中的惯例以及施工合同在签订、履行和管理中的通常做法，具有较强的普遍性和通用性，是通用于各类建设工程施工的基础性合同条款。建设工程虽然具有单件性，不同的工程在施工方案以及工期、价款等方面各不相同，但在工程施工中所依据的法律法规是统一的，发包方与承包方的权利和义务是基本一致的，对于违约、索赔和争议的处理原则也是相同的。因此，可以把建设工程施工中这些共性的内容固定下来，形成合同的通用条款。

通用合同条款的内容包括：

(1) 一般约定；

(2) 发包人；

(3) 承包人；

(4) 监理人；

(5) 工程质量；

(6) 安全文明施工与环境保护；

(7) 工期和进度；

(8) 材料与设备；

(9) 试验与检验；

(10) 变更；

(11) 价格调整；

(12) 合同价格、计量与支付；

(13) 验收和工程试车；

(14) 竣工结算；

(15) 缺陷责任与保修；

(16) 违约；

(17) 不可抗力；

(18) 保险；

(19) 索赔；

(20) 争议解决。

发包方与承包方结合具体工程，经协商一致，可对通用合同条款进行补充或修改，并在专用合同条款内约定。合同履行中是否执行通用合同条款要根据专用合同条款的约定。如果专用合同条款没有对通用合同条款的某一条款做出修改，则执行通用合同条款，否则按修改后的专用合同条款执行。在工程招标中，通用合同条款是作为招标文件的一部分提供给投标人的。无论是否执行通用合同条款，通用合同条款都应作为合同的一个组成部分予以保留，不应只把合同协议书和专用合同条款作为全部合同内容。

（三）专用合同条款

专用合同条款是对通用合同条款原则性约定的细化、完善、补充、修改或另行约定的条款。合同当事人可以根据不同建设工程的特点及具体情况，通过双方的谈判、协商对相应的专用合同条款进行修改补充。在使用专用合同条款时，应注意以下事项：

(1) 专用合同条款的编号应与相应的通用合同条款的编号一致；

(2) 合同当事人可以通过对专用合同条款的修改，满足具体建设工程的特殊要求，避免直接修改通用合同条款；

(3) 在专用合同条款中有横道线的地方，合同当事人可针对相应的通用合同条款进行细化、完善、补充、修改或另行约定；如无细化、完善、补充、修改或另行约定，则填写“无”或画“/”。

另外，《建设工程施工合同（示范文本）》(GF 2013—0201)的附件中包括以下标准化表格：

(1) 承包人承揽工程项目一览表；

(2) 发包人供应材料设备一览表；

(3) 工程质量保修书；

(4) 主要建设工程文件目录；

(5) 承包人用于本工程施工的机械设备表；

(6) 承包人主要施工管理人员表；

(7) 分包人主要施工管理人员表；

(8) 履约担保格式；

(9) 预付款担保格式；

(10) 支付担保格式；

(11) 暂估价一览表。

五、签订园林工程施工合同应具备的条件

(1) 初步设计已经批准。

(2) 工程项目已经列入年度建设计划。

(3) 有能够满足工程施工需要的设计文件和有关技术资料。

(4) 建设资金已经落实。

(5) 招标工程的中标通知书已经下达。

六、签订园林工程施工合同应遵守的原则

1. 合同第一位原则

合同是当事人双方经过协商达成一致的协议，签订合同是双方的民事行为。在合同所

定义的经济活动中，合同是第一位的，作为双方的最高行为准则，合同限定并协调着双方的权利和义务。任何工程问题或争议首先都要按照合同解决，只有当法律判定合同无效，或争议超过合同范围时才按法律解决。

2. 合同自愿原则

合同自愿体现在以下两个方面。

(1) 合同签订时，双方当事人应在平等自愿的条件下进行商讨。双方自由表达意见，自己决定签订与否，自己对自己的行为负责。任何人不得利用暴力、权力和其他手段胁迫对方当事人，致使签订违背当事人意愿的合同。

(2) 合同的内容、形式及范围由双方商定。合同的签订、修改、变更、补充和解释，以及合同争议的解决等均由双方商定，只要双方一致同意即可，其他人不得随便干预。

3. 合同的法律原则

合同的签订和实施必须符合合同的法律原则，具体体现在以下三个方面。

(1) 合同不能违反法律，不能与法律相抵触，否则合同无效。

(2) 合同自愿原则受法律原则的限制，工程实施和合同管理必须在法律限定的范围内进行。

(3) 法律保护合法合同的签订与实施。签订合同是一个法律行为，合同一经签订，合同以及双方的权益就受法律保护。

4. 诚实信用原则

合同的签订和顺利实施应建立在业主、承包商和工程师紧密协作、相互信任的基础上，合同各方应对自己的合作伙伴、对合同和工程的总目标充满信心，业主和承包商才能圆满地执行合同。

5. 公平合理原则

公平合理原则具体体现在以下几个方面。

(1) 承包商提供的工程（或服务）与业主的价格支付之间应体现公平的原则，并通常以当时的市场价格为依据。

(2) 合同中的责任和权利应相互平衡，任何一方有一项责任就必须有相应的权利；反之，有权利就必须有相应的责任。无单方面的权利和单方面的义务条款。

(3) 风险的分担应公平、合理。

(4) 工程合同应体现工程惯例。

(5) 合同执行过程中，应对合同双方公平地解释合同，并统一使用法律尺度约束合同双方。

七、园林工程施工合同谈判

谈判，是工程施工合同签订双方对是否签订合同以及合同具体内容达成一致的协商过程。通过谈判，能够充分了解对方及项目的情况，为高层决策提供信息和依据。

（一）园林工程施工谈判的目的

1. 发包人参加谈判的目的

(1) 通过谈判，了解投标者报价的构成，进一步审核和压低报价。

(2) 进一步了解和审查投标者的施工规划和各项技术措施是否合理，负责项目实施的班子力量是否足够雄厚，能否保证园林工程的质量和进度。

(3) 根据参加谈判的投标者的建议和要求，也可吸收其他投标者的建议，对设计方案、图纸、技术规范进行某些修改，并估计可能对工程报价和工程质量产生的影响。

2. 投标人参加谈判的目的

(1) 争取中标，即通过谈判宣传自己的优势，包括技术方案的先进性、报价的合理性、所提建议方案的特点、许诺优惠条件等，以争取中标。

(2) 争取合理的价格。既要准备应付业主的压价，又要准备当业主拟增加项目、修改设计或提高标准时适当增加报价。

(3) 争取改善合同条款，包括争取修改过于苛刻的和不合理的条款，澄清模糊的条款和增加有利于保护承包商利益的条款。

(二) 园林工程施工谈判的规则与策略

1. 合同谈判的规则

(1) 谈判前应做好充分准备。如：备齐文件和资料；拟好谈判的内容和方案；对谈判对方的性格、年龄、嗜好、资历、职务均应有所了解，以便派出合适人选参加谈判。在谈判中，要统一口径，不得将内部矛盾暴露在对方面前。

(2) 在合同中要预防对方把工程风险转嫁己方。如果发现，要有相应的条款来抵御。

(3) 谈判的主要负责人不宜急于表态，应先让副手主谈，正手在旁视听，从中找出问题的症结，以备进攻。

(4) 谈判中要抓住实质性问题，不要在枝节问题上争论不休。实质性问题不轻易让步，枝节问题要表现宽宏大量的风度。

(5) 谈判要有礼貌，态度要诚恳、友好、平易近人。发言要稳重，当意见不一致时不能急躁，更不能感情冲动，甚至使用侮辱性语言。一旦出现僵局，可暂时休会。但是，谈判的时间不宜过长，一般应以招标文件确定的投标有效期为准。

(6) 少说空话、大话，但偶尔赞扬自己的业绩也是必不可少的。

(7) 对等让步的原则。当对方已做出一定让步时，自己也应考虑做出相应的让步。

(8) 谈判时必须记录，但不宜录音，否则会使对方情绪紧张，影响谈判效果。

2. 合同谈判的策略

谈判是通过不断的会晤确定各方权利、义务的过程，它直接关系到谈判各方最终利益的得失。因此，谈判绝不是一项简单的机械性工作，而是集合了策略与技巧的艺术。以下介绍几种常见的谈判策略和技巧。

1) 掌握谈判的进程

掌握谈判的进程即指掌握谈判过程的发展规律。谈判大体上可分为五个阶段，即探测、报价、还价、拍板和签订合同。谈判中谈判人员应尽快摸清对方的意图；在讨价还价时，谈判人员应保持清醒的头脑、平和的态度，避免不礼貌的提问，努力求同存异，创造和谐气氛，逐步接近；谈判者要善于掌握谈判的进程，合理分配谈判时间，对于各议题的商讨时间应得当，不要过多拘泥于细节性问题，在充满合作气氛的阶段，展开自己所关注的议题的商讨，从而抓住时机，达成有利于己方的协议。

2) 打破僵局策略

僵局往往是谈判破裂的先兆，因而为使谈判顺利进行，并取得谈判成功，遇有僵持的局面时必须适时采取相应策略，如暂时拖延和休会、设定假设条件、与对方私下个别接触及设立专门小组，由双方的专家或组员去分组协商，以缓解僵持的局面，提高工作效率，使问题得以圆满解决。

3）高起点战略

谈判的过程是各方妥协的过程，通过谈判，各方都或多或少会放弃部分利益以求得项目的进展。而有经验的谈判者在谈判之初会有意识地向对方提出苛求的谈判条件，这样对方会过高估计本方的谈判底线，从而在谈判中更多做出让步。

4）避实就虚策略

谈判各方都有自己的优势和弱点。谈判者应在充分分析形势的情况下，做出正确判断，利用对方的弱点，猛烈攻击，迫其就范，做出妥协。而对于己方的弱点，则要尽量注意回避。

5）对等让步策略

为使谈判取得成功，谈判中对对方所提出的合理要求进行适当让步是必不可少的，这种让步要求对双方都是存在的。但单向的让步要求则很难达成，因而主动在某些问题上让步时，同时对对方提出相应的让步条件，一方面可争得谈判的主动，另一方面又可促使对方让步条件的达成。

6）利用专家策略

现代科技发展使个人不可能成为各方面的专家。而工程项目谈判又涉及广泛的学科领域，充分发挥各领域专家的作用，既可以在专业问题上获得技术支持，又可以利用专家的权威性给对方以心理压力。

八、园林工程施工合同的签订

园林工程施工合同作为合同的一种，其订立应经过要约和承诺两个阶段。

1. 要约

合同要约是一方当事人以缔结合同为目的，向对方当事人所做的希望对方能完全接受此条件的意思表示。

发出要约的一方称为要约人，受领要约的一方称为受要约人。

合同要约的生效要件如下。

(1) 要约必须具有订立合同的意图。

所谓订立合同的意图，是要求在要约中包含希望并已经决定和对方订立合同的意思。

(2) 要约必须向要约人希望与之缔结合同的受要约人发出。

一般认为，要约应当向特定人发出，这个特定人就是要约人希望和他订立合同的人。而特定不限于一个，也可以是几个，但必须都是确定的。

(3) 要约的内容必须具体确定。

所谓具体确定，是指要约中应包含有合同的主要条款，让受要约人看了以后可以决定是否同意订约并做出承诺。

(4) 要约必须送达受要约人。

要约只有到达受要约人，受要约人才有可能了解要约的内容，并决定是否承诺。

要约是一种法律行为。它表现在要约规定的有效期限内，要约人要受到要约的约束，受要约人若按时和完全接受要约条款时，要约人负有与受要约人签订合同的义务。否则，要约人对由此造成受要约人的损失应承担法律责任。

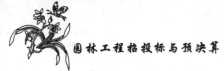

2. 承诺

承诺，是指受要约人对要约人提出的要约，在要约有效期限内，做出完全同意要约条款的意思表示。承诺也是一种法律行为。承诺必须是要约的相对人在要约有效期限内以明示的方式做出，并送达要约人；承诺必须是承诺人做出完全同意要约的条款，方为有效。如果要约的相对人对要约中的某些条款提出修改、补充、部分同意，附有条件，或者另行提及新的条件，以及迟到送达的承诺，都不能视为有效的承诺，而被称为新要约。

合同承诺的生效条件如下。

(1) 承诺的主体只能是受要约人。这意味着，非受要约人做出的承诺的意思表示并非承诺，而是向要约人发出的要约。

(2) 承诺的内容是同意要约，它强调承诺的内容与要约的内容应当一致。承诺实质性变更要约的，为新要约。有关合同标的、数量、质量、价款和报酬，履行期限、履行地点和方式，违约责任和解决争议方法等的变更，是对要约内容的实质性变更。承诺对要约的内容做出非实质性变更的，除要约人及时反对或者要约表明不得对要约内容做任何变更以外，该承诺有效，合同以承诺的内容为准。

(3) 承诺应当在要约确定的期限内到达要约人。超过期限，除要约人及时通知受要约人该承诺有效外，为新要约。

在园林工程项目建设过程中，招标人通过发布招标公告或者发出投标邀请书吸引潜在的投标人投标，希望潜在投标人向自己发出“内容明确的订立合同的意思表示”，所以招标公告(或投标邀请书)是要约邀请；投标人在投标文件中含有投标人期望订立的施工合同的具体内容，表达了投标人期望订立合同的意思，因此，投标文件是要约；经过评审，确定中标人并下达中标通知书是招标人对投标文件(即要约)的肯定答复，因而是承诺。

由于施工合同涉及面广、内容复杂、建设周期长、标的金额大等原因，工程施工合同应当采用书面形式。

九、园林工程施工合同的审查

所谓合同审查，是指在合同签订以前，将合同文本“解剖”开来，检查合同结构和内容的完整性以及条款之间的一致性，分析评价每一合同条款执行的法律后果及其中的隐含风险，为合同的谈判和签订提供决策依据。通过园林工程施工合同审查，可以发现施工合同中存在的内容含糊、概念不清之处或自己未能完全理解的条款，并加以仔细研究、认真分析，采取相应的措施，以减少施工合同中的风险，减少施工合同谈判和签订中的失误，有利于合同双方合作愉快，促进园林工程项目施工的顺利进行。

构成合同内容众多，需要有一定的法律知识方能判别。所以，承发包双方应将合同审查落实到合同管理机构和专门人员，每一项目的合同文本均必须经过经办人员、部门负责人、法律顾问、总经理几道审查，批注具体意见，必要时还应听取财务人员的意见，以期尽量完善合同，确保在谈判时己方利益能够得到最大保护。在审查时需对园林工程施工合同效力、合同内容等多方面进行审查，这里主要介绍园林工程施工合同内容的审查。

1. 确定合理的工期

工期过长，对于发包方不利于及时收回投资；工期过短，对于承包方不利于工程质量的控制及施工过程中建筑半成品的养护。因此，对于承包方而言，应当合理计算自己能否在发包方要求的工期内完成承包任务，否则应当按照合同约定承担逾期竣工的违约责任。

2. 明确双方代表的权限

在园林工程施工合同中通常都明确甲方代表和乙方代表的姓名和职务，但对其作为代表的权限则往往规定不明。由于代表的行为代表了合同双方的行为，因此，有必要对其权利范围以及权利限制做一定的约定。

3. 明确工程造价或工程造价的计算方法

工程造价条款是园林工程施工合同的必备和关键条款，但通常会发生约定不明的情况，往往为日后争议与纠纷的发生埋下隐患。如何在订立合同时就能明确确定工程造价，"设定分阶段决算程序，强化过程控制"将是一有效的方法。具体而言，就是在设定承发包合同时增加工程造价过程控制的内容，按工程形象进度分段进行预决算并确定相应的操作程序，使承发包合同签约时不确定的工程造价，在合同履行过程中按约定的程序得到确定，从而避免可能出现的造价纠纷。

4. 明确材料和设备的供应

由于材料、设备的采购和供应引发的纠纷非常多，故必须在园林工程施工合同中明确约定相关条款，包括发包方或承包方所供应或采购的材料、设备的名称、型号、规格、数量、单价、质量要求、运送到达工地的时间、验收标准、运输费用的承担、保管责任、违约责任等。

5. 明确工程竣工交付使用

应当明确约定园林工程竣工交付的标准。如发包方需要提前竣工，而承包商表示同意的，则应约定由发包方另行支付赶工费用或奖励。因为赶工意味着承包方将投入更多的人力、物力、财力，劳动强度增大，损耗亦增加。

6. 明确违约责任

违约责任条款的订立目的在于促使园林工程施工合同双方严格履行合同义务，防止违约行为的发生。审查违约责任条款时，注意违约责任的约定不应笼统化，而应区分情况做相应约定，对双方的违约责任的约定是否全面，既要对主要的违约情况做违约责任的约定，又要对违反其他非主要义务所应承担的违约责任的约定。

☆ 学习任务

某省××房地产开发公司的"康居家苑小区园林建设工程"项目，具备了招标条件，通过公开招标的方式招标施工企业，各园林工程公司积极参与投标，通过对参与投标的五家公司的技术标书和商务标书进行评比，最终确定某市××园林绿化工程有限公司以 1 571 314.96 元报价中标，进入签订合同阶段。请完成对该园林建设项目的合同签订及履行工作。

☆ 任务分析

"康居家苑小区园林建设工程"进入了签订合同阶段，完成该任务，需要掌握该工程建设项目的概况，并且能够审查园林工程施工合同是否具备了签订的条件、内容是否完善，掌握合同谈判的策略以及签订合同的基本原则等。

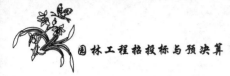

☆ 任务实施

一、签订合同的工作程序

作为承包商的某市××园林绿化工程有限公司在与某省××房地产开发公司签订园林工程施工合同工作中，主要的工作程序如下：

市场调查建立联系→表明合作意愿→投标报价→协商谈判→签署书面合同→鉴证与公证。

（一）市场调查建立联系

某市××园林绿化工程有限公司对园林市场进行调查研究，通过对获取的拟建项目的情况及业主信息进行分析，对某省××房地产开发公司招标建设的"康居家苑小区园林建设工程"有承包的意向，与招标人（或业主）取得联系，对该建设项目进一步详细了解情况。

（二）表明合作意愿

某市××园林绿化工程有限公司在获取到"康居家苑小区园林建设工程"招标公告后，该企业领导根据招标公告要求和自己企业实际情况做出了投标决定，并向招标单位提交了投标申请书，表明了投标意向，并且通过了招标单位进行的资格预审。

（三）投标报价

某市××园林绿化工程有限公司从招标单位领取招标文件后，对招标文件进行了仔细研究，并对施工现场进行了踏勘，着手编制了投标文件，按要求进行密封递交。

（四）协商谈判

招标单位通过对各投标单位的投标文件进行评审，确定某市××园林绿化工程有限公司为中标单位，并且向其下发了中标通知书。某市××园林绿化工程有限公司迅速地组成包括项目经理在内的谈判小组。

1. 谈判准备工作

开始谈判之前，某市××园林绿化工程有限公司细致地做好了以下几个方面的准备工作。

1）谈判资料准备

谈判准备工作的首要任务就是要收集整理有关合同对方及项目的各种基础资料和背景材料。这些资料的内容包括对方的资信状况、履约能力、发展阶段、已有成绩等，还包括园林工程项目的由来、土地获得情况、项目目前的进展、资金来源等。资料准备可以起到双重作用：其一是双方在某一具体问题上争执不休时，提供证据资料、背景资料，可起到事半功倍的作用；其二是防止谈判小组成员在谈判中出现口径不一的情况，造成被动。

2）具体分析

在获得了这些基础资料的基础上，要进行一定的分析。

（1）对本方的分析。

签订园林工程施工合同之前，某市××园林绿化工程有限公司对自己企业目前在建工程项目、公司资金周转状况、员工工作强度、获得该项目的欲望度、能够让利的条件、能接受的合同底线等方面进行了详细的分析。

（2）对对方的分析。

对对方基本情况的分析主要从以下几个方面入手。

第一，对对方谈判人员的分析。主要了解对手的谈判组由哪些人员组成，了解他们的身份、地位、性格、喜好、权限等，注意与对方建立良好的关系，发展谈判双方的友谊，争取在到达谈判以前就有了亲切感和信任感，为谈判创造良好的氛围。

第二，对对方实力的分析。主要是指对对方诚信、技术、财力、物力等状况的分析，可以通过各种渠道和信息传递手段取得有关资料。

第三，对谈判目标进行可行性分析。分析工作中还包括分析自身设置的谈判目标是否正确合理、切合实际、能被对方接受，以及对方设置的谈判目标是否合理。如果自身设置的谈判目标有疏漏或错误，就盲目接受对方的不合理谈判目标，同样会造成项目实施过程中的后患。

第四，对双方地位进行分析。对在此项目上与对方相比己方所处的地位的分析十分必要。这一地位包括整体的与局部的优劣势。如果己方在整体上存在优势，而在局部存有劣势，则可以通过以后的谈判等弥补局部的劣势。但如果己方在整体上已显劣势，则除非能有契机转化这一形势，否则就不宜再耗时耗资去进行无利的谈判。

2. 园林工程施工谈判阶段

在实际工作中，有的发包人把全部谈判均放在决标之前进行，以利用投标者想中标的心情压价，并取得对自己有利的条件；也有的发包人将谈判分为决标前和决标后两个阶段进行。本工程项目即采用后者。

1）决标前的谈判

谈判的主要内容为技术答辩和价格问题。

某市××园林绿化工程有限公司从如何组织施工、如何保证工期、对技术难度较大的部位采取什么措施等方面进行认真细致的准备，甚至在必要时画出有关图解，取得了评标委员的信任，顺利通过技术答辩。

价格问题是一个十分重要的问题，某省××房地产开发公司利用其有利地位，要求某市××园林绿化工程有限公司降低报价，并就工程款额中付款期限、贷款利率（对有贷款的投标）以至延期付款条件等方面要求其做出让步。某市××园林绿化工程有限公司在这一阶段沉着冷静，对发包人的要求进行了逐条分析，在适当时机适当地、逐步地让步。

2）决标后的谈判

经过决标前的谈判，某省××房地产开发公司确定了中标者为某市××园林绿化工程有限公司，并向其发出中标函，这时两家公司进行决标后的谈判，即将之前双方达成的协议具体化，并最后签署合同协议书，对价格及所有条款加以认证。决标后，某市××园林绿化工程有限公司（中标者）地位有所改善，它利用这一点，积极地、有理有节地同发包人进行决标后的谈判，争取协议条款公正合理。对关键性条款的谈判，做到彬彬有礼而又不做大的让步。对有些过分不合理的条款，如果接受了会带来无法负担的损失，则宁可冒损失投标保证金的风险而拒绝发包人要求或退出谈判，以迫使发包人让步，因为谈判时合同并未签字，中标者不在合同约束之内，也未提交履约保证。两家公司在对价格和合同条款达成充分一致的基础上，决定签订园林工程施工合同。

3. 园林工程施工谈判内容

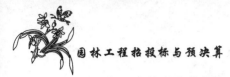

某市××园林绿化工程有限公司与某省××房地产开发公司谈判的内容主要包括工程范围、园林工程施工合同文件、双方的一般义务、劳务、工程的开工和工期、材料和操作工艺、

工程的变更和增减、工程维修、付款情况、工程验收、违约责任等。

（五）签署书面合同

某市××园林绿化工程有限公司与某省××房地产开发公司签订合同采用《建设工程施工合同（示范文本）》（GF 2013—0201），完成合同内容的填写。此处对签订合同协议书需要注意的地方进行如下说明，其他内容据实填写。

（1）承发包双方的单位名称，应完整准确地写在“合同协议书”承发包方位置内，不应简称。如“某省××房地产开发公司”不应简写为“＊＊地产”，“某市××园林绿化工程有限公司”不能简写为“××园林”。另外，合同的签约主体不能是承发包方的工程项目部。

（2）工程名称应填写工程全称，即“康居家苑小区园林建设工程”，填写时需仔细核对，避免在合同执行过程中引起争议。

（3）工程地点应填写工程所在详细地点，即“某省某市××区××路××号康居家苑小区院内”。

（4）工程内容指反映工程状况的一些指标内容，主要包括工程的建设规模、性质特征等。如绿化、景观小品、园路等。

（5）工程立项批准文号：对于需经有关部门审批立项才能建设的工程，应填写立项批准文号。本工程不填。

（6）资金来源指获得工程建设资金的方式或渠道，如单位自筹、政府财政拨款、银行贷款等。资金来源有多种方式的，应列明不同方式所占比例。本工程资金来源为“单位自筹”。

（7）承包范围是指承包方承包的工作范围和内容，是确定承包方合同义务的基础。应根据招标文件或施工图纸确定的承包范围填写。可以填写稍具体一些，如乔灌木、花卉、草坪、景观亭、廊架、混凝土园路、舒布洛克砖铺地等。

（8）开工日期须以开工报告中的时间为准，必须填写准确的年月日；合同工期总日历天数应与中标通知书确定的天数相同，写明具体的数值，切勿写成半年或几个月，容易发生争议。本工程开工日期为 2013 年 4 月 1 日，竣工日期为 2013 年 6 月 30 日，合同工期总日历天数为 91 天。

（9）工程质量标准必须达到国家标准规定的合格标准。双方也可以约定达到高于国家规定的合格标准，其口径应与招标文件要求或投标人承诺中标的质量等级相同。本工程填写工程质量标准为合格（争创鲁班奖优质工程）。

（10）对于招标工程，合同价款就是被发包方接受的承包方的投标报价，填写时应与中标金额相同，对于投标时工程量不能确定，约定今后按实结算的合同，在填写金额后可注明“暂定总价，工程完工时按实结算”。合同价款应同时填写大小写，数字填写应准确无误。

（六）鉴证与公证

施工合同正式签订后，承发包双方可根据自愿原则按有关规定到工商行政管理机关申请对施工合同进行鉴证，也可在双方自愿的前提下送交公证机关对所签订的合同内容、双方代表的资格等进行认真审核公证。

二、园林工程施工合同的履行

园林工程施工合同明确了承发包双方的权利、义务和职责，同时也对接受发包人委托的监理工程师的权利、职责的范围做了明确、具体的规定。此处简要介绍承包方（某市××园林绿化工程有限公司)在合同履行过程中应遵守的规定和应做的工作。

承包方进行合同履行的主体是项目经理和项目经理部。项目经理部必须从施工项目的施工准备、施工、竣工至维修期结束的全过程中，认真履行施工合同，实行动态管理，跟踪收集、整理、分析合同履行中的信息，合理、及时地进行调整。还应对合同履行进行预测，及早提出和解决影响合同履行的问题，以避免或减少风险。

(一) 履行园林工程施工合同应遵守的规定

(1) 必须遵守《中华人民共和国合同法》《中华人民共和国建筑法》及相关法律法规规定的各项合同履行原则和规则。

(2) 在行使权利、履行义务时应当遵循诚实信用原则和坚持全面履行的原则。

(3) 项目经理由企业授权负责组织施工合同的履行，并依据相关法律法规的规定，与发包人或监理工程师建立联系，进行合同的变更、索赔、转让和终止等工作。

(4) 如果发生不可抗力致使合同不能履行或不能完全履行时，应及时向企业报告，并在委托权限内依法及时进行处置。

(5) 遵守合同对约定不明条款、价格发生变化的履行规则，以及合同履行担保规则和抗辩权、代位权、撤销权的规则。

(6) 承包人可按专用条款的约定分包所承担的部分工程，并与分包单位签订分包合同。非经发包人同意，承包人不得将承包工程的任何部分分包。

(7) 承包人不得将其承包的全部工程倒手转给他人承包，也不得将全部工程以分包的名义分别转包给他人，这是违法行为。

(二) 履行园林工程施工合同应做的工作

(1) 应在施工合同履行前，针对园林工程的承包范围、质量标准和工期要求、承包人的义务和权利、工程款的结算及支付方式与条件、合同变更、不可抗力影响、物价上涨、工程中止、第三方损害等问题产生时的处理原则和责任承担、争议的解决方法等重要问题进行合同分析，对合同内容、风险、重点或关键性问题做出特别说明和提示，向各职能部门人员交底，落实根据园林工程施工合同确定的目标，依据园林工程施工合同指导工程实施和项目管理工作。

(2) 组织施工力量；签订分包合同；研究熟悉设计图纸及有关文件资料；多方筹集足够的流动资金；编制施工组织设计、进度计划、工程结算付款计划等，作好施工准备，按时进入现场，按期开工。

(3) 制订科学周密的材料、设备采购计划，采购符合质量标准的质优价廉的材料及设备，按施工进度计划，及时进入现场，搞好供应和管理工作，保证顺利施工。

(4) 按设计图纸、技术规范和规程组织施工；做好施工记录，按时报送各类报表；进行各种有关的现场或实验室抽检测试，保存好原始资料；制定各种有效措施，采取先进的管理方法，全面保证施工质量达到合同要求。

(5) 按期竣工，试运行，通过质量检验，交付发包人，收回工程价款。

(6) 按合同规定，做好责任期内的维修、保修和质量回访工作。对属于承包方责任的园林工程质量问题，应负责无偿修理。

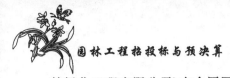

(7) 履行合同中关于接受监理工程师监督的规定，如有关计划、建议必须经监理工程师审核批准后方可实施；有些工序必须监理工程师监督执行，所做记录或报表要得到其签字确

认；根据监理工程师要求报送各类报表、办理各类手续；执行监理工程师的指令，接受一定范围内的工程变更要求等。承包商在履行合同中还要自觉地接受公证机关、银行的监督。

(8) 项目经理部在履行合同期间，应注意收集、记录对方当事人违约事实的证据，对发包方履行合同进行监督，作为索赔的依据。

三、园林工程施工合同的变更

合同变更是指依法对原来合同进行的修改和补充，即在履行合同项目的过程中，由于实施条件或相关因素的变化，而不得不对原合同的某些条款做出修改、订正、删除或补充。主要涉及合同条款的变更和园林工程的质量、数量、性质、功能、施工次序和施工方案等的变更。合同变更一经成立，原合同中的相应条款就应解除。某市××园林绿化工程有限公司在合同变更的过程中需要遵照一定的原则和程序操作。

（一）园林工程施工合同的变更原则

(1) 合同双方都必须遵守合同变更程序，依法进行，任何一方都不得单方面擅自更改合同条款。

(2) 合同变更要经过有关专家或专业人士（监理工程师、设计工程师、现场工程师等）的科学论证和双方的协商确定。

(3) 合同变更的次数应尽量减少，变更的时间也应尽量提前，以避免或减少给工程项目建设带来的影响和损失。

(4) 合同变更应以监理工程师、发包人和承包商共同签署的合同变更书面指令为准，并以此作为结算工程价款的凭据。紧急情况下，口头通知也可接受，但必须及时追补合同变更书。

(5) 合同变更所造成的损失，除依法可以免除的责任外，其他的损失，应由责任方负责赔偿。

（二）园林工程施工合同的变更程序

园林工程施工合同的变更一般由业主、业主工程师或承包商提出，常见的合同变更程序如图 4-1-1 所示。

四、园林工程施工合同的争议处理

由于园林工程项目的技术经济特点，如单件性、生物性、建设周期长、价值高、形成产品的材料数量大、品种多等，在工程施工合同履约过程中，发生争议是不可避免的，必须采取有效的途径加以解决。

（一）园林工程施工合同常见的争议

(1) 园林工程进度款支付、竣工结算及审价争议。

(2) 安全损害赔偿争议。

(3) 园林工程价款支付主体争议。

(4) 园林工程工期拖延争议。

(5) 合同中止及终止争议。

(6) 园林工程质量及保修争议。

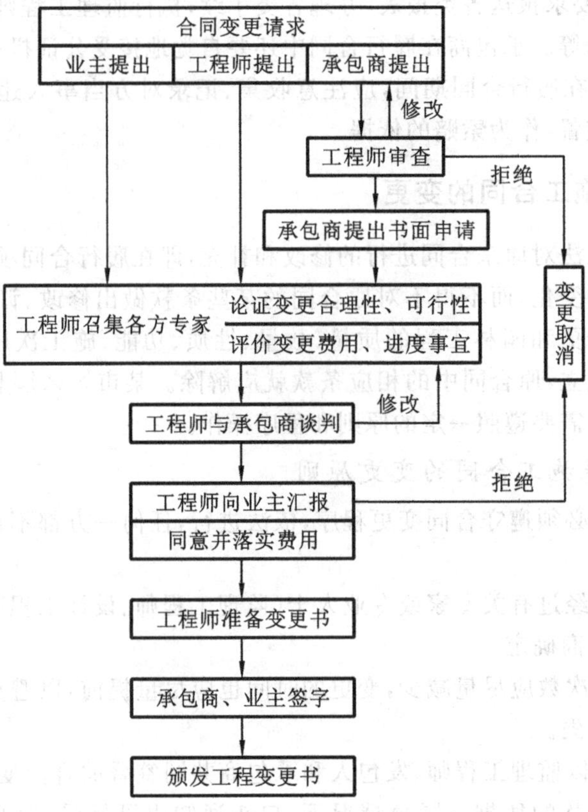

图 4-1-1　合同变更程序图

（二）园林工程施工合同争议的解决方式

1. 和解

和解是指争议的合同当事人，依据有关法律规定或合同约定，以合法、自愿、平等为原则，在互谅互让的基础上，经过谈判和磋商，自愿对争议事项达成协议，从而解决分歧和矛盾的一种方法。和解方式无须第三者介入，简便易行，能及时解决争议，避免当事人经济损失扩大，有利于双方的协作和合同的继续履行。

2. 调解

调解是指争议的合同当事人，在第三方的主持下，通过其劝说引导，以合法、自愿、平等为原则，在分清是非的基础上，自愿达成协议，以解决合同争议的一种方法。调解有民间调解、仲裁调解和法庭调解三种。调解协议书对当事人具有与合同一样的法律约束力。运用调解方式解决争议，双方不伤和气，有利于今后继续履行合同。

3. 仲裁

仲裁也称公断，是双方当事人通过协议自愿将争议提交第三者（仲裁机构）做出裁决，并负有履行裁决义务的一种解决争议的方式。仲裁包括国内仲裁和国际仲裁。仲裁须经双方同意并约定具体的仲裁委员会。仲裁可以不公开审理从而保守当事人的商业秘密，节省费用，一般不会影响双方日后的正常交往。

4. 诉讼

诉讼是指合同当事人相互间发生争议后，只要不存在有效的仲裁协议，任何一方向有管辖权的法院起诉，并在其主持下维护自己的合法权益的活动。通过诉讼，当事人的权利可得到法律的严格保护。

当承包商与发包人(或分包商)在合同履行的过程中发生争议和纠纷，应根据平等协商的原则先行和解，尽量取得一致意见；若双方和解不成，则可要求有关主管部门调解；若调解无效，根据当事人的申请，在受到侵害之日起一年之内，可送交合同约定或工程所在地的仲裁委员会进行仲裁；处理合同纠纷也可不经仲裁，而直接向人民法院起诉。

☆ 任务考核

序号	考核内容	考核标准	配分	考核记录	得分
1	园林工程施工合同的填写	填写内容是否准确、严密	40		
2	园林工程施工合同的签订	掌握合同签订的程序	30		
3	园林工程施工合同的变更	完成园林工程设计变更和施工方案的变更	20		
4	园林工程施工合同的争议	了解合同争议的解决方式	10		

☆ 知识链接

工程建设监理委托合同

监理单位承担监理业务，应当与工程建设项目法人签订工程建设监理委托合同。由于建设监理的委托与受委托是一种法律行为，签约双方建立的是一种法律关系，通过签订合同，使双方清楚地认识到自己一方和对方在合同中应承担的责任、义务和权利，依法成立的合同对双方都有约束力，可以有效地保护签约双方的合法权益。

(一) 工程建设监理委托合同制订的原则

1. 依法的原则

监理委托合同必须严格按照国家的有关法律及有关技术标准、规范等来制订。

2. 实用的原则

制定监理委托合同的目的是便于甲乙双方统一认识、简化手续、规范监理行为、提高工作效率。因此，制订工程建设监理委托合同必须要充分注意到合同的实用性。

3. 条款完备的原则

制定监理委托合同时涉及双方要求和义务的各种条款应全部列出，也必须考虑到在执行监理业务过程中可能发生的情况，尽量做到合同条款完备。

(二) 工程建设监理委托合同条款的内容

1. 签约双方的确认

要写明委托方与被委托方的详细名称、明确的地址，以便于确定双方的责任、义务与权利。

2. 监理工程师的服务内容

主要明确监理工程师在监理工作中，特别是在质量、进度、费用三项控制中应为业主提供哪些方面的服务。

3. 监理工程师的权利与义务

主要明确所监理的工程项目中监理工程师的权利与义务及业主的责任与义务，如业主要提供哪些资料与条件、提供哪些设备与设施等。

4. 监理费用与支付

要写明监理服务期间的总费用与支付办法。

5. 合同生效与终止

业主与监理单位达成协议，双方签字后，合同就有了法律效力，为合同生效。由于业主违约严重拖欠应付监理单位的酬金，或由于非监理方责任而使服务暂停，期限超过半年以上，监理单位可按照终止合同规定程序，单方面提出终止合同，以保护自己的合法权益。

6. 双方的违约责任

在合同期内，如果监理单位未按合同中要求的职责认真服务，或业主违背其对监理单位的责任时，均应向对方承担赔偿的责任。

（三）工程建设监理委托合同的订立

签订监理委托合同的步骤如下。

1. 业主对监理单位的资格审查

(1) 监理单位必须有经建设主管部门审查并签发的，具有承担监理合同内规定的建设工程资格的资质等级证书。

(2) 监理单位必须是经国家工商行政管理机关审查注册，取得营业执照，具有独立法人资格的正式企业。

(3) 监理单位具有对拟委托的建设工程监理的实际能力，包括监理人员素质、主要检测设备条件等。

(4) 监理单位的财务状况，包括资金情况和近年的经营效益。

(5) 监理单位的社会信誉，包括已承接的监理任务的完成情况，承担类似业务的监理业绩、经历及合同履行情况。

2. 对项目业主的调查了解

(1) 业主是否具有签订合同的合法资格，其合法的资格是依法成立的，具有法人资格义务。

(2) 业主具有与签订合同相当的财产和经费，这是履行合同的基础和承担经济责任的前提。

(3) 监理合同的标的要符合国家政策，不违反国家的法律、法规及有关规定。

（四）工程建设监理委托合同的履行

1. 业主的履行

(1) 业主必须严格按照监理合同的规定，履行应尽的义务，如进行外部关系协调，为监理单位提供外部条件和为监理工作提供本工程使用的原材料、构配件、机械设备等厂家名录等。

(2) 按照监理合同规定行使权利，如对设计、施工单位的发包权，对工程规模设计标准的认定权及设计变更审批权，对监理方法的监督管理权。

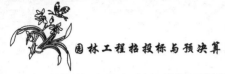

(3) 业主对合同文件及履行中与监理单位之间进行签证、记录、协议、补充合同备忘录

等应系统整理、妥善保管。

2. 监理单位的履行

监理单位应确定项目总监理工程师，成立项目监理机构，组建项目监理班子，并根据签订的监理委托合同，制定监理规划和具体的实施细则，开展监理工作。

(1) 进一步熟悉情况，收集有关资料，为开展建设监理工作做准备。其中，资料包括反映工程项目特征的有关资料、反映当地工程建设报建程序的有关规定和反映工程所在地区技术经济状况及建设条件的资料。

(2) 制订工程项目监理规划。工程项目监理规划是开展项目监理活动的纲领性文件，它也是根据业主的要求，在获得监理项目有关资料的基础上，结合监理的具体条件编制的，它是开展监理工作的指导性文件，其主要内容包括工程概况、监理范围与目标、监理主要措施、监理组织和项目监理工作制度。

(3) 制订各专业监理工作计划或实施细则，包括具体指导、质量控制、进度控制、投资控制等方面的实施计划。

(4) 监理工作总结。

☆ 复习提高

根据实际的园林工程施工项目，模拟园林工程施工合同的签订，须注意合同填写的准确性和严密性，并根据该工程图纸设计变更，完成设计变更单的制定。

项目五　园林工程竣工验收与结算

建设工程的竣工验收及结算在施工合同的履行过程中具有重要的意义。竣工验收作为施工过程的最后一道程序，是全面检验施工质量的重要环节；而竣工结算又是直接关系到建设单位和施工单位的切身利益的一个重要环节。建设单位收到施工单位申请建设工程竣工报告后，应当组织设计、施工、工程监理等有关单位根据施工图纸及说明书、国家颁发的施工验收规范和质量检验标准等及时进行验收。验收合格的，双方应及时办清工程竣工结算，建设单位应当按照约定支付工程价款，并接收该建设工程；否则，工程不得交付使用，有关部门不予办理权属登记。

本项目包括园林工程竣工验收及园林工程结算与竣工决算两个任务。

技能要求

- 能够组织园林工程竣工验收
- 能完成园林工程竣工结算

知识要求

- 掌握园林工程竣工验收的程序
- 掌握园林工程竣工验收的标准
- 掌握园林工程竣工结算的步骤

任务1　园林工程竣工验收

☆ 能力目标

1. 会整理汇总竣工资料
2. 会制订竣工验收方案
3. 能够参与完成园林工程的竣工验收工作

☆ 知识目标

1. 掌握园林工程竣工验收的程序
2. 掌握园林工程竣工验收的标准
3. 掌握园林工程质量验收的内容及方法

☆ 基本知识

一、园林工程竣工验收概述

竣工验收是指建设工程项目已按设计要求全部建设完成，符合规定的建设项目竣工验收标准，由建设单位会同设计、施工、监理及工程质量监督部门等，对该项目是否符合规划设计要求以及建设施工和设备安装质量进行全面检验，取得竣工合格资料、数据和凭证的过程。竣工验收是建立在分阶段验收的基础之上的，中间竣工并已办理移交手续的单项工程一般在竣工验收时就不再重新验收。

园林工程竣工验收是园林工程建设全过程的一个阶段，是园林工程施工的最后环节。它既是项目进行移交的必须手续，又是通过竣工验收对建设项目成果进行全面考核评估的过程，为使工程能尽早投入使用、服务于社会，尽快发挥其投资效益，竣工验收是不可或缺的环节。

二、园林工程竣工验收应当具备的条件

(1) 完成园林工程全部设计和合同约定的各项内容，达到使用要求。其中绿化工程完工验收合格，经一年养护且养护合格后方可进行竣工验收。

(2) 有完整的技术档案和施工管理资料。

(3) 有工程使用的主要建筑材料、建筑构配件、设备和绿化土壤的进场试验报告。

(4) 有勘察、设计、园林绿化规划审批部门、施工、工程监理等单位分别签署的质量合格文件。

(5) 有施工单位签署的园林工程保修书。

三、园林工程竣工验收的依据

(1) 上级主管部门审批的计划任务书、设计文件等。

(2) 招投标文件和工程合同。

(3) 施工图纸和说明、图纸会审记录、设计变更签证和技术核定单。

(4) 国家或行业颁布的现行施工技术验收规范及工程质量检验评定标准。

(5) 有关施工记录及工程所用的材料、构件、设备质量合格文件及验收报告单。

(6) 施工单位提供的有关质量保证文件。

(7) 国家颁布的有关竣工验收文件。

四、园林工程质量验收的分类及内容

园林建设工程质量的验收是按工程合同规定的质量等级，遵循现行的质量评定标准，采用相应的手段对工程分阶段进行的质量认可与评定。园林工程质量验收应按分项、分部或单位工程进行分类验收，其具体内容见表 5-1-1。

1. 隐蔽工程验收

隐蔽工程是指那些在施工过程中上一工序的工作结束，被下一工序所掩盖，而无法进行复查的部位。因此，对这些工程在下一工序施工前，现场质量监督管理人员应按照设计要求、施工规范，采取必要的检查工具，对其进行检查验收。如果符合设计要求及施工规范规定，应及时签署隐蔽工程记录交承接施工单位归入技术资料；如不符合有关规定，应以书面形式告知施工单位，令其处理，处理符合要求后再进行隐蔽工程验收与签证。

隐蔽工程验收通常是结合质量控制中技术复核、质量检查工作来进行的，重要部位改变时可留摄影备查。

隐蔽工程验收项目及内容较多，以绿化工程为例，包括苗木的土球规格、根系状况、种植穴规格、施基肥的数量、种植土的处理等。

2. 分项工程验收

对于重要的分项工程，应按照合同的质量要求，根据该分项工程施工的实际情况，参照质量评定标准进行验收。

在分项工程验收中，必须按有关验收规范选择检查点数，然后计算出基本项目和允许偏差项目的合格或优良的百分比，最后确定出该分项工程的质量等级，从而确定能否验收。

表 5-1-1　部分园林工程质量验收分项、分部和单位工程分类表

单位工程	分部工程	分项工程
绿化工程	栽植基础	客土、场地整理、地形整理
	植物材料	植物材料进场验收签证
	树木栽植	放线、树穴、施肥、种植、定向及排列、支撑、修剪、养护
	草坪、花坛、地被栽植	土地平整、放线、树穴、施肥、草坪播种、草坪栽种(根)、草卷铺设、地被及花坛植物种植、养护
	攀缘、悬挂绿化	挂依附物、土地平整、施肥、种植、挂架、养护
	大树、名贵树移植	放线、树穴、施肥、种植、定向及排列、支撑、修剪、伤口处理、养护
	屋顶绿化	防水、排(蓄)水设施、土壤基质、喷灌设施、乔木种植、灌木种植、草坪种植、附属设施、养护
	边坡绿化	锚杆安装、挂防护网(挂笼砖)、施肥、种植、养护
园林建筑小品工程	建筑	参照建安工程
	建筑装饰	参照建安工程
	筑山	假山、叠石、塑石
	园路广场	砼基层、灰土基层、碎石基层、砂石基层、砖面层、料石面层、花岗石面层、卵石面层、木板面层、缘石
	园林小品	栏杆扶手、景石、花架廊架、亭台水榭、喷泉叠水、桥涵(拱桥、平桥、木桥等)、堤、岸、花坛、围牙、园凳、标识牌、果皮箱、座椅、雕塑镌刻
园林给排水	绿地给水	管沟、井室、管道安装、设备安装、喷头安装、回填
	绿地排水	排水盲沟管道、漏水管道、管沟及井室
园林用电	景观照明	照明配电箱、电管安装、电缆敷设、灯具安装、接地安装、开关插座、照明通电试用
	其他用电	广播、监控等

注：单位工程是指具备独立施工条件或独立合同段的新建、扩建、改建的绿化工程或以一个单一(一组)的建筑物或一个(一组)独立的构筑物为一个单位工程。

3. 分部工程验收

根据分项工程质量验收结论，参照分部工程质量标准，可得出该工程的质量等级，以便决定能否验收。

4. 单位工程竣工验收

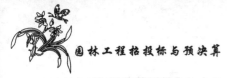

通过对分项、分部工程质量等级的统计推断，再结合对质保资料的核查和单位工程质量观感评分，便可系统地对整个单位工程做出全面的综合评定，从而决定是否达到合同所要求

的质量等级，进而决定能否验收。

五、园林工程竣工验收的程序

（一）初步验收

初步验收也称竣工预验收，监理机构收到施工单位的工程竣工申请报告后，应就验收的准备情况和验收条件进行检查。对工程实体质量及档案资料存在缺陷，及时提出整改意见，并与施工单位协商整改清单，确定整改要求和完成时间。

（1）竣工项目的预验收，是在施工单位完成自检自验并认为符合正式验收条件，在申报工程验收之后和正式验收之前的这段时间内进行的。

（2）委托监理的园林工程项目，总监理工程师即应组织其所有各专业监理工程师来完成。竣工预验收要吸收建设单位、设计、质量监督人员参加，而施工单位也必须派人配合竣工验收工作。

（3）为做好竣工预验收工作，总监理工程师要提出一个预验收方案，这个方案含预验收需要达到的目的和要求、预验收的重点、预验收的组织分工、预验收的主要方法和主要检测工具等，并向参加预验收的人员进行必要的培训，使其明确以上内容。

（二）正式验收

当初步验收检查结果符合竣工验收要求时，监理工程师应将施工单位的竣工申请报告报送建设单位，着手组织勘察、设计、施工、监理等单位和其他方面的专家组成竣工验收小组，并制订验收方案。

建设单位应在工程竣工验收前7个工作日将验收时间、地点、验收组名单通知该工程的工程质量监督机构。建设单位组织竣工验收会议。

正式竣工验收是由国家、地方政府、建设单位以及单位领导和专家参加的最终整体验收。

1. 园林工程竣工验收组织

（1）建设单位收到验收报告并审查各项验收条件后，应将园林工程具备验收条件的情况、技术资料情况和专项验收情况报园林绿化工程质量监督机构。

（2）经园林绿化工程质量监督机构审查并同意验收的，由建设单位组织勘察、设计、施工、监理等单位（项目）负责人和其他有关方面专家组成验收小组，制订验收方案，确定验收时间。

（3）建设单位确定工程竣工验收（或绿化完工验收）时间后，应通知园林绿化工程质量监督机构，园林绿化工程质量监督机构应派员对验收工作进行监督。

2. 园林工程竣工验收组成人员

（1）建设单位：单位（项目）负责人、其他现场管理人员。

（2）施工单位：单位负责人、项目经理、质量及技术负责人。

（3）设计单位：单位（项目）负责人、主要专业设计人员。

（4）监理单位：项目总监理工程师及其他现场监理人员。

验收小组组长由建设单位法人代表或其委托的项目负责人担任。建设单位也可邀请有关专家参加验收小组；政府投资的项目验收时建设单位的上级主管部门应当参加。

3. 园林工程竣工验收方案的内容

(1) 工程概况介绍:工程名称、地址、性质、结构、规模等基本情况。

(2) 验收依据:本工程验收使用的标准、规范情况,图纸设计和审批情况,工程资料情况等。

(3) 时间、地点、验收组成人员。

(4) 工程验收主持人和参建各方汇报工程情况。

(5) 验收程序、内容和组成形式。

☆ 学习任务

项目一任务2的邀月问天工程包括绿化栽植、园路、广场景墙、台阶、平台、小品等内容,该工程2009年3月1日开工,同年9月30日完成全部施工工作,施工单位完成自检。作为一名总监理工程师,你将如何组织该项目的竣工验收工作?

☆ 任务分析

在对园林工程各项目进行正式验收之前,一般要经过初步验收,从某种意义上说,它比正式验收更为重要。因为正式验收的时间短促,不可能详细、全面地对工程项目一一查看,而主要依靠对工程项目的预验收来完成。作为一名总监理工程师,你应将预验收作为竣工验收工作的重点。

验收检查中,分成若干专业小组进行,划定各自工作范围,以提高效率并可避免相互干扰。园林建设工程的预验收,要全面检查各分项工程。检查方法有以下几种。

1. 直观检查

直观检查是一种定性的、客观的检查方法,采用手摸眼看的方式,需要有丰富经验和掌握标准熟练的人员才能胜任此工作。

2. 测量检查

对能实际测量的工程部位都应通过实测获得真实数据。

3. 点数

对各种设施、器具、配件、栽植苗木都应一一点数、查清、记录,如有遗缺不足的或质量不符合要求的,都应通知承接施工单位补齐或更换。

4. 操纵动作

实际操作是对功能和性能检查的好办法,对一些水电设备、游乐设施等应启动检查。

上述检查之后,各专业组长应向总监理工程师报告检查验收结果。如果查出的问题较多较大,则应指令施工单位限期整改并再次进行复验。如果存在的问题仅属一般性的,除通知承接施工单位抓紧整修外,总监理工程师即应编写预验收报告一式三份,一份交施工单位供整改用,一份备正式验收时转交验收委员会,一份由监理单位自存。这份报告除文字论述外,还应附上全部预验收检查的数据。与此同时,总监理工程师应填写竣工验收申请报告送项目建设单位。

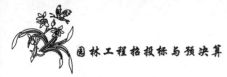

☆ 任务实施

一、组织与准备

将参加预验收的监理工程师和其他人员按专业区段分组，指定负责人。验收检查前，先组织预验收人员熟悉有关验收资料，制订检查方案，并将检查项目的各子目及重点检查部位以图或表列示出来。同时准备好工具、记录、表格，供检查中使用。

二、验收步骤

（一）竣工验收资料审查

认真审查好技术资料，不仅是满足正式验收的需要，也是为工程档案资料的审查打下基础。

1. 技术资料审查的内容

(1) 工程项目的开工报告；

(2) 工程项目的竣工报告；

(3) 图纸会审及设计交底记录；

(4) 设计变更通知单；

(5) 技术变更核定单；

(6) 工程质量事故调查和处理资料；

(7) 水准点、定位测量记录；

(8) 材料、设备、构件的质量合格证书；

(9) 试验、检验报告；

(10) 隐蔽工程记录；

(11) 施工日志；

(12) 竣工图及质量检验评定资料等。

2. 审查方法

(1) 审阅：边看边查，把有不当的及遗漏或错误的地方记录下来，然后再对重点资料仔细审阅，做出正确判断，并与承接施工单位协商更正。

(2) 校对：监理工程师将自己日常监理过程中所收集积累的数据、资料与施工单位提交的资料一一校对，凡是不一致的地方都记载下来，然后再与承接施工单位商讨，如果仍然不能确定的地方，再与当地质量监督站及设计单位进行佐证资料的核定。

(3) 验证：若出现几个方面资料不一致而难以确定时，可重新测量实物予以验证。

（二）工程质量预验收

在预验收过程中要全面检查各分项工程。

1. 绿化工程质量检查

对绿化工程项目进行质量检查，重点是对栽植的基础工程和植物材料工程进行检查。

1) 栽植基础工程

(1) 检查绿化栽植的土壤是否符合植物生长要求，除特殊情况（如屋顶绿化等）外，栽植土下无不透水层。

检验方法：检查土壤检测报告及观察检查。

检查数量：按面积每 10 000 m^2 检测一次，面积≤10 000 m^2 应取样检测 1 次；回填土按每 500 m^2 取样检测 1 次，面积≤500 m^2 应取样检测 1 次。

(2) 检查绿化施工所用的有机肥主要理化性状是否符合植物的生长要求。

检验方法：检查有机肥料检测报告及观察检查。

检查数量：按有机肥料每 20T 取样检测 1 次，小于等于 20T 应取样检测 1 次。

(3) 土地应平整，回填的栽植土应达到自然沉降的状态，地形的造型和排水坡度应符合设计要求。栽植土整洁，无明显的石砾、瓦砾等杂物；土壤疏松不板结。

检验方法：采用观察或尺量检查的验收方法。

检查数量：按面积随机抽查 5%，以 500 m^2 为一个抽检区域，每个区域抽查不得少于 3 点，小于等于 500 m^2 的，应全数检查。

2) 植物材料工程

植物材料的品种数量、规格应符合设计要求，严禁带病、虫、草害。

检验方法：观察和对照设计图纸、合同预算中的植物材料的品种，检查“苗木出圃单”及植物材料的“植物检疫证”。

检查数量：乔、灌木按栽植数量抽查≥20%，但乔木不少于 50 株，灌木不少于 100 株；草皮地被按面积抽查 5%，50 m^2 为一点；草花按面积抽查 10%，2 m^2 为一点。

3) 树木栽植工程

树木栽植的成活率应按乔木、大灌木和小灌木分别列出，成活率均须大于等于 95%方能进行竣工验收。死亡苗木应按设计要求适时补种，确保成活，或者与接管单位协商解决。其质量应符合下列规定。

(1) 种植土：土壤疏松不板结，土块易捣碎，无建筑垃圾，无不透水层。姿态和生长势树木主杆基本挺直(特殊姿态要求除外)，树形完整，生长健壮。

(2) 土球和裸根树根系：土球大小符合设计要求，土球完整，包扎牢固，清除土球包装物后，泥土不松散；裸根树木主根无劈裂，根系完整，无损伤，切口平整。

(3) 病虫害：无病虫害。

(4) 放线定位、定向及排列：放线定位符合设计要求，丛植树主要观赏朝向应丰满完整，排列适当；孤植树树形完整不偏冠(特殊姿态要求除外)，行列树、行道树排列整齐划一。

(5) 栽植深度、培土、浇水：栽植深度应符合大树生长需要，土壤在下沉后，根颈应与地面等高或略高；栽植时打碎土块，分层均匀培土，分层捣实，及时浇足定根水且不积水。

(6) 修剪及伤口处理：按设计要求或自然树形修剪，清除损伤折断的树枝、枯枝败叶、病虫害等；乔木分枝点符合设计要求，不留短桩、树钉；切口要做伤口处理。

(7) 垂直度、支撑：树干或树干重心应与地面垂直；支撑设施因树因地设桩或拉绳，树木绑扎处应夹软垫，不伤树木，稳定牢固；规则式种植支撑设施的大小、方向、高度及位置应整齐划一。

(8) 数量：数量符合设计要求。

检查方法：观察和尺量检查。

2. 园林建筑及小品工程

1) 假山、叠石、塑石

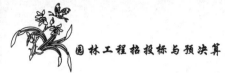

假山、叠石、塑石主体构造应符合设计要求，截面应符合结构需求，并在此基础上符合造

型艺术质量。其质量应符合下列规定。

(1) 基础：基础符合设计要求。底石材料要求坚实、耐压，不允许用风化过度石块做基石。

(2) 石材：所选用石材质地要求一致，色泽相近，纹理一致。石料不能有裂缝、损伤、剥落现象。

(3) 勾缝：勾缝应满足设计要求，做到自然、无遗漏。如设计无说明的，则用 1∶1 水泥砂浆进行勾缝，勾明缝不宜超过 20 mm 宽，暗缝应凹入石面 15～20 mm；色泽应与石料色泽相近。

(4) 基架：基架结构满足设计要求。所选用角铁、钢丝网、钢筋、水泥、砖块等材料符合相关材料标准。

(5) 着(上)色：为满足造景需要，塑石着色应无脱落、水溶现象，并提供相关材料的合格证明。

(6) 其他材料：其他材料应有产品合格证，并满足相关标准要求。

(7) 艺术造型：满足设计要求。

检验方法：观察、尺量检查及查阅资料。

检查数量：全数检查。

2) 汀步安装

汀步的造型首先应符合设计要求，安置应稳固，相邻两汀步空隙不大于 25 cm，高差不大于 5 cm。

检验方法：观察、尺量检查。

检查数量：全数检查。

3) 园路、广场铺装

(1) 面层：所用板块的品种、质量应符合设计要求，面层与基层的结合(黏结)应牢固，无空鼓。卵石色泽及块石大小搭配协调，颜色分配和顺，颗粒铺设清晰，石粒清洁，嵌入砂浆应大于深度颗粒 1/2，应竖向接贴排列，不得平铺。

检验方法：用小锤轻击和观察检查。

检查数量：按自然段抽查 10%，但不少于 3 处。

(2) 基层、垫层、结合层等应符合设计要求，做好隐蔽签证记录。

检验方法：查阅工程资料。

3. 园林水电工程

(1) 园林电气工程应符合《建筑电气工程施工质量验收规范》(GB 50303—2002)的要求。

(2) 给排水工程应符合《给水排水管道工程施工及验收规范》(GB 50268—2008)的要求。

(3) 喷灌工程应符合《喷灌工程技术规范》(GB/T 50085—2007)的要求。

上述检查之后，总监理工程师应汇总各专业组长检查验收结果。如果查出的问题较多较大，则应指令施工单位限期整改并再次进行复验。如果存在的问题仅属一般性的，除通知承接施工单位抓紧整修外，总监理工程师即应编写预验收报告一式三份，一份交施工单位供整改用，一份备正式验收时转交验收委员会，一份由监理单位自存。该报告除文字论述外，还应附上全部预验收检查的数据。与此同时，总监理工程师应填写竣工验收申请报告送项目建设单位。

（三）正式验收

1. 准备工作

（1）向验收委员会各单位发出请柬，并书面通知设计、施工及质量监督等有关单位。

（2）拟定竣工验收的工作议程，报验收委员会主任审定。

（3）选定会议地点。

（4）准备好一套完整的竣工和验收的报告及有关技术资料。

2. 正式竣工验收程序

（1）由各验收委员会主任主持验收委员会会议。会议首先宣布验收委员会名单，介绍验收工作议程及时间安排，简要介绍工程概况，说明此次竣工验收工作的目的、要求及做法。

（2）由设计单位汇报设计施工情况及对设计的自检情况。

（3）由施工单位汇报施工情况以及自检自验的结果情况。

（4）由监理工程师汇报工程监理的工作情况和预验收结果。

（5）在实施验收中，验收人员可先后对竣工验收技术资料及工程实物进行验收检查；也可分为两组，分别对竣工验收的技术资料及工程实物进行验收检查。在检查中可吸收监理单位、设计单位、质量监督人员参加。在广泛听取意见、认真讨论的基础上，统一提出竣工验收的结论意见，如无异议，则予以办理竣工验收证书和工程验收鉴定书。

（6）验收委员会主任或副主任宣布验收委员会的验收意见，举行竣工验收证书和鉴定书的签字仪式。

（7）建设单位代表发言。

（8）验收委员会会议结束。

工程竣工验收合格后，施工单位要向建设单位逐项办理工程移交手续和其他固定资产移交手续，在交接验收证书上签字，并根据合同规定办理工程结算手续。工程结算手续一旦办理完毕，合同双方除施工单位承担工程保修工作以外，建设单位同施工单位双方的经济关系和法律责任即予解除。

☆ 任务考核

序号	考核内容	考核标准	配分	考核记录	得分
1	园林工程竣工验收程序	掌握正确的验收程序	20		
2	园林工程质量检查内容	质量检查是否全面	40		
3	园林工程质量验收标准	标准是否正确	40		

☆ 知识链接

竣工总平面图的编绘

施工结束后，竣工验收前，要进行现场竣工测量，编绘竣工图。

（一）编绘竣工总平面图的目的

（1）在施工过程中往往可能出现设计变更，改进设计中不合理、不完善的地方，这种变更设计的情况必须通过测量反映到竣工总平面图上。

(2) 竣工总平面图有利于各种设施的维修工作,特别是地下管线等隐蔽工程的检查与维修工作。

(3) 为企业的扩建、改建提供各项建筑物、构筑物、地上和地下各种管线及交通线路的坐标、高程等资料。

(二) 编绘竣工总平面图的方法

1. 边施工边编绘竣工总平面图

在施工过程中及时收集建成项目的坐标、标高等资料,并按竣工的坐标展绘到底图(或设计总平面图)上,然后随着工程的进展,逐步编绘成竣工总平面图。这种方法的优点在于当工程项目全部竣工时,竣工总平面图也基本编制完成,既可及时提供交工验收资料,又可大大减少实测的工作量。同时,在编绘过程中如发现有问题,也可以及时到现场查对,使竣工总平面图能真实反映实际情况。

2. 实测竣工总平面图

在建设工程项目施工完毕之后,实地测绘,称为实测竣工总平面图。采用这样的方法编绘竣工总平面图,费工费时,而且在施工中,测量控制点不容易全部完好地保存下来,给竣工后实测竣工总平面图带来困难。

凡是按设计资料定位和施工的工程,其竣工总平面图应按设计坐标(或相对尺寸)和标高编绘。现场实地确定位置的工程,由于多次设计变更与资料不符的工程及地下管网,必须以实测资料编绘竣工总平面图。凡有竣工测量资料的工程,其竣工测量成果与设计值之差不超过工程允差时,竣工总平面图可按设计值编绘,否则应按竣工测量资料编绘。

(三) 竣工总平面图的编绘

工程建设的工程档案是建设项目的永久性技术文件,工程竣工总平面图是工程档案的重要内容,竣工总平面图是真实记录建筑工程情况的重要技术资料,是建筑工程进行交工验收、维护修理、改建扩建的主要依据。因此,竣工总平面图必须做到准确、完整、真实,符合长期保存的归档要求。

竣工总平面图的编绘应在汇总各单项工程的竣工图的基础上进行。

竣工总平面图的编绘范围一般与施工总平面图的范围相同,使用的平面与高程系统应与施工系统一致,图面内容和图例也应和设计图一致。编绘竣工总平面图时,其细部坐标与标高的编绘点数应不少于设计图标注的坐标和标高的点数,对于建筑物和构筑物的附属部位,可注明相对关系尺寸。建筑物、构筑物的细部坐标及标高宜直接标注在图面上,当图面负荷较大时,也可将建筑物、构筑物特征点的坐标、标高编制成表。

竣工总平面图上应包括建筑方格网标桩、水准点、厂房、辅助设施、生活福利设施、架空与地下管线、铁路等建筑物或构筑物的特征点的坐标、高程,以及厂区内空地和未建区的地形。

当图面负荷允许时,可将整个厂区的地上、地下建筑物、构筑物编绘成一张综合性竣工总平面图;当图面负荷较大时,应将地下管网部分编绘成专业竣工图。

地下管网竣工图是在对已竣工的地下管网在填土前测量其起点、终点、转折点(交点)、变坡点等特征点及检修井的实际位置的基础上编制的,在图上应注明管线的用途、规格(如管径、断面等)。地下管网竣工图绘成后应及时进行现场核对,防止错误。

☆ 复习提高

由教师指定校园内某处已完成建设的园林工程项目，要求项目涵盖内容全面，由学生分组进行该工程的竣工验收工作，指出工程验收中的问题与不足，并进行讨论。

任务 2 园林工程结算与竣工决算

☆ 能力目标

1. 能熟练编制园林工程结算
2. 能熟练审核园林工程结算
3. 能熟练编制园林工程竣工决算

☆ 知识目标

1. 园林工程竣工结算的依据与方式
2. 园林工程竣工结算的内容
3. 园林工程竣工结算的编制方法

☆ 基本知识

一、园林工程竣工结算概述

（一）工程竣工结算的含义及规定

工程竣工结算，是指一个单位工程或分项工程完工，通过建设及有关部门的验收，竣工报告被批准后，承包方按国家有关规定和协议条款约定的时间、方式向发包方提出结算报告，办理竣工结算。

工程竣工结算也可指单项工程完成并达到验收标准，取得竣工验收合格签证后，园林施工企业与建设单位之间办理的工程财务结算。

单项工程竣工验收后，由园林施工企业及时整理交工技术资料。主要工程应绘制竣工图，编制竣工结算，连同施工合同、补充协议、设计变更洽商等资料，一并送建设单位审查，经承发包双方达成一致意见后办理结算。

（二）园林竣工结算的编制依据

（1）工程合同或协议书。

（2）施工图预算书。

（3）设计变更通知单。

（4）施工技术问题核定单。

（5）施工现场签证记录。

（6）分包单位或附属单位提出的分包工程结算书。

（7）材料预算价格变更文件。

（三）园林竣工结算的编制内容

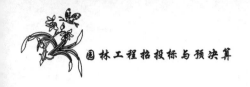

园林竣工结算编制的内容和方法与施工图预算基本相同，不同之处是以增加施工过程

中变动签证等资料为依据的变化部分，应以原施工图预算为基础，进行部分增(减)和调整。一般主要有以下几种情况。

1. 工程量增(减)调整

所完成实际工程量与施工图预算工程量之间的差额，即量差。这是编制工程竣工结算的主要内容。

(1) 设计变更和漏项：因实际图样修改和漏项等而产生的工程量增(减)，该部分可依据设计变更通知书或图纸会审记录进行调整。

(2) 现场施工变更：实际工程中改变某些施工方法、更换材料规格以及出现一些不可预见情况，均可根据双方签证的现场记录，按照合同或协议的规定进行调整。

(3) 施工图预算错误：在编制竣工结算前，应结合工程的验收和实际完成工程量情况，对施工图预算中存在的错误予以纠正。

2. 价差调整

材料价差是指合同规定的工程开工至竣工期内，因材料价格增(减)变化而产生的价差。工程竣工结算可按照地方预算定额或基价表的单价编制，因当地造价部门文件调整发生的人工、计价材料和机械费用的价差均可以在竣工结算时加以调整。未计价材料则可根据合同或协议的规定，按实际调整价差。

3. 费用调整

工程量的增(减)会影响直接费的变化，其企业管理费、利润和税金应做相应的调整。属于工程数量的增(减)变化，需要相应调整安装工程费的计算；属于价差的因素，通常不调整安装工程费，但要计入计费程序中，即该费用应反映在总造价中；属于其他费用，如大型机械进出场费等，应根据各地区定额和文件规定一次结清，分摊到工程项目中去。

(四) 工程竣工结算的编制方式

1. 施工图预算加签证方式编制竣工结算

工程结算书是在原来工程预算书的基础上，加上设计变更原因造成的增、减项目和其他经济签证费用编制而成的。这种方式适用于小型园林工程，对增(减)项目和费用等，经建设单位或监理工程师签证后，与审定的施工图预算一起在竣工结算中进行调整。

2. 招标或议标后的合同价加签证结算方式

如果工程实行招投标，通常中标一方根据工期、质量等签订工程合同，对工程实行造价一次性包干。合同所规定的造价就是竣工结算造价，在结算时需将合同中未包括的条款或出现的一些不可预见费，在施工过程中由于工程变更所增(减)的费用，经建设单位或监理工程师签证后，作为“合同补充说明”进入工程竣工结算。

3. 预算包干结算方式编制竣工结算

预算包干结算也称施工图预算加系数包干结算，依据合同规定，若未发生包干范围以外的工程增(减)项目，包干造价就是最终结算造价。

4. 平方米造价包干结算方式编制竣工结算

平方米造价包干结算方式是双方根据施工图和有关技术经济资料，事先协商好每平方米造价指标后，按实际完成的平方米数量进行结算。这种方式适用于广场铺装、草坪铺设等。

（五）园林竣工结算的审查

竣工结算编制后要有严格的审查，通常由业主、监理公司或审计部门把关进行。审核内容通常有以下几个方面。

1. 核对合同条款

主要针对工程竣工是否验收合格，竣工内容是否符合合同要求，结算方式是否按合同规定进行，套用定额、计费标准、主要材料调差等是否按约定实施。

2. 检查隐蔽验收记录

核对隐蔽工程施工记录和验收签证，手续完整、工程量与竣工图一致方可列入结算。

3. 审查设计变更通知

主要审查设计变更通知是否符合手续程序，是否加盖公章等。

4. 根据图纸核实工程数量

以原施工图概（预）算为基础，对施工中发生的设计变更、经济政策的变化等，编制变更增（减），在施工图概预算的基础上做增（减）调整，并按国家统一规定的计算规则计算工程量。

5. 审核各项费用计算

主要从费率、计算基础、价差调整、系数计算、计费程序等方面着手审核是否计算准确。

6. 防止各种计算误差

工程竣工计算子目多，篇幅大，应认真审核避免误差。

间接费、计划利润及税金是以直接费（或定额人工费总额）为基数计取的。随着人工费、材料费和机械费用的调整，间接费、计划利润及税金也同样在变化，但取费的费率不作变动。

二、园林工程预算中设计变更与现场签证

园林工程施工预算中，涉及不可忽视的两个方面是设计变更和现场签证。在工程施工过程中经常发生纠纷的也是关于设计变更和现场签证方面的内容，如果想要在园林工程预算经济管理方面取得成功，就必须掌握好设计变更与现场签证的管理。

（一）设计变更的流程及实施管理

设计变更是指由于某种原因，需要变更原有施工图等设计文件资料时，由设计单位做出的修改设计文件或补充设计文件的行为。

1. 设计变更文件提出及通知

设计变更文件分提出设计变更建议和设计变更文件内容发放两个阶段。其中提出设计变更建议有以下两种渠道：第一种是由业主方通知设计方自查，提出设计变更通知；第二种是由各单位整理好设计变更资料后，建议设计变更，然后由监理、业主以及设计单位同意后，最后提出设计变更通知。

2. 设计变更发放流程

监理进行审批→业主进行审批→监理发放设计变更→承包单位接收→承包单位和监理单位统计监控并归档设计变更→进入投资合同管理系统。

以上流程都必须建立在审批合格的基础上，否则须重新提出变更通知。

例如，施工现场承包单位在施工过程中发现有须变更的部分后，提出设计变更建议，交

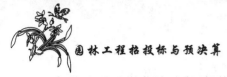

由业主和监理方进行讨论，然后与设计单位进行商讨确认，最后由设计单位出具相应的设计变更文件，由监理方及业主进行审批，审批合格后由监理方向所有承包方发送变更内容。设计变更单样例见表 5-2-1，各地区内容有所不同。

表 5-2-1　设计变更单

编号：

<table>
<tr><td colspan="3">工程名称：</td><td colspan="2">施工单位：</td></tr>
<tr><td colspan="3">施工地点：</td><td colspan="2">建设单位：</td></tr>
<tr><td colspan="3">变更原因：</td><td colspan="2">变更内容：</td></tr>
<tr><td colspan="3">原设计工程量：</td><td colspan="2">设计变更后工程量：</td></tr>
<tr><td>变更意见</td><td>施工单位：
（盖章）
年　月　日</td><td>监理单位：
（盖章）
年　月　日</td><td>建设单位：
（盖章）
年　月　日</td><td>设计单位：
（盖章）
年　月　日</td></tr>
</table>

（二）现场签证流程及实施管理

现场签证是指在施工过程中经常会遇到设计图纸以外及施工预算中没有包含的而现场又实际发生的施工内容。

1. 现场签证在施工现场实施的流程

1）引起现场签证的原因及流程

根据引起现场签证的主体不同，可以将现场签证分两种情况，即由甲方相关指令（如设计变更单、工作联系单等）引起现场签证和施工单位根据现场施工条件主动提出的现场签证。

由甲方相关指令引起现场签证根据现场当时情况的不同又分为正常签证和特急签证两种。正常签证必须按照程序来进行，特急签证可以特殊办理。

当甲方确定发出相关指令会导致现场签证发生时，首先判断可能要发生的现场签证的性质是属于正常签证，还是属于特急签证。如果属于正常签证，施工单位接到甲方指令后，根据甲方相关指令要求，提出办理现场签证的需求，填写“现场签证单”报监理单位审核。按照“先估价，后施工”的原则执行，要求签证的审批在 7 日内完成。如果属于特急签证，由甲方发出相关指令，要求施工单位立即执行，同时施工方提出办理现场签证的需求，填写“现场签证单”报监理单位审核，为确保不因执行时间延缓导致更大损失，则按照“边估价，边实施”的原则，同时要求必须在开工后 7 日完成全部审批手续。

由施工单位主动提出的现场签证是在日常施工过程中，由于某些工作任务没有出现在合同中或者预算范围内，为了维护自身利益应提出现场签证需求。

办理流程与上述因甲方指令引起签证的相同。施工单位填写“现场签证单”时，要求附上初步预算或工程量清单。如属现场实际测量的部分，需先确定单价后预估工程量；如合同中单价已约定则按原单价计算；如无合同或无单价约定则需事先确定，包括材料设备的认质认价；如果是由设计变更引起的现场签证，且在设计变更审批过程中已经对签证费用进行计算确定，施工单位不需重新计算。

2）现场签证的审批

所有的现场签证由施工单位报监理工程师审批，监理工程师接到申请，须当日对现场工程变化情况进行调查，审核现场签证内容，并签署意见，然后提交给业主审核，最后由业主预算部门进行核算并存档。

2. 现场签证的实施管理

施工单位按经审批通过的现场签证单（样例见表 5-2-2）内容组织实施，由专业工程师负责工程量的复核，现场成本管理员负责造价的复核。需要实际测量的部分，则由项目现场工程师、现场成本管理员、监理、施工单位到场测量，并在现场签证单上签字确认。隐蔽工程签证必须在隐蔽前完成验收手续和工作量确认。

表 5-2-2 施工现场签证单

工程名称：　　　　签证编号：

签证原因及签证内容（或草图示意）：		
施工单位： （盖章） 年 月 日	监理单位： （盖章） 年 月 日	建设单位： （盖章） 年 月 日

说明：①本签证单一式四份（施工方、监理方、业主工程管理部及预算合约部各一份）。
②本签证单应对照业主签证管理办法执行。

3. 现场签证单撰写的要素

（1）内容摘要：简明扼要地说明签证的主要内容。

（2）依据：阐明发生签证事件的有效依据，包括法律法规、合同条款、指令、变更函件、各类确认函等。

（3）签证事实：描述签证事件发生的经过及相关数据。

三、工程竣工决算概述

（一）工程竣工决算的含义

工程竣工决算又称竣工成本决算，是指一个建设项目的施工活动与原设计图纸相比发生了一些变化，这些变化涉及工程造价，使工程造价与原施工图预算比较有增加或减少，将这些变化在工程竣工以后按编制施工图预算的方法与规定，逐项进行调整计算得出的结果。

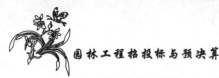

（二）工程竣工决算的作用

(1) 竣工决算是施工单位与建设单位结清工程费用的依据。

(2) 竣工决算是施工单位考核工程成本、进行经济核算的依据，同时也是施工单位总结和衡量单位经营管理水平的依据。竣工决算资料是施工企业进行经济管理的重要资料来源。

(3) 建设单位编制竣工决算，能够准确反映出基本建设项目实际造价和投资效果，且对投入生产或使用后的经营管理起到重要作用。

(4) 建设单位通过竣工决算与概算、预算的对比分析，考核投资控制的工作成效，总结经验教训，提高未来建设工程的投资效益。

（三）园林工程竣工决算的分类

园林工程竣工决算分为施工单位竣工决算和建设单位竣工决算。

1. 施工单位竣工决算

园林施工单位竣工决算是企业内部对竣工的单位工程进行实际成本分析，反映其经济效果的一项决算工作。它以单位工程的竣工结算为依据，核算一个单位工程从开工到竣工时的施工企业预算成本、实际成本和成本降低额，并编制单位工程竣工成本决算表，以总结经验，提高企业经营管理水平。

2. 建设单位竣工决算

建设单位竣工决算是建设单位根据相关要求，对所有新建、改建和扩建工程建设项目竣工后应编报的竣工决算。它是反映竣工项目建设成果及财务收支状况的文件，是反映整个建设项目从筹建到竣工的建设费用的文件。

（四）园林工程竣工决算的内容

园林工程竣工决算是在建设项目或单项工程完工后，由建设单位财务及有关部门，以竣工结算、前期工程费用等资料为基础进行编制的。竣工决算全面反映了建设项目或单项工程从筹建到竣工全过程中各项资金的使用情况和设计概(预)算执行的结果，它是考核建设成本的重要依据。竣工决算主要包括以下内容。

1. 文字说明

文字说明部分主要包括工程概况，设计概算和建设项目计划的执行情况，各项技术经济指标完成情况及各项资金使用情况，建设工期、建设成本、投资效果分析，以及建设过程中的主要经验、存在的问题及处理意见和各项建议等内容。

2. 竣工工程概况表

将设计概算的主要指标与实际完成的各项主要指标进行对比，可采用表格的形式。

3. 竣工财务结算表

用表格形式反映出资金来源与资金运用情况。

4. 交付使用财产明细表

交付使用的园林项目中固定资产的详细内容，不同类型的固定资产应采用不同形式的表格。例如，园林建筑等可用交付使用财产、结构、工程量(包括设计、实际)概算(实际的建设投资、其他基建投资)等项来表示。设备安装可用交付使用财产名称、规格型号、数量、概算、实际设备投资、建设基建投资等项来表示。

☆ 学习任务

本学习任务以项目二中任务 2 的学习任务为基础设定，假定其完成的商务报价为最终的合同价，请结合工程现场实际发生的设计变更和签证（表 5-2-3、表 5-2-4）等内容，完成××区居民庭院及园林景观改造建设工程的竣工结算。该增减部分按合同约定属调整内容。

表 5-2-3　××区居民庭院及园林景观改造建设工程设计变更单

编号：

<table>
<tr><td colspan="3">工程名称：××区居民庭院及园林景观改造建设工程</td><td colspan="2">施工单位：某园林公司</td></tr>
<tr><td colspan="3">施工地点：××市××路</td><td colspan="2">建设单位：××区园林管理局</td></tr>
<tr><td colspan="3">变更原因：
甲方要求，考虑环境协调美观。</td><td colspan="2">变更内容：
将该工程范围内部分山杏的栽植变更为栽植金叶榆，具体位置由甲方现场确认。</td></tr>
<tr><td colspan="3">原设计工程量：
山杏：200 株
金叶榆：300 株</td><td colspan="2">设计变更后工程量：
山杏：200－20＝180 株
金叶榆：300＋40＝340 株</td></tr>
<tr><td>变更意见</td><td>施工单位：
（盖章）
年　月　日</td><td>监理单位：
（盖章）
年　月　日</td><td>建设单位：
（盖章）
年　月　日</td><td>设计单位：
（盖章）
年　月　日</td></tr>
</table>

表 5-2-4　××区居民庭院及园林景观改造建设工程施工现场签证单

工程名称：××区居民庭院及园林景观改造建设工程　　　　签证编号：

<table>
<tr><td colspan="3">签证原因及签证内容（或草图示意）：
根据设计变更单中内容要求，由我施工单位增加金叶榆的栽植，减少山杏的栽植。
现将需要签证的工程内容列出如下：
1. 金叶榆增加的数量 40 株，苗木规格为胸径 4～5 cm。
2. 山杏减少的数量 20 株，苗木规格为胸径 4 cm。
请予以审核签证。</td></tr>
<tr><td>施工单位：
（盖章）
年　月　日</td><td>监理单位：
（盖章）
年　月　日</td><td>建设单位：
（盖章）
年　月　日</td></tr>
</table>

说明：①本签证单一式四份（施工方、监理方、业主工程管理部及预算合约部各一份）。

②本签证单应对照业主签证管理办法执行。

☆ 任务分析

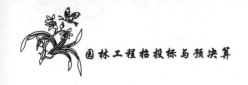

本工程为工程量清单计价报价并签订合同，故结算时也需按工程量清单计价进行。完成该任务的实施，主要是在原投标报价的基础上，根据设计变更和现场签证进行相应工程项

目的增减，并计算出相应的金额，形成最终的结算。

☆ 任务实施

园林工程竣工结算的基本方法和投标报价组价基本相同，主要是根据竣工图、工程量清单和签证单（变化工程量），计算出该工程的增（减）量及综合单价的增（减），从而计算出工程竣工总造价即结算价。

一、收集资料

收集设计变更单（表 5-2-3）、竣工图样、签证单（表 5-2-4）及项目相关资料等。

二、计算分部分项工程费增减

由于甲方要求，原栽植金叶榆增加 40 株，栽植山杏减少 20 株。

公式：工程数量＝合同量＋送审增（减）量。

栽植金叶榆工程量＝合同量＋送审增（减）量＝300＋40＝340 株。

栽植山杏工程量＝合同量＋送审增（减）量＝200－20＝180 株。

公式：送审增（减）价＝送审增（减）量×综合单价。注：单价无送审增减价，即执行合同价。

栽植金叶榆送审增（减）价＝送审增（减）量×综合单价＝40×250.01＝10 000.40 元。

栽植山杏送审增（减）价＝送审增（减）量×综合单价＝（－20）×140.01＝－2 800.20 元。

分部分项工程费增减详见表 5-2-5。

表 5-2-5　分部分项工程费增（减）表

工程名称：××区居民庭院及园林景观改造建设工程　　　　第 1 页　共 1 页

序号	项目编号	项目名称	计量单位	工程数量		综合单价/元		合价/元		增（减）原因
				合同量	送审增（减）量	合同价	送审增（减）价	合同价	送审增（减）价	甲方要求
1	050102001001	栽植山杏	株	200	－20	140.01	—	28 002.00	－2 800.20	甲方要求
2	050102001002	栽植金叶榆	株	300	＋40	250.01	—	75 003.00	＋10 000.40	
3	050102004001	栽植忍冬	丛	50	—	123.83	—	6 191.50	—	
4	050102004002	栽植重瓣榆叶梅	丛	300	—	118.83	—	35 649.00	—	
5	050102010001	铺种草坪	m^2	1 110	—	17.10	—	18 981.00	—	
6	010407002001	坡道	m^2	112	—	42.58	—	4 768.96	—	
7	040103002001	余方弃置	m^3	48	—	28.90	—	1 387.20	—	
8	040204001001	普通道板铺设	m^2	82	—	13.31	—	1 091.42	—	
9	040204003001	边石	m	49	—	22.07	—	1 081.43	—	
10	040305001001	挡墙	m^3	10.31	—	523.98	—	5 402.23	—	
11	y 补	圆形树池带座椅	个	10	—	2 000.00	—	20 000.00	—	
12	y 补	不锈钢桌凳	套	5	—	1 500.00	—	7 500.00	—	
合计								205 057.74	7 200.20	
增（减）后分部分项工程费总计								212 257.94		

三、计算措施项目费增减

公式：增(减)人工费＝送审增(减)量×人工费综合单价

栽植山杏人工费单价＝6 671.00÷200＝33.35 元(查综合单价分析表)。

栽植山杏增(减)人工费＝(－20)×33.35＝－667.00 元。

栽植金叶榆人工费单价＝10 006.00÷300＝33.35 元(查综合单价分析表)。

栽植金叶榆增(减)人工费＝40×33.35＝＋1 334.00 元。

总增(减)人工费＝1 334.00－667.00＝＋667.00 元。

措施项目费增减额按投标报价措施费费率表与增加人工费乘积算得，详见表 5-2-6。

表 5-2-6　措施项目费增(减)表

工程名称：××区居民庭院及园林景观改造建设工程　　　　标段：　　　　第 1 页　共 1 页

序号	项目名称	投标报价			送审增(减)/元	
		计算基础	费率/(%)	金额/元	计算基础	增(减)金额
1	安全文明施工	人工费	1.07	387.76	+667.00	+7.14
2	夜间施工	人工费	0.08	28.99	+667.00	+0.53
3	二次搬运	人工费	0.08	28.99	+667.00	+0.53
4	冬雨季施工	人工费				
5	大型机械设备进出场及安拆					
6	施工排水					
7	施工降水					
8	地上、地下设施、建筑物的临时保护设施					
9	已完工程及设备保护	人工费	0.11	39.86	667.00	+0.73
10	各专业工程的措施项目					
11						
12						
	合计			485.60		+8.93
	增(减)后措施项目费总计				494.53	

四、计算其他项目费增减

其他项目费在原投标报价中仅列“暂列金额”项，工程结算时，暂列金额应予取消，另根据工程实际发生项目增加费用。在工程结算中该项应减去工程价款调整与索赔、现场签证金额计算，如有余额归发包人。本工程其他项目费增减后为零。

五、计算规费、税金项目费增减

规费、税金项目费增(减)计算基础为增(减)后的各项费用之和，费率执行投标报价时的费率，详见表 5-2-7。

表 5-2-7 规费、税金项目费增(减)表

工程名称：××区居民庭院及园林景观改造建设工程　　标段：　　第1页 共1页

序号	项目名称	投标报价			增(减)后		
		计算基础	费率/(%)	金额/元	计费基础	费率/(%)	金额/元
1	规费	分部分项工程费＋措施项目费＋其他项目费	4.08	8 607.96	增(减)后分部分项工程费＋增(减)后措施项目费＋增(减)后其他项目费	4.08	8 680.30
1.1	工程排污费	分部分项工程费＋措施项目费＋其他项目费	0.05	105.49	增(减)后分部分项工程费＋增(减)后措施项目费＋增(减)后其他项目费	0.05	106.38
1.2	社会保障费	(1)＋(2)＋(3)	3.46	7 299.89	(1)＋(2)＋(3)	3.46	7 361.24
(1)	养老保险费	分部分项工程费＋措施项目费＋其他项目费	2.86	6 034.01	增(减)后分部分项工程费＋增(减)后措施项目费＋增(减)后其他项目费	2.86	6 084.72
(2)	失业保险费	分部分项工程费＋措施项目费＋其他项目费	0.15	316.47	增(减)后分部分项工程费＋增(减)后措施项目费＋增(减)后其他项目费	0.15	319.13
(3)	医疗保险费	分部分项工程费＋措施项目费＋其他项目费	0.45	949.41	增(减)后分部分项工程费＋增(减)后措施项目费＋增(减)后其他项目费	0.45	957.39
1.3	住房公积金	分部分项工程费＋措施项目费＋其他项目费	0.48	1 012.70	增(减)后分部分项工程费＋增(减)后措施项目费＋增(减)后其他项目费	0.48	1 021.21
1.4	危险作业意外伤害保险	分部分项工程费＋措施项目费＋其他项目费	0.09	189.88	增(减)后分部分项工程费＋增(减)后措施项目费＋增(减)后其他项目费	0.09	191.48
2	税金	分部分项工程费＋措施项目费＋其他项目费＋规费	3.41	7 487.93	增(减)后分部分项工程费＋增(减)后措施项目费＋增(减)后其他项目费＋规费	3.41	7 550.86

六、填写单位工程竣工结算汇总表

本工程无单位工程划分，单项工程也使用本表汇总，详见表5-2-8。

表5-2-8　单位工程竣工结算汇总表

工程名称：××区居民庭院及园林景观改造建设工程　　标段：　　第1页　共1页

序号	汇总内容	金额/元
1	分部分项工程	212 257.94
1.1		
1.2		
1.3		
1.4		
1.5		
2	措施项目	494.53
2.1	安全文明施工费	394.90
3	其他项目	0
3.1	暂列金额	
3.2	暂估价	
3.3	计日工	
3.4	总承包服务费	
4	规费	8 680.30
5	税金	7 550.86
竣工结算总价合计=1+2+3+4+5		228 983.63

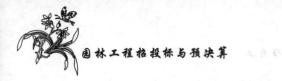

七、填写工程项目竣工结算汇总表

该工程无其他单项工程划分，填表如表 5-2-9 所示。

表 5-2-9　工程项目竣工结算汇总表

工程名称：××区居民庭院及园林景观改造建设工程　　　　第 1 页　共 1 页

序号	单项工程名称	金额/元	其中	
			安全文明施工费/元	规费/元
1	××区居民庭院及园林景观改造建设工程	228 983.63	394.90	8 680.30
合计		228 983.63		

八、填写结算书封面

结算书封面如表 5-2-10 所示。

表 5-2-10 结算书封面

××区居民庭院及园林景观改造建设 工程

竣 工 结 算 总 价

中标价(小写):227075.19 元 (大写):贰拾贰万柒仟零柒拾伍元壹角玖分

结算价(小写):228983.63 元 (大写):贰拾贰万捌仟玖佰捌拾叁元陆角叁分

发 包 人:________ 承 包 人:________ 工程造价咨 询 人:________
(单位盖章) (单位盖章) (单位资质专用章)

法定代表人或其授权人:________ 法定代表人或其授权人:________ 法定代表人或其授权人:________
(签字或盖章) (签字或盖章) (签字或盖章)

编 制 人:________________ 核 对 人:________________
(造价人员签字盖专用章) (造价工程师签字盖专用章)

编制时间: 年 月 日 核对时间: 年 月 日

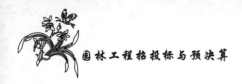

☆ 任务考核

序号	考 核 内 容	考 核 标 准	配分	考核记录	得分
1	收集资料	主要材料齐全	10		
2	熟悉竣工图样和施工内容	基本正确，无明显错误	10		
3	计算增(减)量	正确，无明显错误	10		
4	根据工程量清单计价计算综合单价增(减)	正确，无明显错误	20		
5	编制园路工程竣工结算	表格齐全，内容正确	40		
6	装订、签字、盖章	装订顺序正确，手续齐备	10		

☆ 知识链接

基本建设工程中的“三算”“三超”“两算对比”

(一)“三算”

基本建设工程投资估算、设计概算和施工图预算，简称为“三算”。

1. 投资估算

投资估算是指在整个投资决策过程中，依据现有的资料和一定的方法，对建设项目的投资额(包括工程造价和流动资金)进行的估计。

投资估算总额是指从筹建、施工直至建成投产的全部建设费用，其包括的内容应视项目的性质和范围而定。投资估算是项目投资决策的重要依据，是正确评价建设项目投资合理性、分析投资效益、为项目决策提供依据的基础。当可行性研究报告被批准之后，其投资估算额就作为建设项目投资的最高限额，不得随意突破。投资估算一经确定，即成为限额设计的依据，用以对各设计专业实行投资切块分配，作为控制和指导设计的尺度或标准。

2. 设计概算

设计概算是指设计单位在初步设计或扩大初步设计阶段，根据设计图样及说明书、设备清单、概算定额或概算指标、各项费用取费标准等资料，类似工程预(决)算文件等资料，用科学的方法计算和确定基本建设工程全部建设费用的经济文件。

设计概算的主要作用：是国家制定和控制建设投资的依据；是编制建设计划的依据；是进行拨款和贷款的依据；是签订总承包合同的依据；是考核设计方案的经济合理性和控制施工图设计及施工图预算的依据；是考核和评价工程建设项目成本和投资效果的依据。

3. 施工图预算

施工图预算是根据施工图、预算定额、各项取费标准、建设地区的自然及技术经济条件等资料编制的基本建设工程预算造价文件。

施工图预算是工程施工企业和建设单位签订承包合同、实行工程预算包干、拨付工程款和办理工程结算的依据，也是建筑企业编制计划、实行经济核算和考核经营成果的依据。在实行招标承包制的情况下，施工图预算是建设单位确定标底和工程施工企业投标报价的依据。

没有投资估算的项目不得批准立项和进行可行性研究；没有设计概算的项目不得批准初步设计；没有施工图预算的项目不准开工。

（二）“三超”

建设工程造价在我国长期存在概算超估算、预算超概算、决算超预算的“三超”现象，严重困扰着建设工程的投资效益和管理。工程造价的有效控制，就是在优化建设方案、设计方案的基础上，在建设程序的各个阶段，采用一定的方法和措施将工程造价的发生控制在合理的范围和核定的造价限额以内。具体说，要用投资估算价控制设计方案的选择和初步设计概算造价，用概算造价控制技术设计和修正概算造价，用概算造价或修正概算造价控制施工图设计和预算造价，以求合理地使用人力、物力和财力，取得较好的投资效益。

（三）“两算对比”

“两算对比”是指施工图预算和施工预算的对比。

施工预算是施工单位根据施工图纸、施工定额、施工及验收规范、标准图集、施工组织设计（或施工方案）编制的单位工程（或分部分项工程）施工所需的人工、材料和施工机械台班数量，是施工企业内部文件，是单位工程（或分部分项工程）施工所需的人工、材料和施工机械台班消耗数量的标准。

“两算对比”主要包括人工工日的对比、材料消耗量的对比、机械台班数量的对比、直接费的对比、措施费用对比、其他直接费的对比等。通过“两算对比”，可以找出该工程项目节约和超支的原因，搞清楚施工管理过程中不合理的地方和薄弱的环节，便于提出合理的解决办法，防止因人工、材料、机械台班及相应费用的超支或浪费而导致工程成本的上升，进而造成项目亏损。

☆ 复习提高

由教师提供一套某项已完工程的投标文件、中标通知书、合同等资料，结合实际发生的设计变更、现场签证等，对项目进行工程竣工结算。

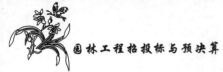

项目六　预算软件的应用

随着计算机软硬件技术的不断发展，特别是CAD技术的成熟，工程造价应用软件逐渐升温。利用计算机计算工程量、确定工程造价，已经成为工程行业推广计算机应用技术的新热点。计算机软件在工程造价领域的应用，可以大幅度地提高工程造价的工作效率，帮助企业建立完整的工程资料库，进行各种历史资料的整理与分析，及时发现问题，改进有关的工作程序，从而为造价的科学管理与决策起到良好的促进作用。目前工程造价软件在全国的应用已经比较广泛，并且已经取得了巨大的社会效益和经济效益，随着面向全过程的工程造价软件的应用和普及，它必将为企业和全行业带来更大的经济效益。

技能要求

- 能够熟练运用预算软件进行定额计价的编制
- 能够熟练运用预算软件进行工程量清单计价的编制
- 能够运用预算软件对工程造价进行审核

知识要求

- 了解常用的工程造价软件的特点
- 了解常用工程造价软件的工作原理
- 掌握造价软件编制工程造价的程序
- 掌握造价软件的详细使用及注意事项

任务1　预算软件的应用

☆ 能力目标

1. 能够使用预算软件进行预算编制
2. 能够使用预算软件进行工程量清单计价
3. 能够对报表进行打印输出

☆ 知识目标

1. 了解常用预算软件的使用
2. 掌握预算软件的基本操作
3. 掌握神机妙算软件的使用与维护管理

☆ 基本知识

一、常用预算软件介绍

工程造价软件主要分为两个部分：工程量计算软件（例如混凝土量、钢筋用量、建筑面积、物体体积等)和辅助造价计算软件(计算造价、分析工料、调整报价、打印报表等)。常用预算软件有鲁班软件、神机妙算工程造价软件、广联达工程造价软件等。这些产品的应用，基本可以解决目前的概预算编制、概预算审核、工程量计算、统计报表以及施工过程中的预算问题，也使我国的造价软件进入了工程计价的实用阶段。

本书详细介绍神机妙算工程造价软件的运用。

二、神机妙算工程造价软件基本介绍

(一) 系统运行环境

神机妙算工程造价软件系统运行环境详见表 6-1-1 所示。

表 6-1-1　神机妙算工程造价软件系统运行环境

内　　容	配 置 要 求
操作系统	Windows 2000/ME/XP/NT
CPU 处理器	Pentium 586 以上微机
内存空间	64MB 以上
占用硬盘空间	50MB 以上
空闲硬盘空间	100MB 以上
物理接口	USB
显示器	分辨率 800＊600 真彩色或更高
打印机	各种类型 24 针激光或喷墨打印机
鼠标	两键鼠标
其他设备	倍速光驱、声卡
支持网络	NE2000 兼容网卡(10M/100M 自适应) 局域网和远程网络还必须有“TCP/IP”支持进行通信

(二) 单机版软件安装方法

开机之前将软件加密锁安装在计算机上，然后按下列步骤进行神机妙算工程造价软件的安装。

步骤 1:开机，启动 Windows 操作系统。

步骤 2:将装有神机妙算工程造价软件的光盘放入光盘驱动器。

步骤 3:双击桌面“我的电脑”图标，在弹出的窗口内双击光盘图标，窗口显示软件内容。

步骤 4:双击光盘中安装文件夹的安装程序“setup. exe”文件，屏幕弹出提示窗口(见图 6-1-1)，跟随安装向导单击 [下一步(N) >] 按钮进行安装，并请按屏幕提示填写相应信息(不填则取默认内容)，直至出现 [✓确认(Y)] 按钮，即安装完成。一般正版软件都要使用加密锁进行加密的，因此要妥善保管好加密锁。

(三) 软件的启动和退出

1. 软件启动

神机妙算工程造价软件安装完毕后会在桌面上出现软件图标，直接双击桌面上的

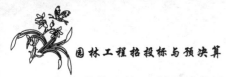

图 6-1-1 软件安装窗口

“神机妙算”图标，即可启动软件。

也可按下列步骤进行启动。

步骤 1：鼠标单击桌面  按钮。

步骤 2：指向“程序”。

步骤 3：指向“神机妙算工程造价系列软件”。

步骤 4：指向“神机妙算工程造价系列软件”后单击相应程序即可进入系统（见图 6-1-2）。

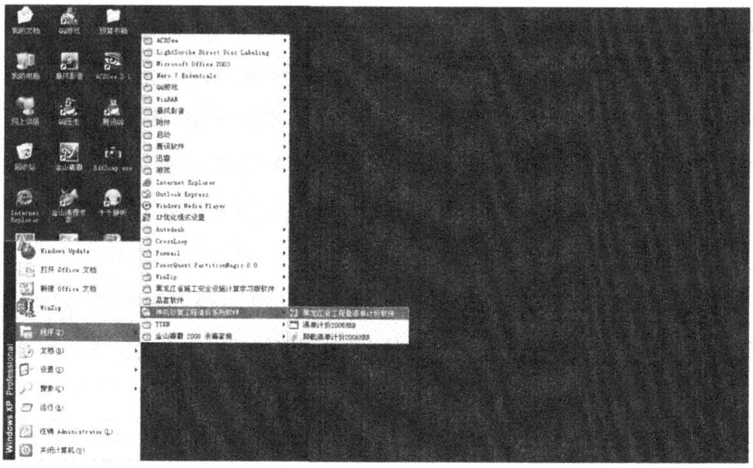

图 6-1-2 启动软件

2. 软件退出

退出神机妙算工程造价软件可使用下列方法。

步骤 1：将系统所有的编辑窗口关闭。

步骤 2：选择主菜单“退出（工程造价软件）”菜单项或单击程序窗口右上角  按扭（见图 6-1-3），屏幕弹出系统关闭对话框。

步骤 3：选择对话框上的  按钮，系统退出。

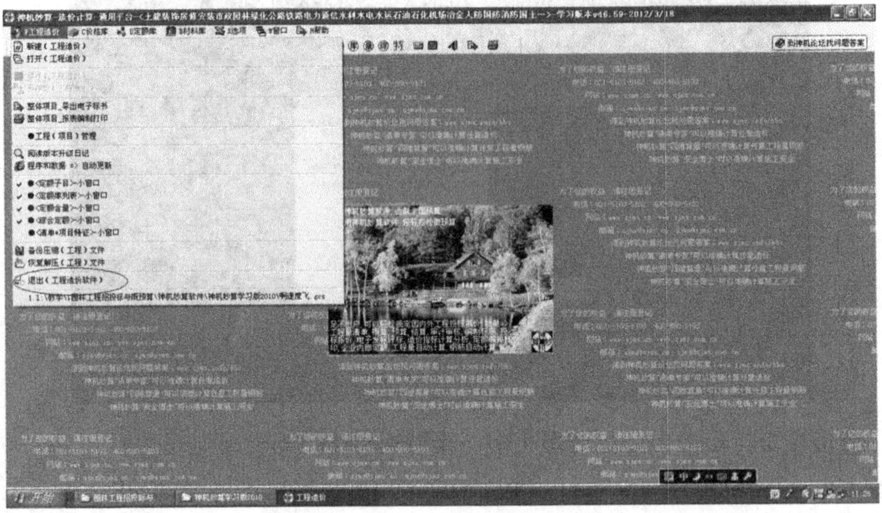

图 6-1-3 退出软件

三、传统计价工程预算书的编制

（一）新建工程库

新建工程库要设置下列内容：定义工程文件名、打开模板、定义工程信息。

1. 设置序列号

正版软件的定额库都是经过加密的，第一次使用前，要输入与软件锁编号相对应的序列号，定额库才能使用。否则在打开模板后，会出现提示框。双击桌面上的“神机妙算”图标进入软件，单击“打开（工程造价）”按钮，单击插页上的 序列号 -> 设置（定额库）对应编号 按钮，在弹出的对话框中设置与软件锁编号相对应的定额库序列号，以后即可正常使用。

2. 定义工程文件名

新建工程库首先要定义工程名称：选择主菜单“工程造价/新建（工程造价）”菜单项，或单击工具栏“新建”按钮，弹出“新建（工程造价）”对话框；在“文件名”栏定义文件名称（见图6-1-4）；单击 打开(O) 按钮，即可进入新建的工程库窗口。

（二）选择工程模板

首次使用软件时，需要在模板环境下才能进行预算书的编制，因此定义好工程文件名后需要打开相应的模板。

新打开的工程库窗口，系统总是默认显示【工程信息】插页，单击插页上 选择模板 按钮，弹出“打开（工程造价）模板”对话框；双击“【模板库】”文件夹后，选择所需模板（见图6-1-5）；再单击 打开(O) 按钮，则新建工程库按所选模板的格式进行设置。模板只准选择一次，一旦确认，按钮即变为浅灰色，程序不再允许选择。模板工程库也是工程库，与其他工程库有相同的后缀名，所以，经过一些工程的编制后，可以调用原有模板，也可调用自己的工程库做模板。特别是相似工程，调用已完成的工程库做模板，可以提高工作效率。

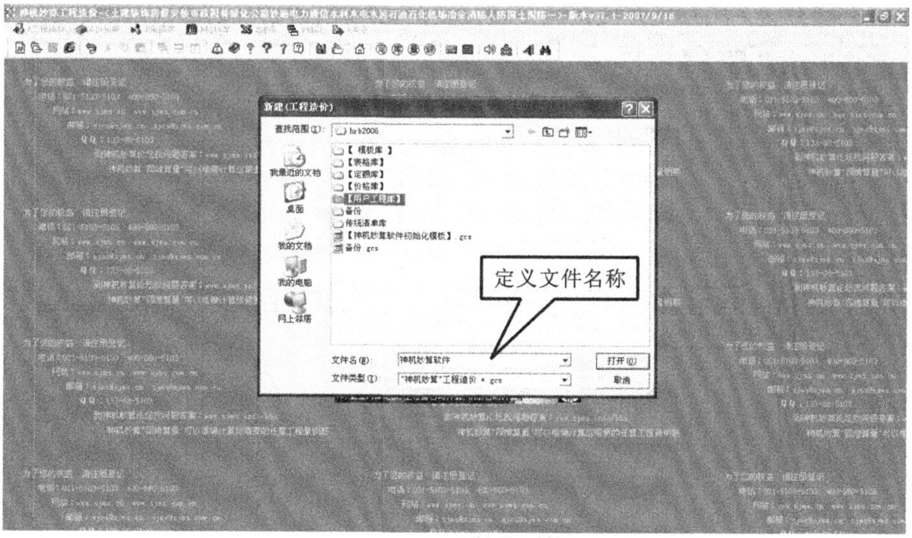

图 6-1-4　定义新建工程库名称

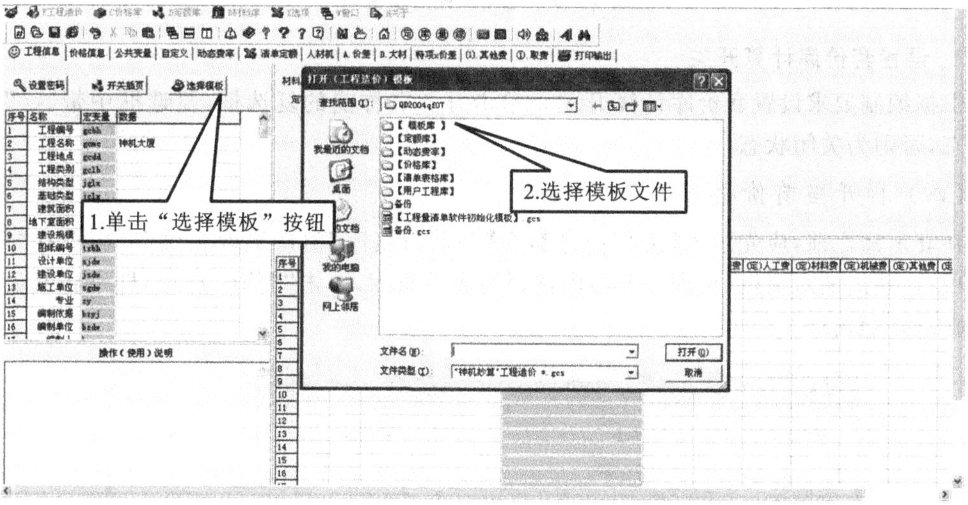

图 6-1-5　选择工程模板

（三）定义工程信息

在【工程信息】插页中，为新建工程填写下列基本资料（见图 6-1-6）。

1. 设置工程库密码

如果当前工程需要保密，防止工程的有关数据被他人查看或改动，工程编制人员可选择 设置密码 按钮，在提示的对话框中输入密码。一旦设置了密码，每次打开该工程时均需输入正确的密码，因此，工程编制人员一定要牢记密码。

2. 设置工程档案

在【工程信息】插页左侧的“数据”栏内，填写“名称”栏规定的工程内容。

注意：“工程名称”栏目系统默认新建工程库的文件名；“建筑面积”“地下室面积”栏目以平方米为单位；填写建筑面积（不需填单位）后，软件会在封面自动计算经济指标。

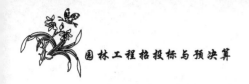

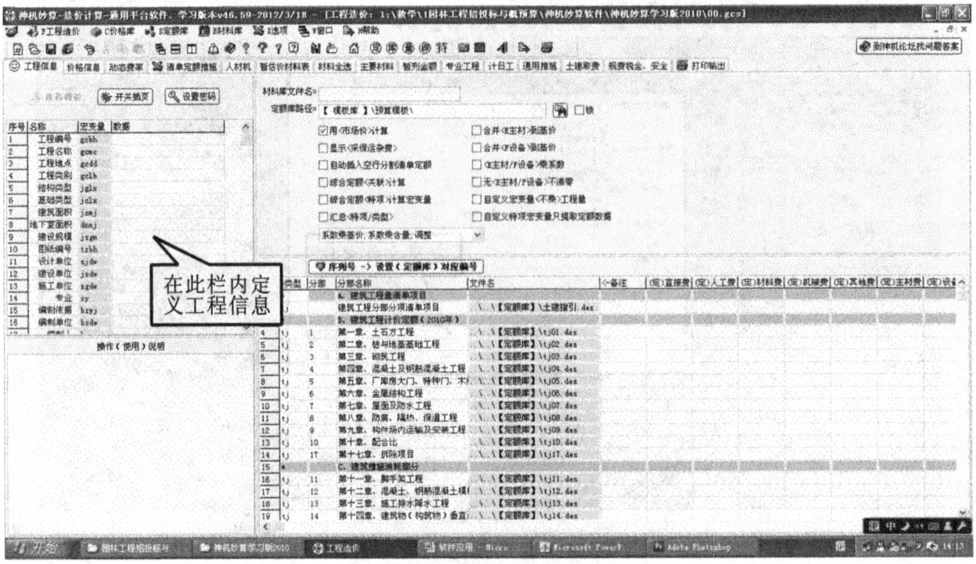

图 6-1-6　定义工程信息窗口

3. 设置套价库计算开关

根据编制要求设置套价库计算开关。单击开关名称前的复选框，复选框中带“√”为打开状态，否则为关闭状态。

（四）打开当前价格库

在套定额之前，应先进入【工程信息】，在【当前价格库】窗口提取右键菜单，选择“打开”菜单项，在弹出的对话框（见图 6-1-7）内选择所需价格库，单击“打开”按钮，即可将其显示在【当前价格库】窗口。

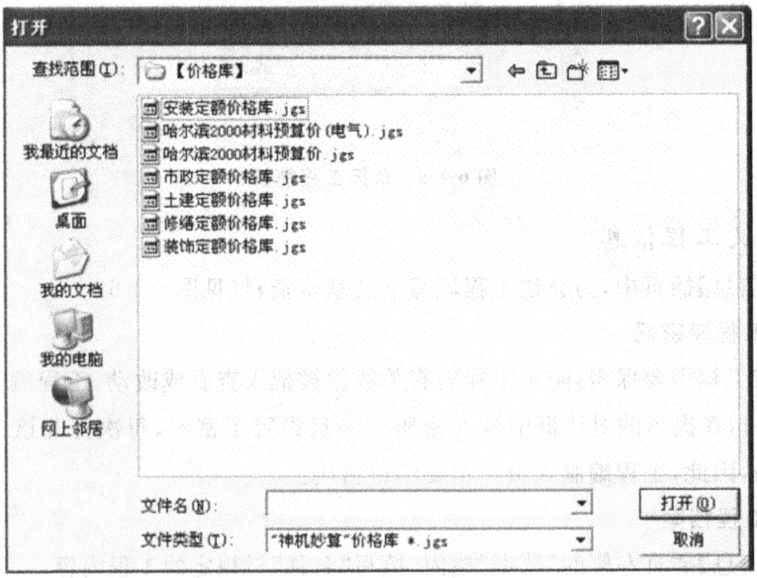

图 6-1-7　打开价格库

如当前工程需要使用多个时期的价格库计算，可提取【加权平均计算】窗口右键菜单，选择“打开”菜单项，在弹出的对话框内选择所需加权平均价格库文件（见图 6-1-8）。

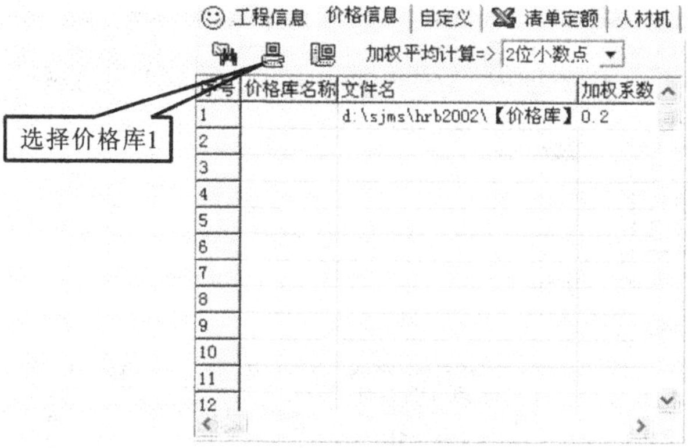

图 6-1-8　价格库加权计算

如没有加权平均价格库，也可通过【加权平均计算】窗口设置。有下面两种计算方法。

1. 加权系数计算法

提取【加权平均计算】窗口右键菜单，选择“取价格库文件名”菜单项，或单击窗眉按钮，在弹出的对话框中依次选择所需价格库；在“加权系数”栏定义价格库系数；在窗眉按钮中“2位小数点”设置市场价的小数点位数；单击窗眉按钮，完成当前价格库计算；提取窗口菜单，选择“另存为”菜单，定义文件名并进行保存。

2. 平均计算法

在【加权平均计算】窗口提取多个价格库，但“加权系数”栏不定义系数，单击窗眉按钮，可对当前价格库进行平均计算。

工程需要使用新发布的信息价，而价格库中没有，可通过神机妙算工程造价软件各地的售后服务机构获取。各地售后服务机构已把当地信息价输入到信息价文件中，用户可从网上下载或者直接从公司拷贝，得到电子信息价。电子信息价的获取及调入方法如下。

（1）信息价文件一般为神机妙算价格文件格式，首先将下载或拷贝得到的文件解压缩，然后将解压缩后的文件拷入到神机妙算工程造价软件的安装目录下。

（2）打开工程模板，在【工程信息】插页【当前价格库】窗口，提取右键菜单，选择“打开”菜单项，即可将信息价调入到价格信息中。

（3）提供的信息价文件为标准价格库格式，用户可用主菜单“价格库/打开”填写信息价后用“价格库/另存为”功能，自行创建信息价文件。

（五）编辑套价库

进入【套定额】插页，进行套价库编辑（见图 6-1-9）。

步骤 1：定义工程分部名称。用鼠标从【定额库列表】窗口拖拉所需分部名称至【套定额】窗口释放。

步骤 2：打开定额分部。双击【定额库列表】窗口所需分部名称，可将该分部定额子目调入【定额子目】窗口。

步骤 3：调用定额子目。从【定额子目】窗口拖拉所需定额至【套价库】窗口释放，如调定

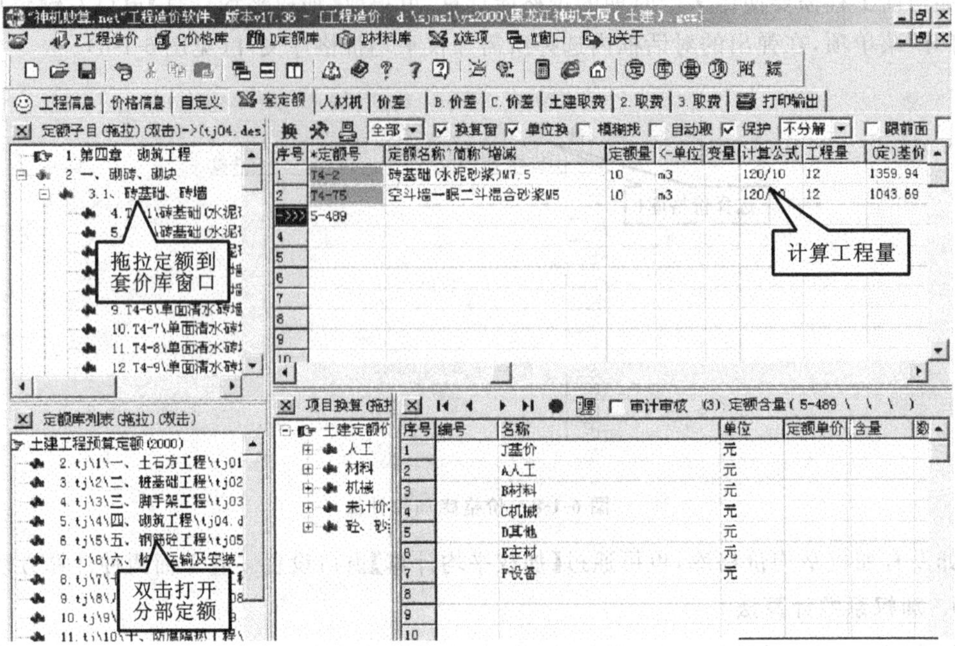

图 6-1-9　价格库编辑窗口

额时弹出提示换算窗，则可进行相应内容的换算。

步骤 4：编辑定额子目。在【套价库】窗口的“计算公式”栏输入工程量或工程量的计算式，按回车键，或使用统筹法计算工程量；根据需要进入【定额含量】窗口进行人材机调整。

步骤 5：重复上述各步操作，依次进行各项定额的套用及换算。

1. 设置工程分部

套定额前设置工程分部，便于进行多级汇总。工程分部可以设置多级，“＊”至“＊＊＊＊＊”，＊越多级别越低，设置分部时，可根据情况调整＊的数量。有下面三种设置方法。

(1) 从【定额库列表】窗口调用：拖动【定额库列表】窗口的定额分部名称，将其释放在【套价库】窗口，即完成工程分部名称的定义。

(2) 从【定额子目】窗口调用：拖动【定额子目】窗口的分类名称（非定额子目），将其释放在【套价库】窗口，即完成工程分部名称的定义。

(3) 在【套价库】窗口自定义：如上述两窗口无可调用内容，可直接在【套价库】窗口自定义。在“定额号”栏中输入＊（“＊”至“＊＊＊＊＊”），在“定额名称”栏输入工程分部名称。

提示：工程分部行在【套价库】窗口显示为天蓝色，该行具有汇总功能，在编辑【套价库】时注意不要将“＊”删除，否则该行天蓝色标记消失同时失去汇总功能。

2. 套定额

套定额的方法有多种，使用时可根据情况选用。

1）鼠标套定额

在【定额子目】窗口查找所需的定额子目，并将其拖拉至【套价库】窗口，不需要手工输入定额号。

步骤 1：打开分部定额。鼠标双击【定额库列表】窗口所需定额分部名称，该分部定额子目显示在【定额子目】窗口内，此时，可将【定额库列表】窗口缩小或关闭，以扩大【定额子目】

窗口的面积，方便定额的查看与调用。

步骤2：调用定额子目。在【定额子目】窗口内查找所需定额子目，用鼠标拖动该定额子目到【套价库】窗口该分部名称下的表格行释放，表格行显示该定额相关内容。

步骤3：录入工程量。将光标移至该定额子目所在行的“工程量”或“计算公式”栏目，手工录入工程量后，即完成该定额的套用。

2）手工套定额

如使用者习惯于手工录入定额号，可采用下面几种方法套定额。

(1) 手工套定额方法一。

步骤1：在【套价库】窗口的“定额号”栏目中输入定额编号（如4-32），按下回车键，即可把相应的定额内容提取到当前行处。

步骤2：光标自动跳转到“计算公式”一栏，在该栏输入工程量或工程量的计算公式，按下回车键，即完成当前定额的套用。

步骤3：光标又自动跳转到下一行的“定额号”栏目，可进行下一项定额子目的套用。

(2) 手工套定额方法二。

所套定额如与前面一项定额属于同一章，可使用此方法。

步骤1：打开窗眉选项开关 ☑跟前 、☑ 单位换 。

步骤2：在“定额号”栏目中直接录入定额顺序号（如32），按下回车键，程序自动取前一个定额的分部号，显示出完整的定额号（如4-32），并把相应的定额内容提取到当前行记录处。

步骤3：光标自动跳转到“计算公式”一栏，在该栏输入工程量或工程量的计算公式，按下回车键，即完成当前定额的套用。

3）模糊套定额

模糊套定额分为定额号和定额名称两种模糊套定额方法。

(1) 定额号模糊套定额。

步骤1：打开窗眉选项开关 ☑模糊找 、☑ 单位换 。

步骤2：在“定额号”栏内输入定额分部编号（如查套第二章定额，填写“2”），按回车键，屏幕弹出“选择定额子目”对话框，对话框罗列该章所有定额子目。

步骤3：选定所需定额子目后，按回车键，或用鼠标双击所选定额，定额被提取到光标所在行的表格内。

步骤4：光标自动跳转到“计算公式”一栏，在该栏输入工程量或工程量的计算公式，按下回车键，即完成当前定额的套用。

步骤5：光标自动跳转到下一行的“定额号”栏目，进行下一项定额子目的套用。

(2) 定额名称模糊套定额。

如对所套用定额的分部不清楚的话，可使用定额名称模糊套定额的方法。

步骤1：在“定额名称”栏内输入部分定额名称的关键字，如“打桩”。

步骤2：提取【套价库】窗口菜单右键，选择“（拖拉）名称查找定额”命令。

步骤3：程序自动搜索，并弹出含所输关键字的所有定额子目的对话框，在对话框中选择所需定额子目，用鼠标将其拖拉到【套价库】窗口（可拖拉1项或多项），然后关闭对话框。

步骤4：在定额所在行的“计算公式”栏输入工程量或工程量的计算公式，按下回车键，即完成定额的套用。

4）调用其他工程库定额

如编制中的工程与已编制完成的某项工程所套用的定额子目相同，则可从该工程库中调用相同定额子目，共享原有的工作成果，免除定额换算的麻烦。操作步骤如下。

步骤1：提取【套价库】窗口菜单，选择“（拖拉）”工程库定额命令。

步骤2：在弹出的“调用工程定额”列表框中选择所需工程库并打开。

步骤3：弹出“（拖拉）工程库定额”窗口，窗口内显示所选工程库的所有定额，将所需定额用鼠标拖拉至【套价库】窗口相应位置释放，完成后关闭该窗口。

步骤4：将光标移至“工程量”栏目，修改工程量数据，即完成定额子目的调用。

5）套用其他专业定额

在一个工程中套用不同专业定额的情况常会遇到，如在园林工程中套用市政定额，在市政工程中套用土建定额。本软件中任何一个单专业模板都悬挂着全专业的定额，用户可以根据需要选择相应专业，直接在“项目编号”处录入定额号即可。

步骤1：在【套价库】窗口选择相应专业。

步骤2：直接在“项目编号”处录入定额号，软件自动默认为所选专业定额。

6）补充新定额

随着社会的发展，建筑材料不断更新，新型材料不断涌现，这使得很多工程定额不能完全涵盖这些材料。为了使投资比较准确，支付工程款比较合理，需编制补充定额。补充定额的编辑方法有两种：一是在定额库中增添；二是在工程套价库中编辑，然后再存放回定额库。具体方法如下。

（1）在定额库中增添补充定额。

步骤1：选择主菜单“定额库/打开（定额库）”菜单项，屏幕弹出“打开（定额库）”列表框，在列表框中选择相应分部的补充定额库，单击 打开(O) 按钮，进入所选定额库。

步骤2：在空记录行，根据规定输入定额号、定额名称、定额量、定额单位；如果是补充单位估价表定额，则在【定额含量】小窗口输入人材机项目的编号、名称、单位、定额单价、含量，最后提取右键菜单，选择“数据（校验、平衡、调整）→数据平衡”命令，程序自动计算出定额基价；如果是补充综合定额，则在【综合定额】小窗口内输入估价表子目及含量，最后提取右键菜单，选择“综合计算”命令，程序自动计算出定额基价。

步骤3：补充定额录入完成后，关闭当前定额库窗口，确认退出。

步骤4：打开要编辑的工程库，进入【套定额】插页，在【定额库列表】窗口提取菜单，选择“刷新（定额库列表）”命令，将修改过的定额库调到当前模板中。

步骤5：在【定额库列表】窗口双击补充定额放置的定额分部，将该分部定额打开在【定额子目】窗口内寻找补充定额，并将其拖拉到【套价库】窗口工程量数据，即完成补充定额的调用。

（2）在套价库中增添补充定额。

步骤1：在【套价库】窗口的“定额号”“定额名称”“定额量”“单位”“工程量”栏内输入相应汉字或数据。

步骤2：在【项目换算】窗口寻找补充定额所需的定额子目，然后将其一一拖拉到【定额含量】窗口。如价格库中无所需人材机，则可直接在【定额含量】窗口进行补充。

步骤3：在【定额含量】窗口的“含量”栏输入各子目的含量。

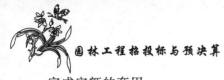

步骤4：单击【定额含量】窗眉处的计算按钮，程序自动计算出定额基价。（如果是补充综合定额，则在【综合定额】小窗口内输入估价表子目及含量，最后提取菜单，选择"综合计算"命令，程序自动计算出定额基价。）

步骤5：如补充定额需要保存，提取【套价库】窗口菜单，选择"放回（补充）定额库"命令；在弹出的对话框内选择要保存的定额库文件名，然后单击 ✓确认 按钮，即可将补充定额放回定额库中，方便今后的使用。

提示：补充人材机时，名称前应增加首字符 ABC，否则系统不予承认。补充的人材机项目，可通过【定额含量】窗口的菜单项"放回（当前）价格库"功能保存到当前价格库中。

7）工程量自动套定额

工程量自动套定额功能必须与神机妙算工程量自动计算软件结合使用。首先要在神机妙算工程量自动计算软件中将汇总的工程量数据生成 DBF 文件，才能进入到神机妙算工程造价软件中进行工程量自动套定额。

步骤1：提取【套价库】窗口菜单，选择"（工程量）处理/（工程量）自动套定额"命令，在弹出的对话框内选择打开相应的 DBF 文件。

步骤2：将 DBF 文件中需要的定额子目拖拉至【套价库】小窗口即可。

8）选取自定义套定额项目

预算编辑过程中一些特殊的定额项目，如超高费、脚手架搭拆费、系统调整费、高层建设增加费调整计算等以定额人工费、材料费、直接费为计算依据，经宏变量计算式编制的项目，可在自定义项目中选取。

操作步骤：

提取套价窗口右键菜单，选择"（拖拉）自定义项目"菜单项，屏幕弹出"选择自定义（拖拉）"对话框（见图 6-1-10），从对话框中直接拖拉所需项目到套价窗口；

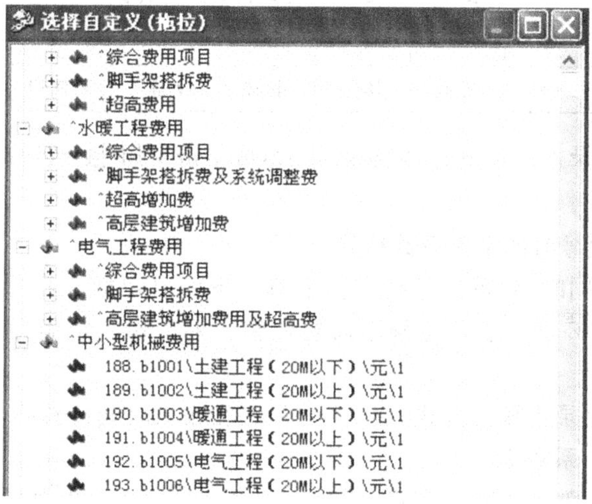

图 6-1-10　选择自定义项目

定额编制完成后，进行套价库调整的情况时，处理方法是重新计算套价库。单击【套价库】窗眉 ▣ 按钮，在弹出套价库计算对话框内选中"自动关联更新"。

9）套错定额的修改

套错定额的情况时有发生，有下面几种纠正方法。

（1）删除。

步骤1：将光标定位在套错的定额行，单击右键后，选择“删除一行”项或用快捷方式“Ctrl＋Y”将其删掉。

步骤2：再单击右键菜单，选择“插入一行”项（或用快捷方式“Ctrl＋N”），插入一空行。

步骤3：在空行的“定额号”栏重新输入正确的定额号，按回车键，程序自动提取新定额。

（2）修改。

不删除错行，直接在原定额上修改。操作方法：将窗眉开关设置在 不保护▾ 状态；在原定额上的“定额号”栏直接输入新的定额；按回车键，程序自动提取新定额。

（3）保留名称的修改。

如套错定额的名称需要保留，可按下面方法修改。

操作方法：将窗眉开关设置在“保号名”状态，在原定额上的“定额号”栏直接输入新的定额，按回车键，程序自动提取新定额，但保留了原名称。

3. 定额换算

在工程预算的编制过程中，所套用定额的工作内容通常不能与定额子目的规定内容完全吻合，为达到实际工程要求，就必须对定额内容进行调整，即定额换算。

【附注说明】窗口是根据定额规定编写的，定额换算文字说明窗口对应【套价库】窗口的每条定额，该窗口显示相应的换算内容。因此进行定额换算时，不需翻阅定额本，可直接参照该窗口说明进行换算操作。

每条定额都是由若干种材料组成的，有多种类别。在定额换算前，本系统的材料组成方式为“首字符＋名称”，首字符的规定见表6-1-2。

表 6-1-2　首字符与材料类型对照表

首字符	A	B	C	D	E	F	G	P	J
材料类型	人工	材料	机械	其他	主材	设备	工程量	配合比	直接费

定额换算与定额录入同步进行，定额换算后，可单击窗眉 **换** 按钮，手动为换算过的定额添加（或消除）“换”字。

1）手工输入定额号时的定额系数换算

手工输入定额的同时，就可以进行定额换算。下面以定额8-25为例，原始定额录入只需直接输入定额编号“8-25”，表示定额不需要调整。手工输入定额号并进行定额换算的方法如下。

方法一：基价调整录入输入方式。8-25＊J1.2（在输入时允许省略字母J）表示：基价（或所有定额子目含量）×系数1.2。

方法二：人材机调整录入输入方式。8-25＊A 0.8B1.25C1.2（其中，A＝人工，B＝材料，C＝机械）表示：人工×系数0.8、材料×系数1.25、机械台班×系数1.2。手工定额换算的优点在于，定额换算简单、快捷，容易掌握，同时可从定额号处直观地了解定额换算过程；缺点在于不能解决复杂的换算。

2）配合比换算

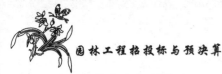

实际工程中采用的砂浆、混凝土标号与定额规定不符时，需要使用配合比换算。配合比

换算有下面几种方法。

(1) 调定额时的配合比换算。

步骤1:打开 ☑ 换算窗 开关。

步骤2:从【定额子目】窗口拖拉或双击相应定额子目到【套价库】窗口,屏幕弹出“定额换算”对话框,对话框显示“混凝土、砂浆配合比”项目(见图6-1-11)。

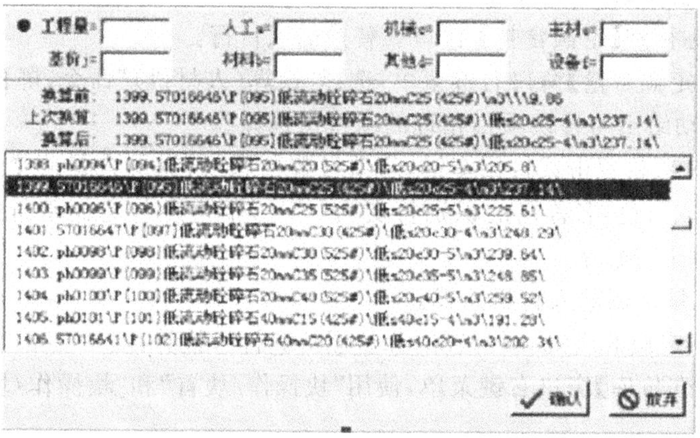

图6-1-11 配合比换算窗口

步骤3:双击对话框内所需的配合比材料,将其选中后在此对话框中看到“换算前”及“换算后”的结果,正确无误后,单击 ✔确认 按钮,即完成该定额的配合比换算。

(2) 在【定额含量】窗口进行的配合比换算。

步骤1:在【套价库】窗口选中换算定额。

步骤2:在【定额含量】窗口选中要换算的“混凝土配合比”项目。

步骤3:提取【定额含量】窗口右键菜单,选择“换算(人材机)”命令,屏幕弹出“项目换算”对话框,对话框自动给出“混凝土配合比”项目。

步骤4:将选定配合比双击或按回车键,新标号的混凝土替换原混凝土标号。原混凝土被推后一行,该行底色变成灰色,名称后的识别符变为“-”号,不再参与定额基价的计算,同时定额编号后被自动添加上“换”字。

(3) 从【项目换算】窗口调用材料的配合比换算。

步骤1:在【套价库】窗口选中换算定额。

步骤2:双击【项目换算】窗口的“砂浆混凝土配合比”分类,将配合比材料展开。

步骤3:将新标号的砂浆混凝土从【项目换算】窗口拖动到【定额含量】窗口的原标号砂浆混凝土所在行,新标号的砂浆混凝土替换原砂浆混凝土。原砂浆混凝土被推后一行,该行底色变成灰色,名称前的识别符变为“-”号,不再参与定额基价的计算,同时定额编号后被自动添加上“换”字。

3) 定额项目换算

当组成定额的材料需要变更时,使用项目换算。项目换算有三种形式,即人材机的替换、增加、删除,下面分别介绍。

(1) 替换(人材机)项目换算。

① 方法一:拖拉替换(人材机)。

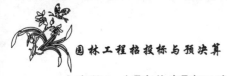

步骤 1:在【套价库】窗口选中定额。

步骤 2:在【项目换算】窗口内选择所需人材机项目,将其拖拉到【定额含量】窗口的要替换项目上,新项目替换原项目(但含量不变);原项目被推后一行,该行底色变成灰色,名称前的识别符变为“^”号,不再参与定额基价的计算,同时定额编号后被自动添加上“换”字。

② 方法二:查找替换(人材机)。

步骤 1:在【套价库】窗口选中定额。

步骤 2:将光标移到【定额含量】窗口要替换的项目行。

步骤 3:提取【定额含量】窗口右键菜单,选择“换算(人材机)”命令,屏幕弹出“项目换算”对话框,对话框自动给出与替换项目相近的项目供选择。

步骤 4:将选定项目双击或按回车键,新项目替换原项目(但含量不变)。原项目被推后一行,该行底色变成灰色,名称前的识别符变为“^”号,不再参与定额基价的计算,同时定额编号后被自动添加上“换”字。

③ 方法三:批量定额的人材机换算。

下面介绍多项定额的成批项目换算,如垫层的砼标号换算。

步骤 1:提取【套价库】窗口右键菜单,使用“块操作/块首”和“块操作/块尾”命令,定义要调整的定额。

步骤 2:提取【套价库】窗口右键菜单,选择“(红色块)处理/成批(项目)换算”,选中红色命令,屏幕弹出“成批项目换算”对话框,对话框中列出选中定额所用的人材机。

步骤 3:双击“成批项目换算”对话框中被替换的材料,屏幕弹出【项目换算】窗口。

步骤 4:在【项目换算】窗口双击替换材料,两项材料均被提取到“成批项目换算”对话框的“组成明细表”的“换算前”和“换算后”栏目中。

步骤 5:重复步骤 3、4,将要替换的材料一一提取到“组成明细表”内,选择完成后,单击对话框中的

按钮,即完成选中人材机替换。

(2) 增加(人材机)项目换算。

步骤 1:在【套价库】窗口选中定额。

步骤 2:增加人材机项目到【定额含量】窗口。有下面几种方法。

①调用法:在【项目换算】窗口内选择所需的人材机项目,将其拖拉到【定额含量】窗口内释放。

②“编号”查找法:在【定额含量】窗口自动提取出相应编号的人材机。

③“名称”查找法:在【定额含量】窗口的“编号”栏,输入人材机编号,按回车键,在“名称”栏录入项目名称,提取【定额含量】窗口右键菜单,选择“查找(人材机)/(名称)查找”命令,屏幕弹出“按(名称)查找”对话框,给出含有此关键字的所有人材机项目;在对话框中查找所需材料,双击后即可将该材料提取出来。

④“单价”查找法:在【定额含量】窗口的“定额单价”栏输入人材机单价;提取【定额含量】窗口右键菜单,选择“查找(人材机)/(单价)查找”命令,屏幕弹出“按(单价)查找”对话框,给出属于该值范围内的人材机项目;在对话框中查找所需材料,双击后即可将该材料提取出来。

⑤补充人材机:如需要使用的价格库没有新材料,可直接在【定额含量】窗口补充,补充内容包括材料编号、材料名称(首字符+材料名称)、材料单位、材料单价、材料含量。补充的材料如需保存,可提取【定额含量】窗口右键菜单,选择“放回当前价格库”命令,将补充材料

放回当前价格库，便于今后使用。

步骤 3：在【定额含量】窗口的“含量”栏输入新增项目的含量。

步骤 4：提取【定额含量】窗口右键菜单，选择“数据(校验、平衡、调整)/数据(平衡)”命令，重新计算定额基价。

(3) 删除(人材机)项目换算。

步骤 1：在【套价库】窗口选中定额。

步骤 2：在【定额含量】窗口内选定需删除的项目。

步骤 3：提取【定额含量】窗口右键菜单，选择“删除一行”命令，删除该项目。

步骤 4：提取【定额含量】窗口右键菜单，选择“数据(校验、平衡、调整)/数据(平衡)”命令，重新计算定额基价。

4) 定额含量换算

定额含量换算就是对组成定额的项目含量进行增减的一种换算方法。可直接在【定额含量】窗口对项目进行增减，操作步骤如下。

步骤 1：在【套价库】窗口选中定额，在【定额含量】窗口显示该定额的人材机组成。

步骤 2：在【定额含量】窗口的“计算式＋－＊/”栏，对换算项目直接输入运算符和数据(如图 6-1-12 中“综合工日”项目行对应的“计算式＋－＊/”栏内定义的“＋2”)，按下回车键，该栏目显示“OK：加 2”，同时【附注说明】窗口也显示出换算材料及含量的记录说明，至此，该项目含量调整完成。

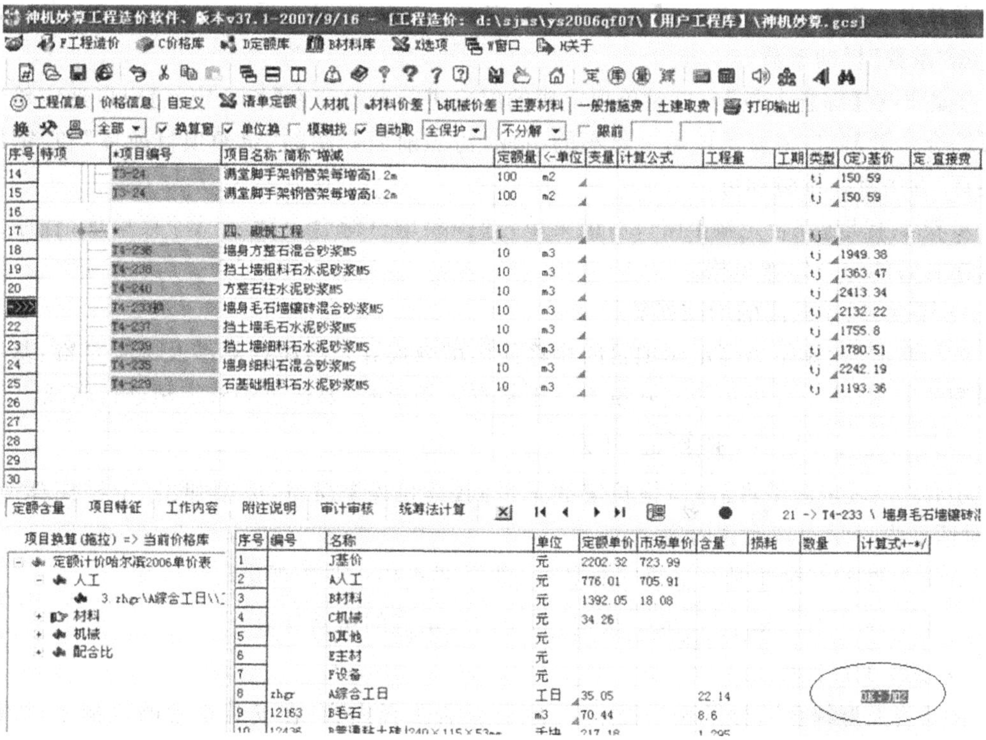

图 6-1-12　定额含量换算

5) 综合换算

综合换算就是对综合定额进行的换算。综合定额是根据施工项目的特点将不同的单位估价表子目进行综合，当建筑不同时，就需要对单位估价表的子目进行必要的调整换算。在介绍综合换算前，首先介绍综合换算涉及的小窗口及其功能作用。

【综合定额】窗口：显示组成综合定额的若干单项定额。可在此窗口内对组成综合定额的单项定额进行增减及系数调整。

【综合含量】窗口：显示【综合定额】窗口内光标所在行单项定额的定额组成。可在此窗口内对其中某一单项定额的子目进行增减或含量调整。

【定额含量】窗口：显示综合后的定额含量（即【套价库】窗口光标所在行定额的组成）。可在此小窗口内对综合后定额的子目或含量进行调整。

综合换算步骤如下。

步骤1：在【套价库】窗口选中定额。

步骤2：在【综合定额】窗口对各单项定额进行调整。调整内容包括三种情况，即单项定额的增加、删除、系数调整，下面分别介绍。

增加单项定额方法：双击【定额库列表】窗口的所需定额分部，将该分部定额打开在【定额子目】窗口内；在【定额子目】窗口内寻找所需定额，将其拖拉到【综合定额】窗口，或直接在【综合定额】窗口内的“定额号”栏目输入定额号，回车后系统自动提取该项定额；最后在提取定额的“系数”栏内录入该单项定额系数。

删除单项定额方法：光标停留在要删除的单项定额上，在【综合定额】窗口内单击鼠标右键打开菜单，选择菜单上的“删除一行”命令，将其删除。

调整单项定额系数方法：在【综合定额】窗口内选定要调整系数的单项定额，直接修改该定额“系数”栏的系数。

步骤3：在【综合含量】窗口对单项定额的组成进行调整。在【综合定额】窗口选定单项定额，【综合含量】窗口将显示该单项定额的组成，仿照前面介绍的“定额项目换算”和“定额含量换算”方法进行调整即可。

步骤4：提取【综合定额】窗口右键菜单，选择菜单“（综合定额）计算”菜单项，程序自动计算换算后的综合定额价格。

6）厚度、运输距离的增减换算

各种厚度、运输距离等定额项目的换算使用增减换算。增减换算涉及两项定额：基本定额和调整定额，当工程采用的实际量不等于基本定额量时，要通过调整定额进行增减。

步骤1：打开窗眉 ☑ 换算窗 开关。

步骤2：从【定额子目】窗口拖拉定额子目到【套价库】窗口，屏幕弹出“定额换算”对话框，对话框内显示增减换算内容。

步骤3：在对话框中填写实际工程数量（如厚度＝40），并按规定设置开关。

步骤4：单击对话框上 ✓确认 按钮，即完成该定额的增减计算。

7）安装工程计算

在某些大型综合园林景观工程中，可能有安装工程内容，在安装工程的定额中，大部分主要材料或主要设备一般不确定价格，根据实际情况录入。

【定额含量】窗口的主材定义如下。

步骤1：光标放在所需定义主材定额一行，定额含量窗口中显示“黄色”为主材行。

步骤2：在【定额含量】窗口（见图6-1-13）中直接修改主材的名称。

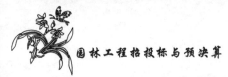

步骤 3：定义主材价。在"定额单价"栏输入主材价格，程序自动计算当前主材的价格。

步骤 4：定义主材量。在"含量"栏输入主材含量。如窗口内主材含量已定义，可省略此步操作。

步骤 5：如需选用某项主材名称为定额名称，可将"定额含量"窗口的光标移至该主材行；提取菜单，选择"发送（名称）到（定额名称）"项，弹出窗口；填写除主材名称外还需追加的字符串，按 ✓ 确认y 按钮，可进行定额名称的更换。

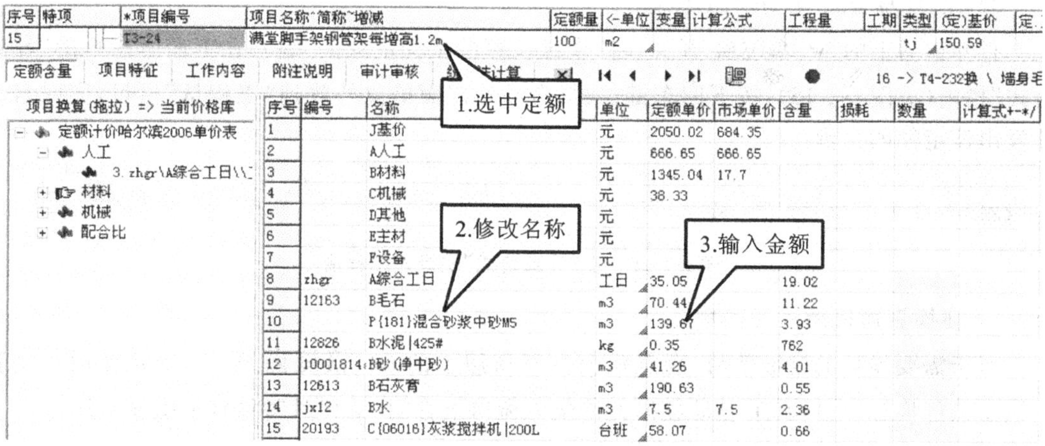

图 6-1-13　安装主材定义对话框

主材的替换：

无论是在"定额换算"对话框，还是在【定额含量】窗口，都可对定额中的主材进行替换，其结果相同。

操作方法：选中被替换的主材，提取窗口右键菜单，选择"项目换算（未计价）"命令（在【定额含量】窗口选择"换算人材机"命令），屏幕弹出"项目换算"对话框，在对话框中双击所需主材项目，即可替换原主材。

补充主材：

无论是在"定额换算"对话框，还是在【定额含量】窗口，都可补充主材，其结果相同。补充新主材有以下三种方法。

方法一："编号"查找法。在"编号"栏直接输入要增加的主材编号，按回车键或提取窗口菜单，选择"查找/（编号）查找"命令，系统自动提取出相应编号的主材。

方法二："名称"查找法。在"定额换算"对话框的"未计价名称"栏或【定额含量】窗口的"名称"栏输入要增加的主材名称中的关键字；提取窗口菜单，选择"查找/（名称）查找"命令，屏幕弹出"按（名称）查找"对话框，给出含有此关键字的所有主材；在对话框中查找所需材料，双击提取该材料。

方法三："单价"查找法。在"定额单价"栏输入要增加主材的相同或近似值；再提取窗口菜单，选择"查找/（单价）查找"命令，屏幕弹出"按（单价）查找"对话框，给出属于该值范围内的主材项目；在对话框中查找所需主材，双击提取该主材。

4. 工程量录入

工程量录入与套定额同步进行，有下面几种方法。

1）直接录入工程量

手工换算好工程量单位后，在定额所在行的“工程量”栏目，直接输入与定额单位一致的工程量数据（见图 6-1-14）。

图 6-1-14　在“工程量”栏录入工程量

2）在“计算公式”栏录入工程量

打开窗眉上的 ☑ 单位换 开关，将“未经换算的工程量数据”输入在定额所在行的“计算公式”栏内（见图 6-1-15），按下回车键；数据自动除定额单位外放到“工程量”栏目，同时自动计算出该定额的合价。

图 6-1-15　在“计算公式”栏录入工程量

3）在换算窗口录入工程量

对于需要换算的定额数目，套定额前打开窗眉上的 ☑ 换算窗 开关，套定额时自动弹出该定额的换算窗口，其工程量数据直接录入窗口上方的“工程量”栏内（见图 6-1-16）。

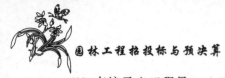

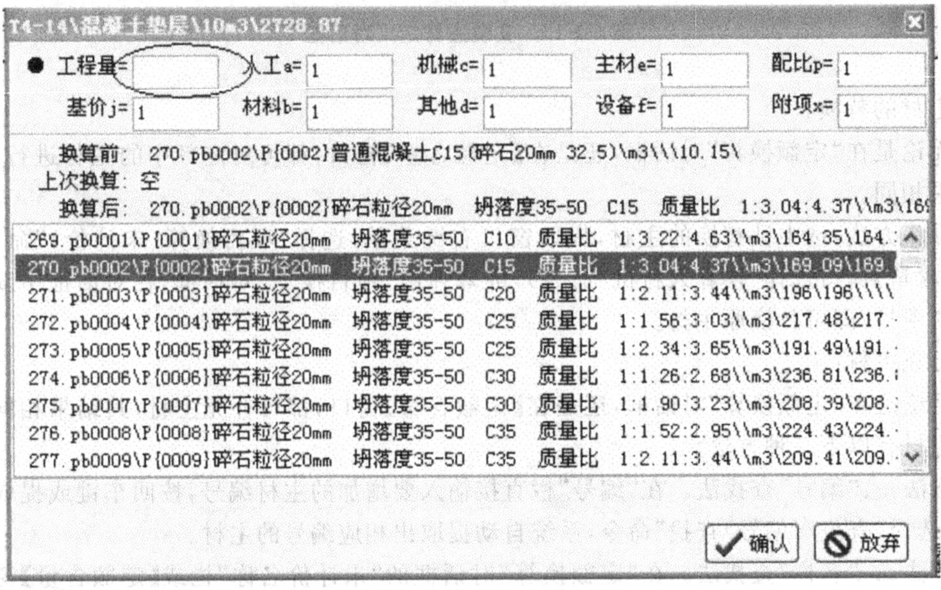

图 6-1-16　在换算窗口录入工程量

4）统筹法计算工程量

计算工程量是一项细致、综合、复杂的过程，单凭上述几种简单的算法，不能解决问题。为此可利用软件中一项非常实用的计算工程量的方法——统筹法。在套定额的同时，模拟传统的手工计算工程量习惯，用统筹法智能快速计算工程量，使用该功能，可以快速计算符合手工习惯的工程量，方便检查和校对。

步骤 1：将光标定位在定额项目的计算行，打开【统筹法计算】窗口。

步骤 2：在【统筹法计算】窗口内编辑工程量计算式内容。

步骤 3：单击【统筹法计算】窗口窗眉上 ♥ 按钮，计算每行算式结果并累加出工程量，同时自动将工程量计算结果放置到套价窗口的"工程量"栏，即完成光标所在行的工程量计算。

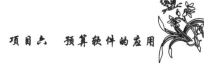

5. 套价库调整

定额套完后，可根据需要对套价库进行调整和设置。套价库调整主要是对多项定额的批量调整和设置，一般可通过右键菜单中"（成批）设置""（红色块）处理""（工程量）处理"三项菜单命令完成（见图 6-1-17）。

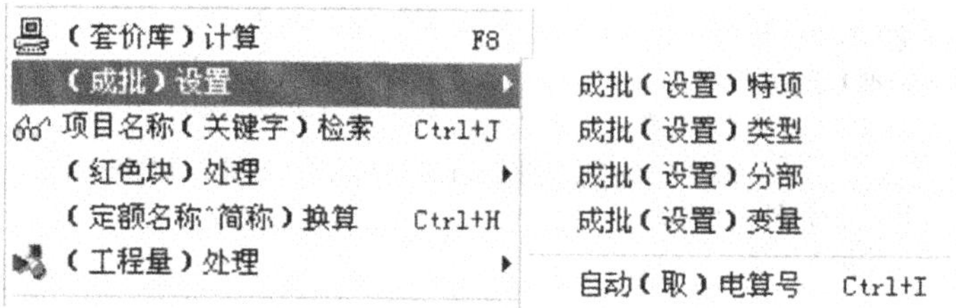

图 6-1-17 "(成批)设置"菜单

1）特项符号设置

在"特项"栏可为有特殊计算要求的定额设置特项符号。人材机计算时，对带特项符号的定额子目的人材机进行单列；取费计算，用于解决不同取费标准的分类计算；非定额子目的协商项目处理等多种问题，都可通过对相关定额设置特项符号来解决。特项符号的设置方法有两种：一种是直接在【套价库】窗口的"特项"栏给有关定额输入特项符号；另一种是提取窗口菜单，选择"（成批）设置/成批（设置）特项"命令，对多项定额成批设置（见图 6-1-18）。

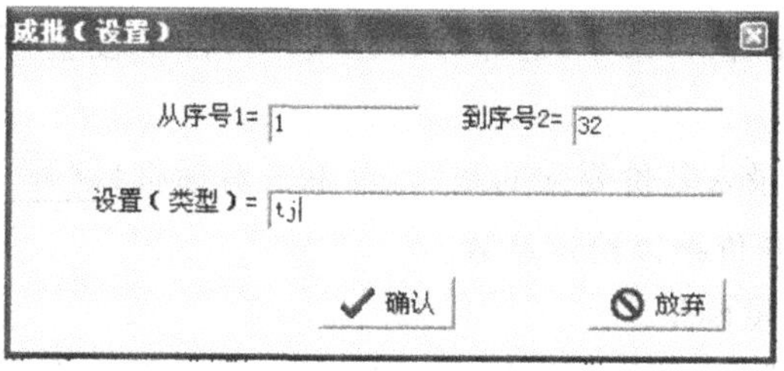

图 6-1-18 成批(设置)特项符号

2）成批设置类型和分部

如所套定额未设置过类型，可提取窗口菜单，选择"（成批）设置/成批（设置）类型"命令，对多项定额进行类型的设置。如所套定额未设置过分部，可提取窗口菜单，选择"（成批）设置/成批（设置）分部"命令，对多项定额进行分部的设置。

3）定额顺序调整

对【套价库】窗口内定额子目的前后排序进行调整。

方法一：单项定额的拖拉调整。拖拉【套价库】窗口的任意一行定额，将其释放在所需的位置。

方法二：多项定额的"块"调整。选中要进行排序的定额，即提取【套价库】窗口菜单，使用"块操作/块首"和"块操作/块尾"命令定义块范围；再选择菜单中的"（红色块）处理/合并.排序（红色块）"命令（见图 6-1-19），程序按"类型、分部、编号、定额号"的前后顺序，以小到大的方式排序，同时将多项相同定额（工程量累加）合并成一项定额。

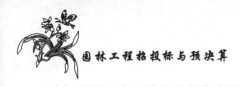

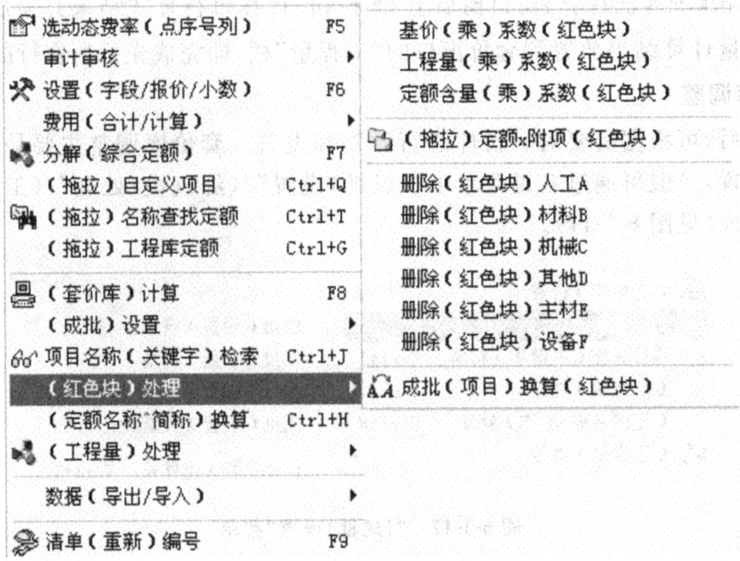

图 6-1-19 "(红色块)处理"菜单

4）成批定额的基价调整

为适应投标工作的需要，使用基价成批乘系数功能，对选中定额的基价进行统一增减，实现造价的快速调整。

步骤 1：提取【套价库】窗口菜单，使用"块操作/块首"和"块操作/块尾"命令，选择要调整的定额。

步骤 2：提取【套价库】窗口菜单，选择"（红色块）处理/工程量（乘）系数（红色块）"命令，屏幕弹出对话框。

步骤 3：在对话框内录入基价要乘的系数，再单击对话框 ✓确认y 按钮，程序自动对选中的所有定额（红色块）的基价乘以给定系数。

5）成批定额的工程量调整

为适应投标工作的需要，使用工程量成批乘系数功能，对选中定额的工程量进行统一增减，实现造价的快速调整。

步骤 1：提取【套价库】窗口菜单，使用"块操作/块首"和"块操作/块尾"命令，选择要调整的定额。

步骤 2：提取【套价库】窗口菜单，选择"（红色块）处理/工程量（乘）系数（红色块）"命令，屏幕弹出对话框。

步骤 3：在对话框内录入工程量要乘的系数，再单击对话框 ✓确认y 按钮，程序自动对选中的所有定额（红色块）的工程量乘以给定系数。

6. 工程量分解

根据当前完成的工程量，统计当前的工程进度时，可对编制完成的预算书中的工程量进行分解。

步骤 1：将光标移到【套价库】窗口要进行工程量拆分的定额行。

步骤 2：提取【套价库】窗口菜单，选择"（工程量）处理/（工程量）拆分"命令，屏幕弹出"（工程量）拆分"对话框。

步骤 3：在对话框内录入要拆分的工程量数据，单击对话框 按钮，即可完成该定额子目的工程量拆分。

拆分后的两项定额子目的工程量之和等于原工程量，拆分时要注意实际工程量与定额单位之间的关系。

7. 套价库计算

【套价库】窗口的所有项目录入完成后，需进行套价库的计算。

计算方法：单击【套价库】窗口窗眉上的 按钮，屏幕弹出计算对话框，选中对话框内需自动关联计算的项目，单击 按钮，程序自动进行套价库计算。

四、套价库汇总分析

当前工程的定额套用完成后，在进行报表打印输出前，需对当前套价库进行各种汇总分析。下面分别介绍套价库的汇总分析方法。

（一）人材机分析

人材机分析管理是预算管理中最重要的一项工作，因为它是计划部门和劳动工资部门安排生产计划和劳动力调度的依据，是材料部门进行备料和组织材料进场的依据，又是财务部门进行成本分析、制订降低成本措施的依据。

1. 人材机计算

步骤 1：检查数据。若对某项材料数据有疑问，可锁定该材料，提取右键菜单，选择“反查（定额）子目”命令，屏幕弹出窗口提供该材料的有关信息。为了便于核对数据，可进入【套价库】窗口，两窗口可逐行对照检查。检查出问题可直接在套定额窗口修改。

步骤 2：定义自动调差标记。价差计算有自动和人工两种，对于需要自动计算的项目，必须定义过标记。自动调差标记一般在当前价格库窗口定义，如未定义或定义有漏项，在提取人材机后，可在【人材机】插页中定义标记（数字 1～9）。注意，价差分析因有三个插页，定义自动取差标记时要保证其对应性，如在【a 价差】插页内自动取差，需在“a 价差”栏定义标记，否则也不能自动取差（见图 6-1-20）。

2. 打印分部人材机

在【套定额】窗口按第一章、第二章的顺序套定额，分析人材机时，也想分开显示打印第一章人材机、第二章人材机，可以按如下操作步骤进行：在套价窗口，光标定位分部 *，则【定额含量】窗口显示该分部 * 的人材机汇总；在【定额含量】窗口提取右键菜单，选择“发送到（人材机）窗口”菜单项，将分部人材机发送到【人材机】窗口打印。

（二）价差计算

材料价差调整是工程造价管理中最重要的工作之一。随着市场经济的深入发展，材料调差作为动态管理的手段之一，在工程造价中所占的比例将会越来越大。

材料价差计算有自动调差和人工调差两种方法。可单独使用其中的一种方法调差；也可以自动调差为主，人工调差为辅配合使用。

1）自动价差计算

进入【价差】插页；单击窗眉 按钮或提取窗口右键菜单，选择“（自动）提取价差（项目）”命令；再单击选择对话框上的 按钮，调差项目被自动提取到价差表格中。

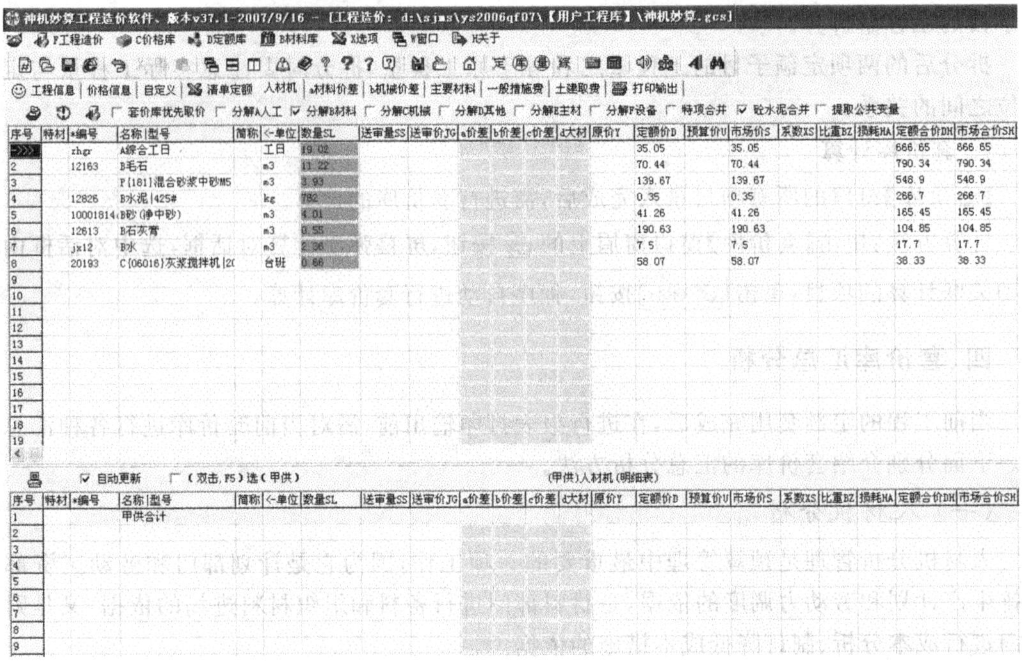

图 6-1-20　人材机分析窗口

2) 人工选项价差计算

除自动调差外，也可选择人工调差。或因自动取差标记定义不完全而产生的漏项，除了在【人材机】插页重新定义标记外，也可采用人工取价差方法进行补充。

人工取价差方法：提取右键菜单，选择"(手工)选择价差(项目)"命令，在弹出的窗口内选择需调差的项目，使其置于"√"状态，如果只需当前选择项，则将"覆盖原有"选项置于"√"状态，单击 [确认] 按钮，则所选项目按【价格信息】插页内所选材料价格进行计算，将价差合计显示出来。

3) 套价库更改后的价差计算

调差计算完成后，如【套价库】窗口的工程量数据经过更改，则价差计算数量也需要修改，其修改方法有以下两种。

(1) 自动计算。原价差计算为自动调差，且在其市场价没有修改的情况下，在套价库计算时，应选定为自动关联计算，则原价差计算内容随套价库的计算而重新自动计算。

(2) 调整计算。如原价差调整为人工调差，在人工输入市场价的情况下，进行套价库计算时，应取消价差自动关联计算标记，但也不需要重新进行价差计算，只要提取窗口菜单，选择"(自动)提取价差(数量)"菜单项，程序自动完成更改内容的计算。

4) 二次调差计算

提取出价差计算项目后，输入相应项目的市场价；单击窗眉 🖶 按钮，或提取窗口菜单，选择"价差计算"命令，屏幕弹出"(价差)计算"对话框(见图 6-1-21)：在"c1 价差算式 1"框中填写价差计算式"(s－d) * s1"，即(市场价－定额价)×数量，最后单击对话框上的 [确认] 按钮，即可算出市场价差。

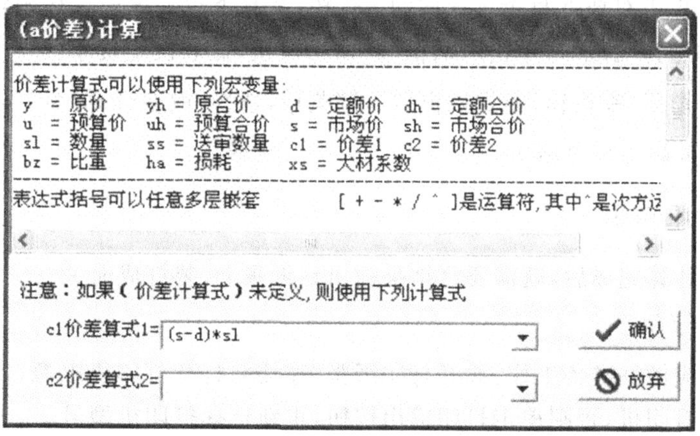

图 6-1-21　价差计算窗口

5）特殊项目价差计算

套价库未用到的材料需要调差的话，可提取窗口右键菜单，选择“(拖拉)价格库(价差)项目”命令，在弹出的当前价格库材料窗口中拖拉要调差的项目到价差计算窗口；在价差计算窗口该项目所在行的“价差算式”栏中直接填写计算式；单击窗眉 按钮，再单击 确认y 按钮，完成价差计算。

（三）取费计算

取费计算就是按照当地工程预算定额费用标准，计取单位工程除定额直接费以外的其他费用，从而得出单位工程的总造价。进入【取费】窗口，进行取费编辑（见图 6-1-22）。

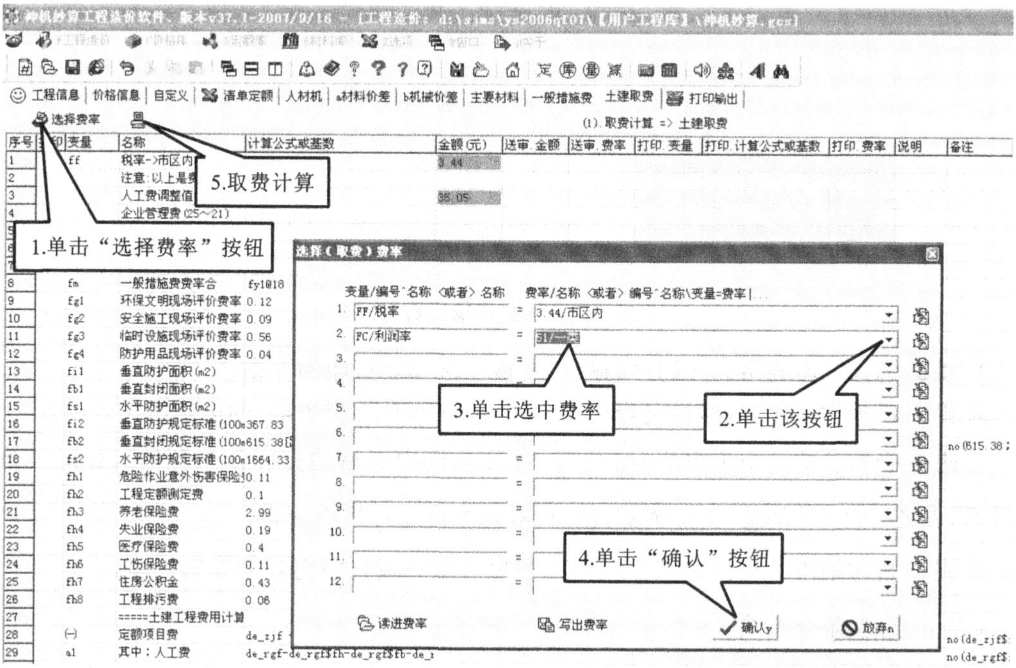

图 6-1-22　取费编辑窗口

步骤 1：单击窗眉“选择费率”按钮，屏幕弹出“选择(取费)费率”对话框。

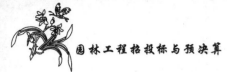

步骤2:依次单击对话框每条选项后的☐按钮,在其下拉菜单中选择相应的费率。

步骤3:费率选择完成后,单击对话框[确认]按钮,提取设定费率。

步骤4:单击窗眉🖶按钮,或提取窗口右键菜单,选择"取费计算"命令,程序自动按取费表的计算顺序计算出工程总造价。

五、报表打印输出

套价库汇总计算完成后,就需要将结果输出到纸张上,装订成册。

(一) 表格打印

表格打印前应做好准备工作:放好打印纸张,连接并打开打印机电源,每次打印前,查看位置是否为当前打印机,否则单击打印输出按钮,重新选择打印机型号。

操作步骤如下。

步骤1:选择打印内容。在【打印输出】左窗口选择要打印的项目,选择"全部(打印)"可对所套全部定额计算项目打印;选择分部,则只对该分部定额计算项目打印(见图6-1-23)。

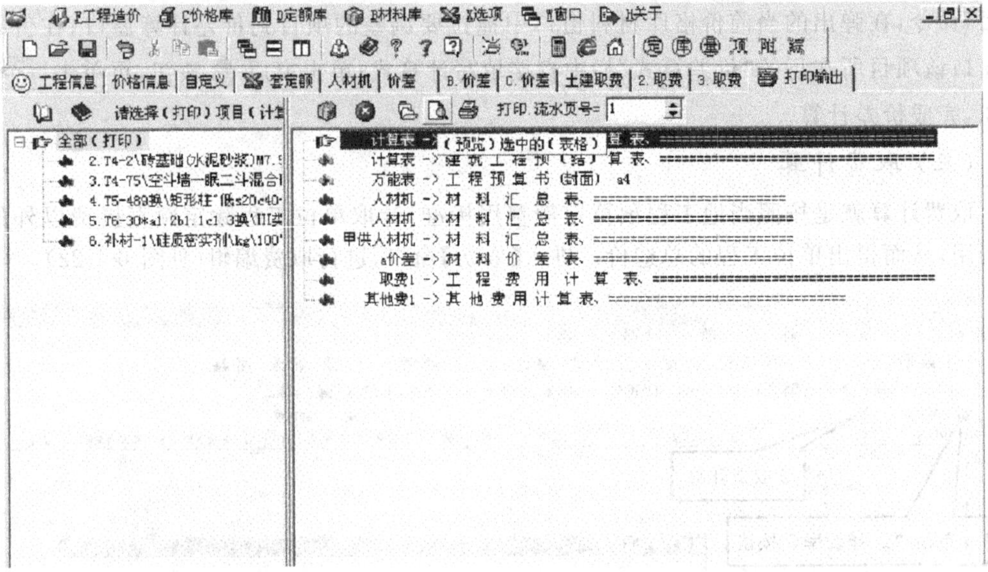

图 6-1-23　打印输出窗口

步骤2:选择打印表格。在【打印输出】右窗口选择要打印的表格。

步骤3:设置插页序号,即设置当前工程预算书(所有类型表格)的插页顺序号。

步骤4:表格预览。单击窗眉🔍按钮,可显示选中表格的打印效果预览。如对表格编制满意,可进行打印,否则,可选择🗁按钮,对该表格进行排版编辑。

步骤5:打印输出。单击窗眉🖶按钮,程序自动完成选中内容的表格打印。

(二) 表格部分打印

修改或打印等原因,会造成部分打印表格出现问题,此时,不必将全部表格重新打印一遍,只要在打印输出前,单击表格编辑按钮,在【打印机】窗口定义需要打印的页号,即可将此部分有问题的表格重新打印。

(三) 表格打印分页符号设置

本系统打印输出表格,除可自动排版外,还提供人工强制分页功能,即只要在规定窗口及栏目设置"强制分页"字符,在打印时,即可自动完成分页功能。

六、工程库的维护与管理

预算书编制打印完成后,还应了解并掌握工程库的维护管理工作,如工程库的保存、工程库的恢复、工程库的删除、工程库文件名的更改等。

(一) 打开工程库文件

按下面介绍的方法,打开已命名并保存在硬盘中的工程库文件,然后进入该文件的工程窗口,进行预算书的编辑和修改。

方法一:单击工具栏上 (打开工程造价)按钮。

方法二:选择主菜单"工程造价/打开(工程造价)"菜单项(见图 6-1-24)。

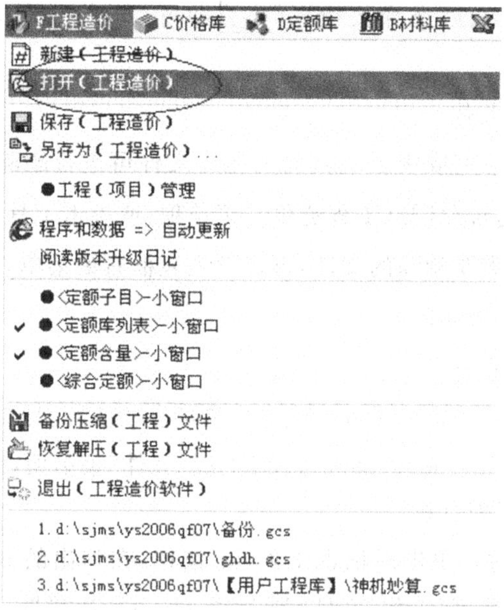

图 6-1-24 打开工程库

方法三:"工程造价"主菜单底部显示最近使用过的工程库文件列表,直接单击文件名,可将其工程库打开。

(二) 保存工程库文件

为防止掉电或电脑故障,造成正在编辑的数据丢失,应定时对正在编辑的工程库文件进行保存。但一般情况下用户都会忽略这一点,为此软件设置了定时存盘提示功能,只要预先用主菜单"选项/设置(提醒存盘)时间"菜单项 设置(提醒存盘)时间 => 30 分钟 进行时间设置,系统每到设置时间就会自动弹出提示窗(见图 6-1-25),提醒用户做存盘处理。

系统每次弹出的存盘提示窗是提醒用户做存盘处理的,并没有进行存盘工作,因此在关闭定时存盘提示窗后,应选择工具栏上的 按钮,或主菜单"工程造价/保存(工程造价)"菜单项,对当前正在编辑的工程库文件进行保存。也可以选择主菜单"工程造价/另存为(工程

注意：为了您的权益，请注册登记！
请使用主菜单的（保存、另存为）功能，保护您的工作成果！
OK

图 6-1-25　定时存盘提示窗

造价)”菜单项，以不同的文件名形式进行保存。

（三）修改工程库文件名

对已经保存的工程库文件名可以进行修改。修改工程库文件名的方法如下。

选择主菜单“工程造价/打开(工程造价)”菜单项，或选择工具栏上的图标，屏幕弹出对话框。一是在对话框内单击鼠标左键选择文件，再单击右键提取菜单，选择菜单中“重命名”命令，修改文件名即可；二是在要更改的文件名上两次单击，这时可在所选择的文件名处直接输入新的文件名，最后选择按钮“确认”即可。修改文件名时注意不要将后缀名(.gcs)删掉。

（四）删除工程库文件

为节省硬盘空间，对已完成竣工结算的工程库文件可进行删除。删除工程库文件的方法是：选择主菜单“工程造价/打开(工程造价)”菜单项，或单击工具栏上的按钮，屏幕弹出对话框；单击对话框中需要删除的文件，再提取列表框右键菜单，选择“删除”命令，再选择“确认”按钮，可将所选文件删除。

（五）备份工程库文件

每个工程项目做完后，一定要做好工程库文件的备份工作，以备今后工作使用。

步骤1：选择主菜单“工程造价/备份压缩(工程)文件”菜单项，或单击工具栏按钮，屏幕弹出“压缩(工程)文件”对话框。

步骤2：提取备份文件。单击对话框上的按钮，在弹出的文件列表框中选择需要备份的工程库文件，将其提取到“工程(文件)列表”窗口，可依次提取一个或多个要一起备份的文件。

步骤3：选择备份路径。在“(压缩)路径”列表框内选择文件备份的路径。

步骤4：定义文件名。系统自动取最后选择的工程库文件的名称，如认可，可按此文件名进行备份，否则，可在“压缩文件名”框内重新定义文件名。

步骤5：确认压缩。单击对话框上的“确认”按钮，系统自动将选择的工程库文件压缩备份至指定路径下的备份文件中(见图6-1-26)。

（六）恢复压缩文件

当需要将备份的工程库文件恢复到程序中进行编辑修改时，可按下述方法将备份的工程文件恢复到指定路径下。

步骤1：选择主菜单“工程造价/恢复解压(工程)文件”菜单项，或单击工具栏上的按钮，屏幕弹出“解压(工程)文件”对话框。

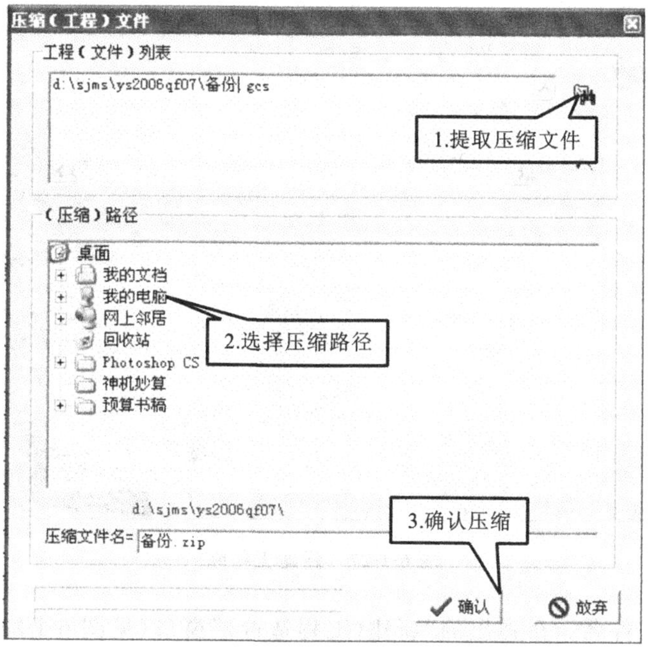

图 6-1-26 文件压缩窗口

步骤 2:提取压缩文件。单击对话框的 按钮,在弹出的文件列表框中选择需要恢复的工程库文件,将其提取到"工程库"窗口,可依次提取一个或多个要一起恢复的文件。

步骤 3:选择解压路径。在"(工程库)路径"框内选择备份文件的路径。

步骤 4:确认解压。单击对话框上的 确认 按钮,系统自动将选择的工程库文件恢复解压至指定路径下。

(七) 邮件发送工程库文件

随着互联网技术的飞速发展,企业内部、企业与企业间及招投标业务的需要,使信息与数据的传输功能愈来愈重要。

邮件发送工程库文件的操作方法与文件压缩备份的操作方法相同,只是在步骤 5 中不按 确认 按钮,而是按发送邮件按钮。选中工程库文件压缩后,弹出"发送(压缩的工程库)附件"窗口;在该窗口填写相关内容后,按发送邮件按钮,即可将压缩工程库文件发送到指定邮箱。

七、工程量清单报价编制

(一) 新建工程造价库

新建工程包括下列操作内容:新建工程造价库、选择工程模板、录入工程信息、设置当前价格库、设置动态费率。

步骤 1:新建工程造价库。选择主菜单"工程造价/新建(工程造价)"菜单项,或工具栏上"新建(工程造价)" 按钮(见图 6-1-27)。

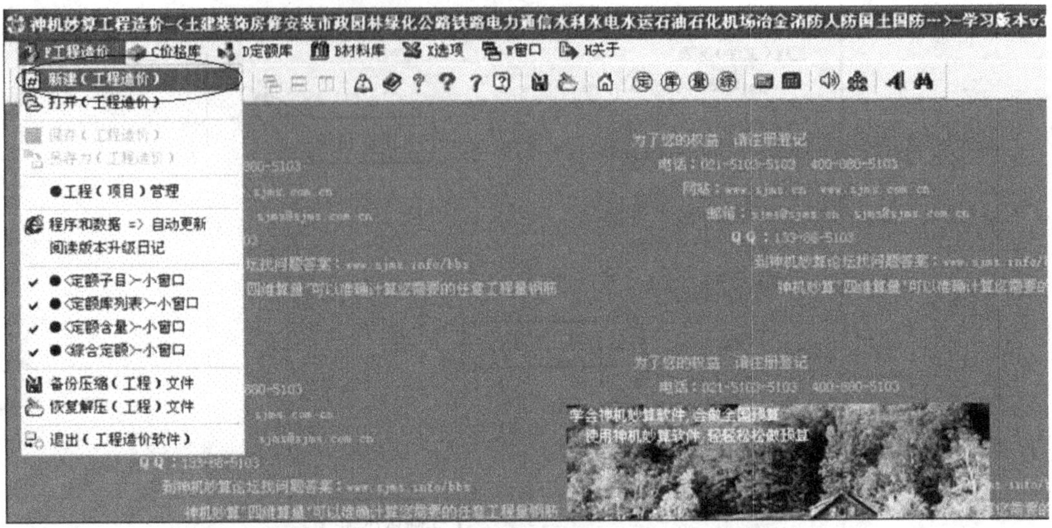

图 6-1-27　新建工程库

步骤 2:定义文件名。在弹出的“新建(工程造价)”窗口(见图 6-1-28)双击“【用户工程库】”文件夹,在“文件名”处输入工程文件名,最后单击 打开(O) 按钮。

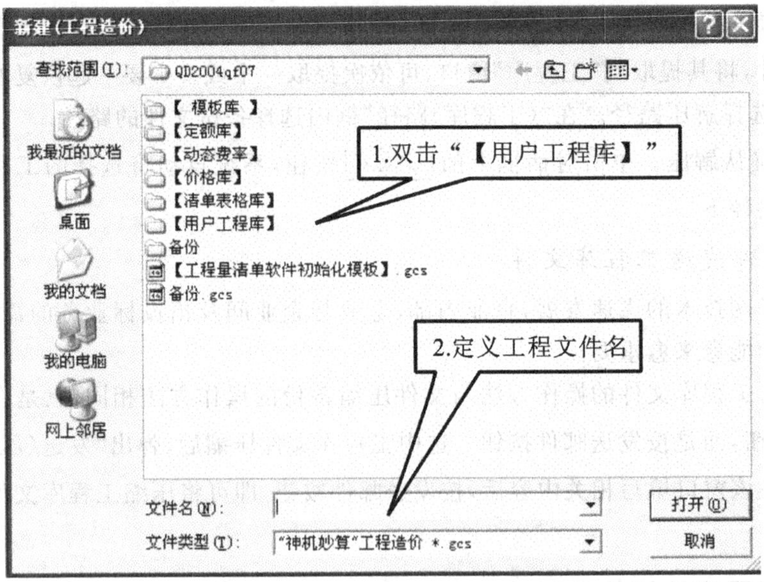

图 6-1-28　定义工程文件名称

步骤 3:选择工程模板。单击 选择模板 按钮,选择所用地区模板库,进入“打开(工程造价)模板”窗口(见图 6-1-29),选择适用的模板(专业)。模板启动后会自动完成工程量清单报价编制系统设置,用户只需录入清单及其工程内容子目和工程量,系统即可自动完成工程量清单报价的编制和各种标准清单表格的打印输出。

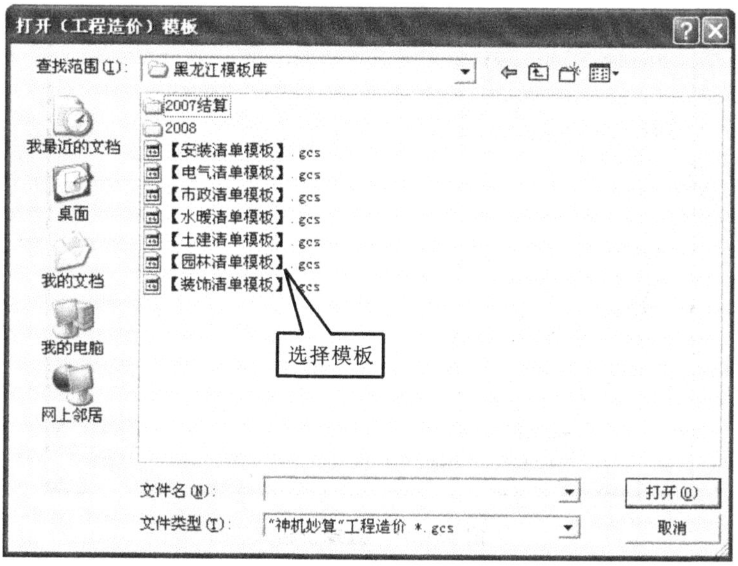

图 6-1-29　模板文件对话框

步骤 4：录入工程信息。在【工程信息】插页左上窗口（见图 6-1-30）的"数据"栏内录入与"名称"栏内容相对应的各项工程信息。在编制工程量清单标底或投标报价前，应先设置相应价格信息，作为人材机分析的价格依据。

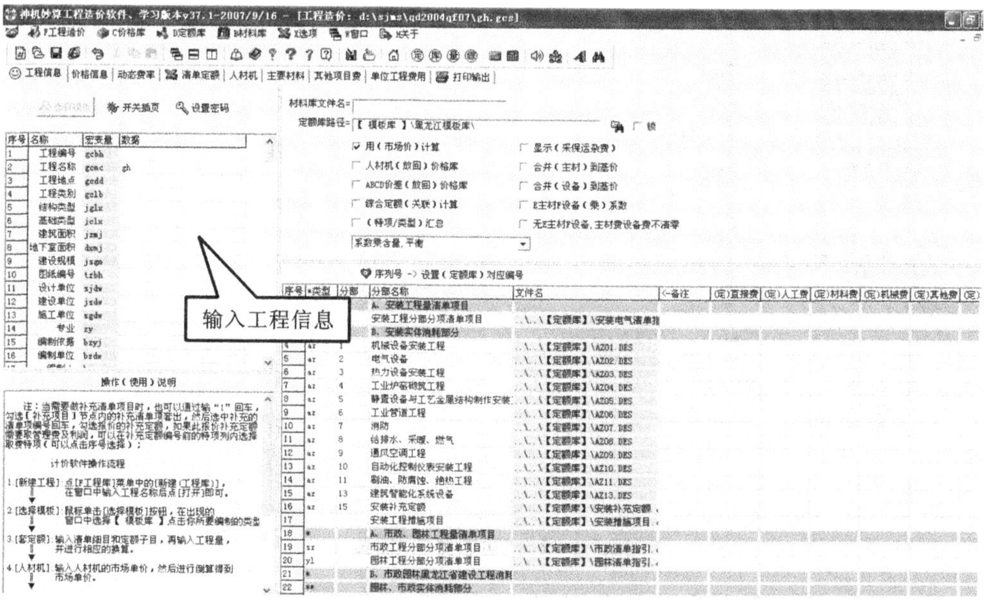

图 6-1-30　"工程信息"插页

步骤 5：设置当前价格库。进入【价格信息】插页，在【当前价格库】窗口提取右键菜单，选择"打开"，在弹出的"打开"对话框内选择需要采用的价格库文件（见图 6-1-31）。

步骤 6：设置动态费率。进入【动态费率】插页（见图 6-1-32），在【动态费率表】窗口根据需要调整各类工程取费费率（模板中已设置），或增加新的工程类别和取费类别。动态费率表每一行的工程类别对应一个特项变量。

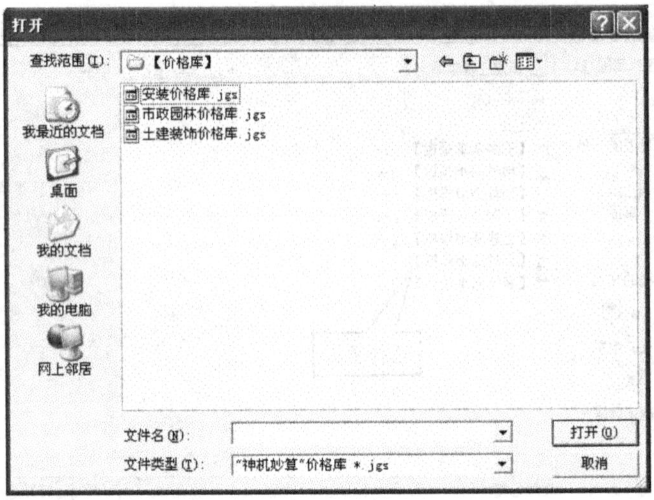

图 6-1-31　选择价格库

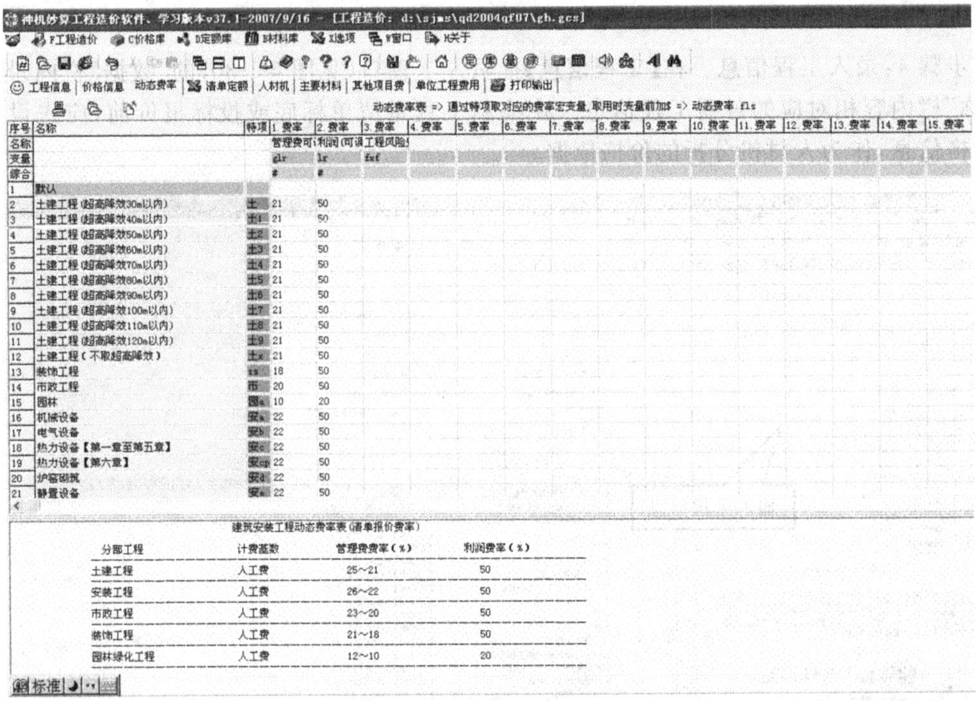

图 6-1-32　“动态费率”插页

(二) 编制工程量清单与投标报价

单位工程工程量清单计价包括分部分项工程项目费用、措施项目费用、其他项目费用。套价窗口“＊”类型规定：

＊表示项目分类，如实体项目和技术措施；

＊＊表示分部名称，如土石方工程和混凝土工程；

＊＊＊表示清单项目，清单下跟9位全国统一编码定额，如＊＊＊050101006/整理绿化用地/m2。

1. 分项工程项目费用的编制

在编制工程量清单报价的过程中，神机妙算工程造价软件具有"清单 123 功能"。其中"1"代表分部分项清单项目，"2"代表措施项目清单，"3"代表其他项目费用，这三项费用的计取都是在【套定额】窗口完成的。

步骤 1：点击【套定额】，在"项目编号"一栏中输入"1"后回车，软件自动弹出"工程量清单项目"，逐级展开，在所需的 9 位清单项目编码前方框内打钩。如果是招标人，做到这里即可；如果是投标人，还需要选择具体的定额。

步骤 2：把"全保护"改成"不保护"，光标放在三星级清单编码处，按回车键，软件自动弹出清单指引，用户可根据需要勾选相应的定额，点击"确认"即可。

选择定额后，清单项目编码在系统自动提供的 9 位国标码后根据项目特征扩展 3 位，作为 12 位具体项目编码或按照招标文件编码填写。录入清单项目后，特殊情况下需套用项目指引以外的子目，可打开相应定额库列表，直接拖入清单编制窗口。

此外，神机妙算工程造价软件还提供了多种快速查找、录入清单和定额子目的方法。

① 录入清单项目编码或定额号快速录入。

② 模糊查找名称录入，即【套价库】窗口右键菜单中的"(拖拉)名称查找定额"。

③ 拖拉其他工程文件中的清单项目或定额子目。在【套价库】窗口右键菜单中"(拖拉)工程库定额"，当拖拉清单项目时，自动将其所属工程内容定额子目一起拖拉。

步骤 3：录入工程内容，在"××"所在行录入招标方给定工程量，再根据工程量计量规则计算，填写工程内容定额子目工程量，完成本条分项工程量清单项目组价(如需描述清单项目特征，可在"定额名称"栏直接输入)。

工程量的定义方法：在"计算公式"栏录入工程量或工程量计算式，按回车键。

特殊的定义方法有以下三种。

① 在"特项"栏直接录入特项符号。

② 选择特项符号。提取动态费率提示框[有三种方法：单击"序号"列表头；提取窗口右键菜单，选择"选动态费率(点序号列)"菜单项；按热键 F5]，在自动弹出的动态费率提示框内，双击所需项目，即将其提取到【套价库】窗口。

③ 利用【套价库】窗口菜单项"成批设置"命令，可直接成批设置特项符号和类型。

步骤 4：调整定额含量，选中【套价库】窗口调整定额，在【定额含量】窗口调整其含量，包括项目含量的换算与调整。项目换算可在【项目换算】窗口打开当前价格库，直接在其列表中拖拉相应项目替换原项目，被替换的项目变淡灰色，不再参与计价。含量调整可直接修改含量数值，也可在人材机(含量)换算窗口的"计算式＋－＊/"栏直接输入算式修改。

系统支持智能化定额增减换算、系数换算、配合比换算等多种自动换算功能，并可根据需要随时编制补充定额。补充定额的具体做法为：在【套价库】窗口编辑一条定额行(定额号、名称单位)，拖拉【项目换算】窗口中的相应内容到【定额含量】窗口，并填写含量，即可编制成一条补充定额。补充人材机项目可直接在含量库中编写，然后放回价格库。

2. 措施项目费用的编制

措施项目是为完成工程项目施工而发生于施工前和施工过程中的技术、生活、安全等方面的非工程实体项目。措施项目分为一般措施项目和定额措施项目。投标人可根据自身情况和报价策略灵活调整措施项目费用。

步骤 1：在"项目编号"栏中录入"2"后回车。在弹出的"措施项目费"窗口，展开所需项目

前的 [+] 号，措施项目中含“此项必选”的项目一定要选，勾选后软件自动生成“＊＊”项目，从而使格式规范化，然后再勾选所需要的项目，完毕后点击“确认”按钮。

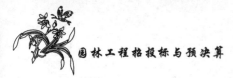

步骤 2：在不保护的状态下，在三星级清单项目编号栏处回车勾选具体的清单子目。可以看到一般措施项目的单位都为项，计算公式当软件已录入好“1”，无须再录入，在定额项目的计算公式当中输入实际工程量，回车。

3. 其他项目费用的编制

除分部分项工程量清单项目、措施项目外，工程中可能发生的其他项目费用，通过【其他费用】插页编制，可实现包干费用、系数取费费用的编制取定。但其中的“零星工作项目费”则直接在【套价库】窗口，拖拉（或根据需要自行录入）人、材、机项目组合。

1）零星工作项目费的编制

其他项目费中的“零星工作项目费”的编制在【套定额】插页中完成（见图 6-1-33）。

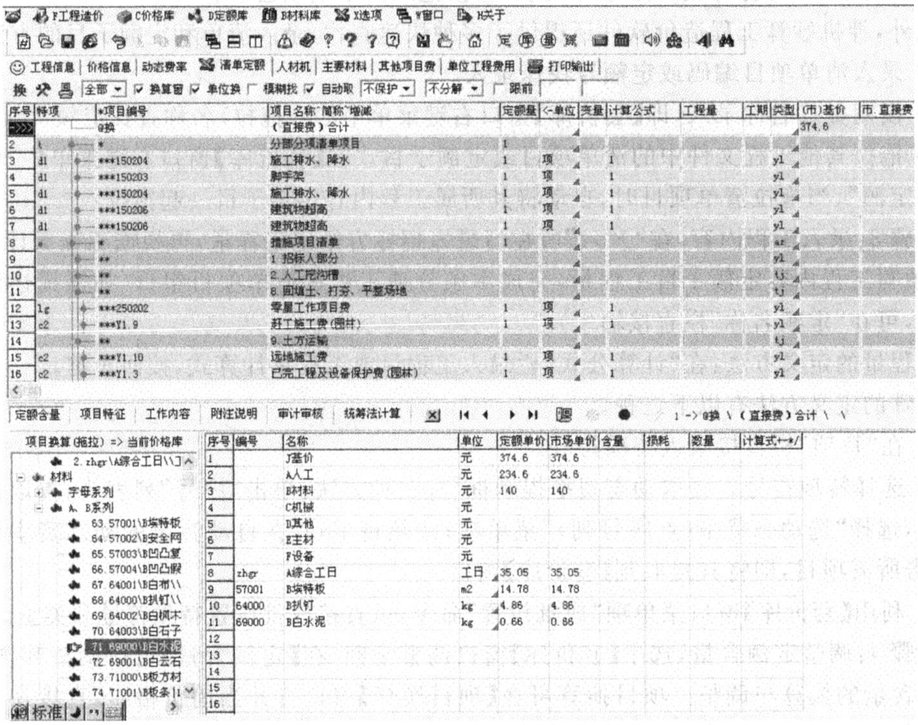

图 6-1-33　零星工作项目费的编制

步骤 1：在“项目编号”栏中录入“3”后回车，其他项目费分招标人和投标人两部分，需要哪一部分就把哪一部分前的加号展开，在此项必选和零星工作项目费前面的方框内打钩，点击“确认”按钮。

步骤 2：可以自己补充零星工作项目的具体内容，在其含量窗口中编辑人材机项目及其含量，从而完成零星工作项目费组价。

2）其他项目费的编制

其他项目费中其余费用均在【其他项目费】插页组价（见图 6-1-34）。【其他项目费】插页中“计算公式或基数”栏可填写固定金额进行组价，也可以根据需要自由给定取费基数和费率组价。

☺ 工:打开（工程造价）动态费率 ✖ 清单定额 人材机 主要材料 其他项目费 单位工程费用 ▣ 打印输出

(1). 其他费计算 => 其他项目费

序号	打印	变量	名称	单位	数量	计算公式或基数	单价	金额(元)	说明	编号	其他	备注
1	11	f2	预留金费率（1--8）		▲	0						
2	12	f3	总承包服务费率（1--3）		▲	[以分部分项工程费+措施费为基数]						
3	13	f4	总承包服务费率（1--3）		▲	[以材料购置费为基数]						
4			====以上为费率值=========									
5			2 招标人部分									
6	2	a1	1.1 预留金		▲	(p_je$t+p_je$c+p_je$d)*f2/100+(no(p_je$		
7	3	a2	1.2 材料购置费		▲							
8	4	a3	1.3 其它		▲							
9	5	a	小计		▲	a1+a2+a3						
10			2 投标人部分									
11	6	b1	2.1 总承包服务费		▲	(p_je$t+p_je$c+p_je$d)*f3/100+(no(p_je$		
12	7	b2	2.2 零星工作费		▲	p_je$lg				no(p_je$		
13		b3	2.3 其它		▲							
14	8	b	小计		▲	b1+b2+b3						
15	9		合计			a+b						

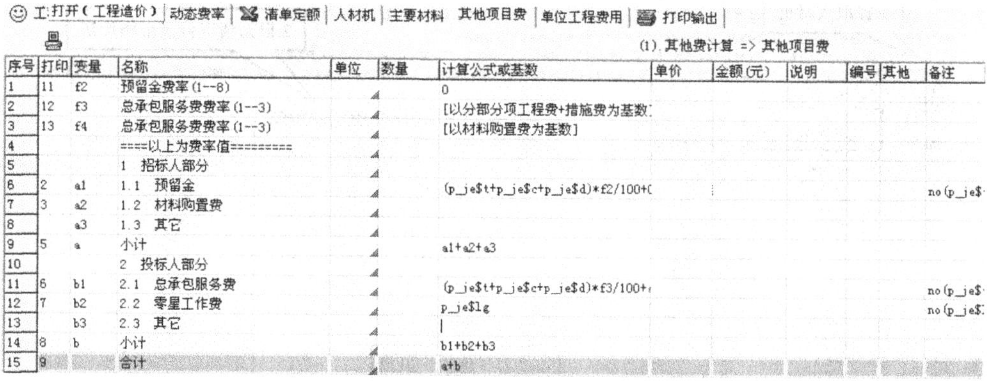

图 6-1-34 其他项目费的编制

4. 单位工程费用表的编制

在【单位工程费用】插页汇总分部分项工程量清单项目费、措施项目费和其他项目费，定规费和税金两项费用和其他相关费用（见图 6-1-35）。

🌼 🔧F工程造价 📖C价格库 🔧D定额库 📘B材料库 X选项 🖥W窗口 🖐H关于

☺ 工程信息 价格信息 动态费率 ✖ 清单定额 人材机 主要材料 其他项目费 单位工程费用 ▣ 打印输出

🖐 选择费率 ▣

(3). 取费计算 => 单位工程费用

序号	打印	变量	名称	计算公式或基数	金额(元)	送审 金额	送审 费率	打印 变量	打印 计算公式或基数	送审 费率
56	5	(B)	其中：人工费	a2				(B)	Σ工日消耗量×人工单价	
57	6	(2)	一般措施费	(2)	44236.64			(2)	[(A)+(B)]×费率	
58	7	(三)	其他	(三)	522.71			(三)	(3)+(4)+(5)+(6)	
59	8	(3)	材料购置费	(3)				(3)	根据实际情况确定	
60	10	(4)	预留金	(4)				(4)	[(一)+(二)]×{f2}%	
61		b	其他	b						
62	11	(5)	总承包服务费	(5)				(5)	分包专业工程的(分部分	
63	12	(6)	零星工作费	(6)	522.71			(6)	Σ(工程量×相应综合)	
64		c	其他	c						
65	13	(四)	安全生产措施费	(四)				(四)	(7)+(8)+(9)+(10)+(11)+(12)+(13)	
66	14	(7)	环境保护费、文明施工	(7)				(7)	[(一)+(二)+(三)]×[0.	
67	15	(8)	安全施工费	(8)				(8)	[(一)+(二)+(三)]×[0.	
68	16	(9)	临时设施费	(9)				(9)	[(一)+(二)+(三)]×[0.	
69	17	(10)	防护用品等费用	(10)				(10)	[(一)+(二)+(三)]×[0.	
70	30	(11)	垂直防护架	(11)				(11)	实际搭设面积[f1/100)	
71	31	(12)	垂直封闭防护	(12)				(12)	实际搭设面积[fb1/100)	
72	32	(13)	水平防护架	(13)				(13)	水平投影面积[fs1/100)	
73	18	(五)	规费	(五)	187634.85			(五)	(14)+(15)+(16)+(17)+(18)+(19)	
74	19	(14)	危险作业意外伤害保险	(14)				(14)	[(一)+(二)+(三)]×0.1	
75	20	(15)	工程定额测定费	(15)	3917.22			(15)	[(一)+(二)+(三)]×0.1	
76	21	(16)	社会保险	(16)	160214.31			(16)	①+②+③+④	
77	22	①	养老保险费	①	130051.72			①	[(一)+(二)+(三)]×2.9	
78	24	②	失业保险费	②	21936.43			②	[(一)+(二)+(三)]×0.4	
79	25	③	医疗保险费	③	8226.16			③	[(一)+(二)+(三)]×0.4	
80	35	④	生育保险费	④				④	(A)*0.65%	
81	26	(17)	工伤保险费	(17)				(17)	[(一)+(二)+(三)]×0.1	
82	27	(18)	住房公积金	(18)	23503.32			(18)	[(一)+(二)+(三)]×0.4	
83	28	(19)	工程排污费	(19)				(19)	[(一)+(二)+(三)]×0.0	
84	29	(六)	税金	(六)	141207.02			(六)	[(一)+(二)+(三)+(四)	
85	23	(七)	单位工程费用	(七)				(七)	[(一)+(二)+(三)+(四)	
86		sb	设备费	sc_sbf				SB	设备费	
87	(八)		单位工程费用+设备费	(七)+sb	4246062.39			(八)	单位工程费用+设备费	
88										

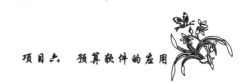

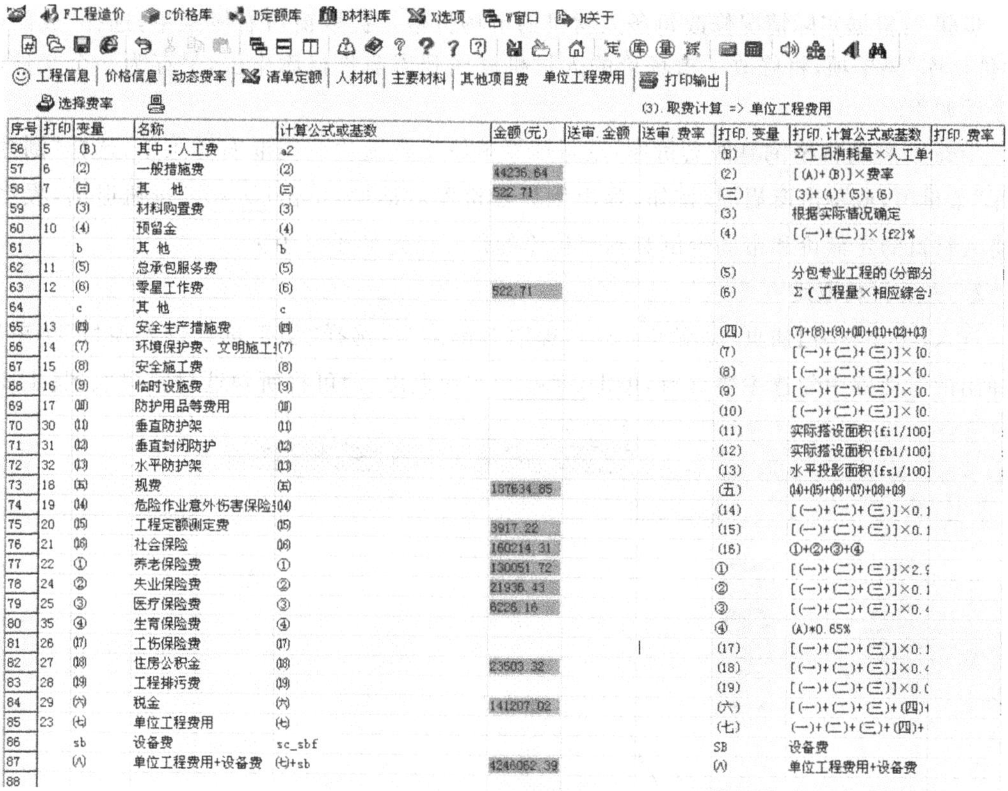

图 6-1-35 单位工程费用编制窗口

（三）分析汇总及打印输出

1. 人材机分析

进入【人材机】插页进行人材机分析（见图 6-1-36）。

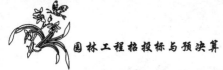

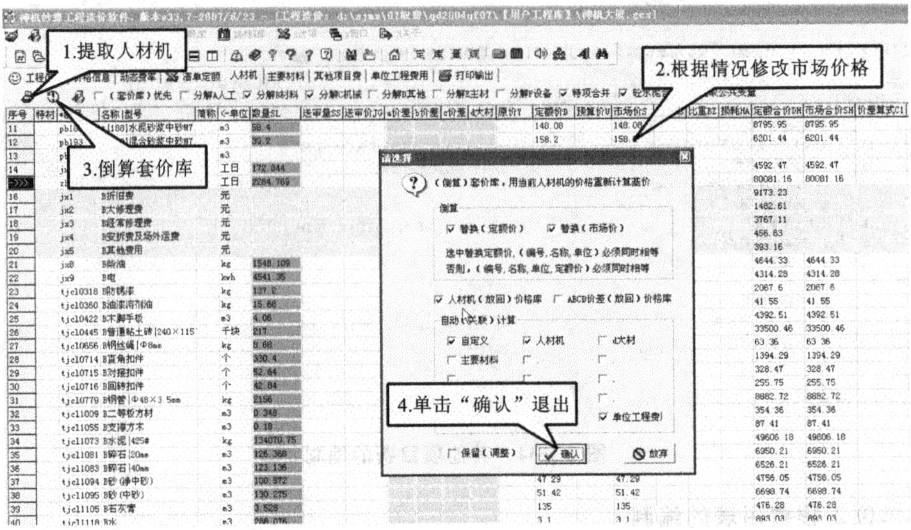

图 6-1-36 人材机分析

步骤 1:提取人材机。单击窗眉按钮,系统自动提取全部人材机项目。

步骤 2:根据实际情况修改每条人材机的市场价格。提取窗口右键菜单,选择“放回(当前)价格库”菜单项,将修改了市场价的人材机放回到当前价格库中去,另存为一个文件,以备今后调用。

步骤 3:将新价格倒算回套价库,重新计算单位工程造价。提取右键菜单,选择“倒算套价库”菜单项,或单击窗眉按钮,弹出倒算套价库对话框,单击“确认”按钮退出,程序自动将人材机的定额价和市场价倒算到套价库的每一条定额子目中去。

2. 主要材料取定

进入【主要材料】插页(见图 6-1-37),提取右键菜单,选择“手工选择价差项目”菜单项,在弹出的对话框中勾选主要材料,单击“确认”按钮退出,即可将所勾选材料提取到【主要材

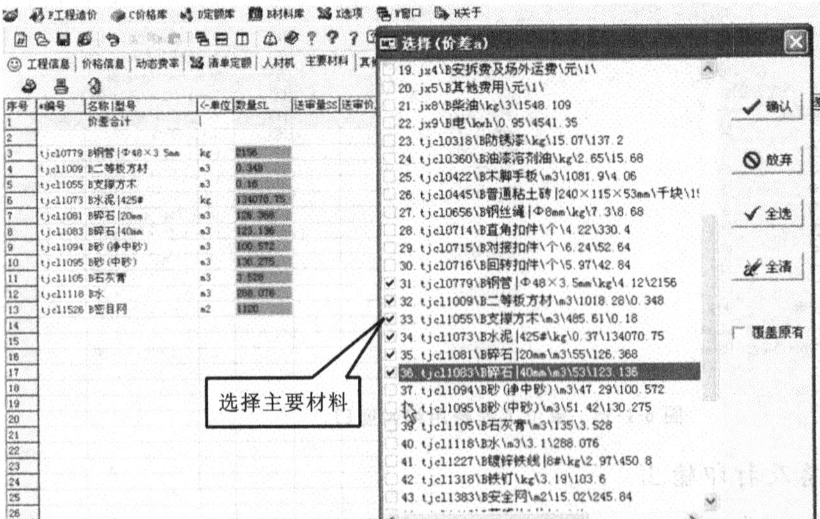

图 6-1-37 主要材料取定窗口

料】窗口。

3. 表格打印输出

编制完成的工程量清单报价，在【打印输出】插页预览和打印输出(见图 6-1-38)。

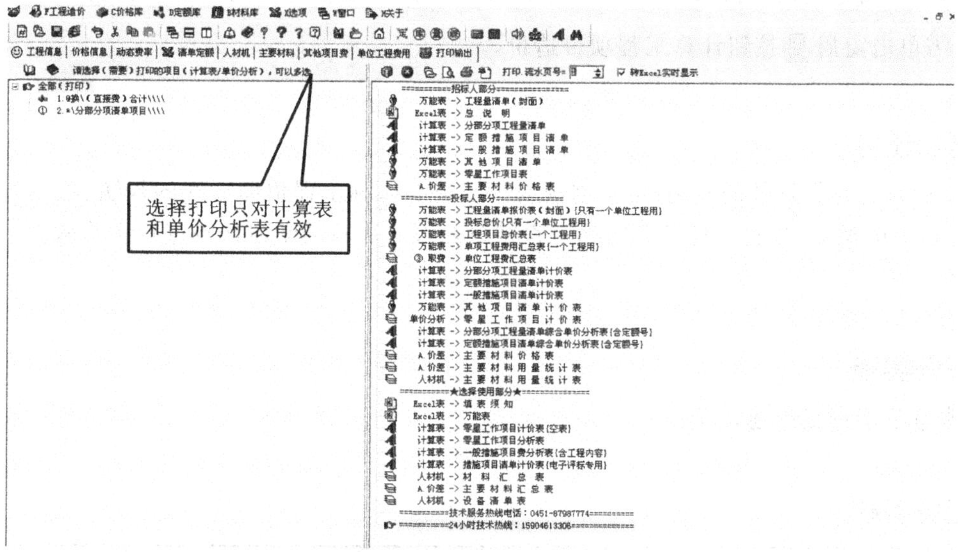

图 6-1-38　打印输出窗口

【打印输出】插页预设了全部清单计价标准表格。系统提供了编辑、预览、打印功能，可灵活预览和打印输出。选中报表，单击窗眉 按钮，打开【报表编辑】插页，可对报表格式进行定制。右窗口所有的“计算表”，均可对左窗口内容进行选项打印。如只要打印措施项目，则将光标移动到措施项目上，选择打印表格即可。

4. 单项工程费、建设项目总价的汇总

选择主菜单“工程造价/工程(项目)管理”，或单击工具栏上的 按钮，可打开【工程(项目)管理】窗口(见图 6-1-39)。

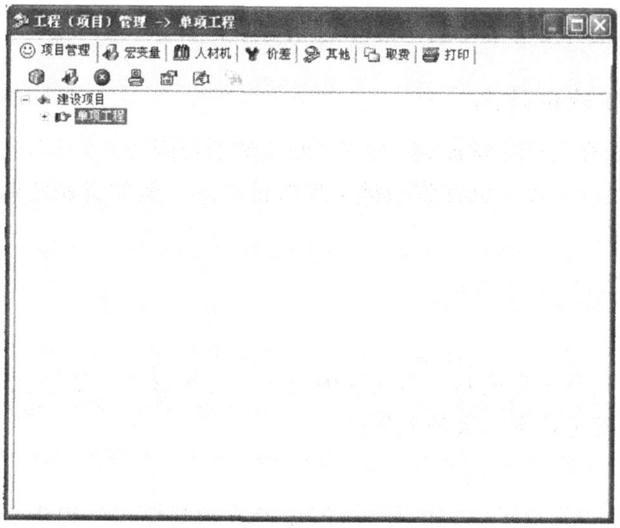

图 6-1-39　【工程(项目)管理】窗口

打开一个单位工程造价文件，单击窗眉按钮，可将当前单位工程加入工程项目中的相应单项工程。在【工程(项目)管理】窗口单击按钮，逐个增加全部单项工程和单位工程。单击窗眉按钮可以将工程项目中的节点删除。编辑完成的工程项目窗口在打印输出前，需单击窗眉按钮计算工程项目造价。

☆ 学习任务

本项目为预算软件的应用，可根据项目一任务2园林工程招标标底的编制、项目二任务2商务标书的编制、项目五任务2园林工程结算与竣工决算的学习任务进行预算软件的使用及练习。

☆ 任务实施

本章节不详细论述。

☆ 任务考核

序号	考核内容	考核标准	配分	考核记录	得分
1	神机妙算工程造价软件的安装使用	安装正确、熟练操作	10		
2	利用软件进行传统预算的编制	掌握预算编制的步骤及注意事项	30		
3	利用软件进行工程量清单计价的编制	掌握预算编制的步骤及注意事项	30		
4	进行造价分析及打印输出	操作正确	20		
5	利用造价软件进行工程预算审核	操作正确	10		

☆ 知识链接

园林工程造价信息管理

(一) 园林工程造价信息

一切有关园林工程造价的特征、状态及其变动的消息组合，所有对园林工程造价的确定和控制过程起作用的资料都可以称为园林工程造价信息。例如定额资料、标准规范、政策性文件、造价信息手册等。

(二) 园林工程造价信息的特点

1. 区域性

材料就近使用，信息的交换和流通往往限制在一定区域内。如绿化苗木材料，南北方会在植物的特性、价格等方面有较大的差异。

2. 多样性

园林工程市场虽然形成了一定的规模，但还没有达到建筑工程市场的程度，尚需规范，所以，园林工程造价信息的内容和形式具有多样性。

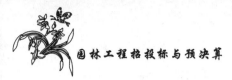

3. 系统性

多种因素相互作用，从多方面反映，信息都不是孤立、紊乱的，而是大量、有系统的。

4. 动态性

园林行业发展迅速，不断补充收集新的园林工程造价信息，真实反映工程造价的动态变化。

5. 季节性

由于园林工程生产多为室外作业，受自然条件影响大，施工安排必须考虑季节因素，造价信息具有季节性。

（三）园林工程造价信息的主要内容

最能体现园林工程造价信息特点，并在园林工程价格市场中起重要作用的园林工程造价信息主要包括价格信息、指数和已完工程信息。

1. 价格信息

价格信息包括各种建筑材料、苗木、人工工资、施工机械等的最新市场价格。

2. 指数

指数主要根据原始价格信息加工整理得到的各种造价指数。可以利用造价指数计算拟建园林工程的造价。

3. 已完工程信息

已完或在建园林工程的各种造价信息，可以为拟建园林工程或在建园林工程造价提供依据。

（四）园林工程造价信息管理

园林工程造价的信息管理是对信息的收集、加工整理、储存、传递与应用等一系列工作的总称。目的是通过有组织的信息流通，使决策者能及时、准确地获得相应的信息。

1. 园林工程造价信息管理的基本原则

（1）标准化原则：信息流程规范、格式化、标准化。

（2）有效性原则：对不同管理层提供不同要求和深度的信息。

（3）定量化原则：经信息处理比较和分析。

（4）时效性原则：保证信息及时服务。

（5）高效处理原则：高性能处理工具，缩短处理过程。

2. 园林工程造价信息管理的现状

园林工程造价信息是一种共享性的社会资源。政府职能部门利用信息系统的优势，对园林工程造价信息提供服务，其社会效益和经济效益是显而易见的。

虽然全国及地区工程造价信息系统在逐步建立和完善，但仍存在绿化苗木信息匮乏、忽略信息深加工、信息网建设有待完善、详细资料没有完全和清单计价模式接轨等问题。

3. 园林工程造价信息管理的趋势

（1）园林工程造价信息主导化。

（2）园林工程造价信息智能化。

（3）园林工程造价信息服务化。

☆ 复习提高

教师为学生提供园林工程施工图纸，主要应该包括绿化工程、园路及园桥工程、假山工程、景观工程、园林土建工程、园林基础工程等，由学生进行工程量的计算，并结合工程造价信息等相关资料，利用造价软件完成工程造价的编制。

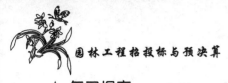

附录A 《建设工程施工合同(示范文本)》(GF 2013—0201)

第一部分 合同协议书

发包人(全称):____________________

承包人(全称):____________________

根据《中华人民共和国合同法》、《中华人民共和国建筑法》及有关法律规定,遵循平等、自愿、公平和诚实信用的原则,双方就____________工程施工及有关事项协商一致,共同达成如下协议:

一、工程概况

1.工程名称:____________________。

2.工程地点:____________________。

3.工程立项批准文号:____________________。

4.资金来源:____________________。

5.工程内容:____________________。

群体工程应附《承包人承揽工程项目一览表》(附件1)。

6.工程承包范围:

____

______________________________。

二、合同工期

计划开工日期:______年____月____日。

计划竣工日期:______年____月____日。

工期总日历天数:______天。工期总日历天数与根据前述计划开竣工日期计算的工期天数不一致的,以工期总日历天数为准。

三、质量标准

工程质量符合____________________标准。

四、签约合同价与合同价格形式

1.签约合同价为:

人民币(大写)____________(¥________元);

其中:

(1)安全文明施工费:

人民币(大写)____________(¥________元);

(2)材料和工程设备暂估价金额:

人民币(大写)____________(¥________元);

(3)专业工程暂估价金额：

人民币(大写)________________(￥________元)；

(4)暂列金额：

人民币(大写)________________(￥________元)。

2.合同价格形式：____。

五、项目经理

承包人项目经理：____________。

六、合同文件构成

本协议书与下列文件一起构成合同文件：

(1)中标通知书(如果有)；

(2)投标函及其附录(如果有)；

(3)专用合同条款及其附件；

(4)通用合同条款；

(5)技术标准和要求；

(6)图纸；

(7)已标价工程量清单或预算书；

(8)其他合同文件。

在合同订立及履行过程中形成的与合同有关的文件均构成合同文件组成部分。

上述各项合同文件包括合同当事人就该项合同文件所作出的补充和修改，属于同一类内容的文件，应以最新签署的为准。专用合同条款及其附件须经合同当事人签字或盖章。

七、承诺

1.发包人承诺按照法律规定履行项目审批手续、筹集工程建设资金并按照合同约定的期限和方式支付合同价款。

2.承包人承诺按照法律规定及合同约定组织完成工程施工，确保工程质量和安全，不进行转包及违法分包，并在缺陷责任期及保修期内承担相应的工程维修责任。

3.发包人和承包人通过招投标形式签订合同的，双方理解并承诺不再就同一工程另行签订与合同实质性内容相背离的协议。

八、词语含义

本协议书中词语含义与第二部分通用合同条款中赋予的含义相同。

九、签订时间

本合同于________年______月______日签订。

十、签订地点

本合同在____签订。

十一、补充协议

合同未尽事宜，合同当事人另行签订补充协议，补充协议是合同的组成部分。

十二、合同生效

本合同自____生效。

十三、合同份数

本合同一式________份，均具有同等法律效力，发包人执________份，承包人执

________份。

发包人：(公章)　　　　　　　　　　承包人：(公章)

法定代表人或其委托代理人：　　　　法定代表人或其委托代理人：
(签字)　　　　　　　　　　　　　　(签字)

组织机构代码：________________　组织机构代码：________________
地　　址：________________　地　　址：________________
邮政编码：________________　邮政编码：________________
法定代表人：________________　法定代表人：________________
委托代理人：________________　委托代理人：________________
电　　话：________________　电　　话：________________
传　　真：________________　传　　真：________________
电子信箱：________________　电子信箱：________________
开户银行：________________　开户银行：________________
账　　号：________________　账　　号：________________

第二部分　通用合同条款

(略。)

第三部分　专用合同条款

1. 一般约定

1.1 词语定义

1.1.1 合同

1.1.1.10 其他合同文件包括：____
____
____。

1.1.2 合同当事人及其他相关方

1.1.2.4 监理人：

名　　称：____；

资质类别和等级：____；

联系电话：____；

电子信箱：________；
通信地址：________。
1.1.2.5 设计人：
名　　称：________；
资质类别和等级：________；
联系电话：________；
电子信箱：________；
通信地址：________。
1.1.3 工程和设备
1.1.3.7 作为施工现场组成部分的其他场所包括：________
________。
1.1.3.9 永久占地包括：________。
1.1.3.10 临时占地包括：________。
1.3 法律
适用于合同的其他规范性文件：________
________。
1.4 标准和规范
1.4.1 适用于工程的标准规范包括：________
________。
1.4.2 发包人提供国外标准、规范的名称：________
________；
发包人提供国外标准、规范的份数：________；
发包人提供国外标准、规范的名称：________。
1.4.3 发包人对工程的技术标准和功能要求的特殊要求：________
________。
1.5 合同文件的优先顺序
合同文件组成及优先顺序为：________
________。
1.6 图纸和承包人文件
1.6.1 图纸的提供
发包人向承包人提供图纸的期限：________；
发包人向承包人提供图纸的数量：________；
发包人向承包人提供图纸的内容：________。
1.6.4 承包人文件
需要由承包人提供的文件，包括：________
________；
承包人提供的文件的期限为：________；
承包人提供的文件的数量为：________；
承包人提供的文件的形式为：________；
发包人审批承包人文件的期限：________。

1.6.5 现场图纸准备

关于现场图纸准备的约定：____________________。

1.7 联络

1.7.1 发包人和承包人应当在________天内将与合同有关的通知、批准、证明、证书、指示、指令、要求、请求、同意、意见、确定和决定等书面函件送达对方当事人。

1.7.2 发包人接收文件的地点：____________________；

发包人指定的接收人为：____________________。

承包人接收文件的地点：____________________；

承包人指定的接收人为：____________________。

监理人接收文件的地点：____________________；

监理人指定的接收人为：____________________。

1.10 交通运输

1.10.1 出入现场的权利

关于出入现场的权利的约定：____。

1.10.3 场内交通

关于场外交通和场内交通的边界的约定：____。

关于发包人向承包人免费提供满足工程施工需要的场内道路和交通设施的约定：____。

1.10.4 超大件和超重件的运输

运输超大件或超重件所需的道路和桥梁临时加固改造费用和其他有关费用由________________承担。

1.11 知识产权

1.11.1 关于发包人提供给承包人的图纸、发包人为实施工程自行编制或委托编制的技术规范以及反映发包人关于合同要求或其他类似性质的文件的著作权的归属：____。

关于发包人提供的上述文件的使用限制的要求：____。

1.11.2 关于承包人为实施工程所编制文件的著作权的归属：____。

关于承包人提供的上述文件的使用限制的要求：____。

1.11.4 承包人在施工过程中所采用的专利、专有技术、技术秘密的使用费的承担方式：____________________。

1.13 工程量清单错误的修正

出现工程量清单错误时，是否调整合同价格：____________________。

允许调整合同价格的工程量偏差范围：____。

2. 发包人

2.2 发包人代表

发包人代表：

姓　　名：________________；

身份证号：________________；

职　　务：________________；

联系电话：________________；

电子信箱：________________；

通信地址：________________。

发包人对发包人代表的授权范围如下：________________

________________。

2.4 施工现场、施工条件和基础资料的提供

2.4.1 提供施工现场

关于发包人移交施工现场的期限要求：________________

________________。

2.4.2 提供施工条件

关于发包人应负责提供施工所需要的条件，包括：________________

________________。

2.5 资金来源证明及支付担保

发包人提供资金来源证明的期限要求：________________。

发包人是否提供支付担保：________________。

发包人提供支付担保的形式：________________。

3. 承包人

3.1 承包人的一般义务

(9)承包人提交的竣工资料的内容：________________

________________。

承包人需要提交的竣工资料套数：________________。

承包人提交的竣工资料的费用承担：________________。

承包人提交的竣工资料移交时间：________________。

承包人提交的竣工资料形式要求：________________。

(10)承包人应履行的其他义务：________________。

3.2 项目经理

3.2.1 项目经理：

姓　　名：________________；

身份证号：________________；

建造师执业资格等级：________________；

建造师注册证书号：________________；

建造师执业印章号：________________；

安全生产考核合格证书号：________________；

联系电话：________________；

电子信箱：____；

通信地址：____；

承包人对项目经理的授权范围如下：________________________。

关于项目经理每月在施工现场的时间要求：________________________

____。

承包人未提交劳动合同，以及没有为项目经理缴纳社会保险证明的违约责任：________

____。

项目经理未经批准，擅自离开施工现场的违约责任：________________。

3.2.3 承包人擅自更换项目经理的违约责任：________________________

____。

3.2.4 承包人无正当理由拒绝更换项目经理的违约责任：________________

____。

3.3 承包人人员

3.3.1 承包人提交项目管理机构及施工现场管理人员安排报告的期限：________

____。

3.3.3 承包人无正当理由拒绝撤换主要施工管理人员的违约责任：________。

3.3.4 承包人主要施工管理人员离开施工现场的批准要求：____________。

3.3.5 承包人擅自更换主要施工管理人员的违约责任：________________。

承包人主要施工管理人员擅自离开施工现场的违约责任：______________。

3.5 分包

3.5.1 分包的一般约定

禁止分包的工程包括：________________________________。

主体结构、关键性工作的范围：________________________________

____。

3.5.2 分包的确定

允许分包的专业工程包括：____________________________。

其他关于分包的约定：________________________________

____。

3.5.4 分包合同价款

关于分包合同价款支付的约定：________________________。

3.6 工程照管与成品、半成品保护

承包人负责照管工程及工程相关的材料、工程设备的起始时间：____________

____。

3.7 履约担保

承包人是否提供履约担保：____________________________。

承包人提供履约担保的形式、金额及期限的：____________________。

4. 监理人

4.1 监理人的一般规定

关于监理人的监理内容：______________________________。

关于监理人的监理权限：______________________________。

关于监理人在施工现场的办公场所、生活场所的提供和费用承担的约定：______________________________。

4.2 监理人员

总监理工程师：

姓　　名：______________________________；

职　　务：______________________________；

监理工程师执业资格证书号：______________________________；

联系电话：______________________________；

电子信箱：______________________________；

通信地址：______________________________；

关于监理人的其他约定：______________________________。

4.4 商定或确定

在发包人和承包人不能通过协商达成一致意见时，发包人授权监理人对以下事项进行确定：

(1)______________________________；

(2)______________________________；

(3)______________________________。

5. 工程质量

5.1 质量要求

5.1.1 特殊质量标准和要求：______________________________。

关于工程奖项的约定：______________________________。

5.3 隐蔽工程检查

5.3.2 承包人提前通知监理人隐蔽工程检查的期限的约定：______________________________。

监理人不能按时进行检查时，应提前__________小时提交书面延期要求。

关于延期最长不得超过：__________小时。

6. 安全文明施工与环境保护

6.1 安全文明施工

6.1.1 项目安全生产的达标目标及相应事项的约定：______________________________。

6.1.4 关于治安保卫的特别约定：______________________________。

关于编制施工场地治安管理计划的约定：______________________________。

6.1.5 文明施工

合同当事人对文明施工的要求：______________________________。

6.1.6 关于安全文明施工费支付比例和支付期限的约定：______________________________。

7. 工期和进度

7.1 施工组织设计

7.1.1 合同当事人约定的施工组织设计应包括的其他内容:____。

7.1.2 施工组织设计的提交和修改

承包人提交详细施工组织设计的期限的约定:____。

发包人和监理人在收到详细的施工组织设计后确认或提出修改意见的期限:____。

7.2 施工进度计划

7.2.2 施工进度计划的修订

发包人和监理人在收到修订的施工进度计划后确认或提出修改意见的期限:____。

7.3 开工

7.3.1 开工准备

关于承包人提交工程开工报审表的期限:________________________。

关于发包人应完成的其他开工准备工作及期限:____。

关于承包人应完成的其他开工准备工作及期限:____。

7.3.2 开工通知

因发包人原因造成监理人未能在计划开工日期之日起________天内发出开工通知的,承包人有权提出价格调整要求,或者解除合同。

7.4 测量放线

7.4.1 发包人通过监理人向承包人提供测量基准点、基准线和水准点及其书面资料的期限:____。

7.5 工期延误

7.5.1 因发包人原因导致工期延误

(7)因发包人原因导致工期延误的其他情形:____。

7.5.2 因承包人原因导致工期延误

因承包人原因造成工期延误,逾期竣工违约金的计算方法为:____。

因承包人原因造成工期延误,逾期竣工违约金的上限:____。

7.6 不利物质条件

不利物质条件的其他情形和有关约定:____。

7.7 异常恶劣的气候条件

发包人和承包人同意以下情形视为异常恶劣的气候条件：

(1)＿＿＿＿＿＿＿＿＿＿＿＿＿＿＿＿＿＿＿＿＿＿＿＿＿＿＿＿＿＿＿＿＿＿；

(2)＿＿＿＿＿＿＿＿＿＿＿＿＿＿＿＿＿＿＿＿＿＿＿＿＿＿＿＿＿＿＿＿＿＿；

(3)＿＿＿＿＿＿＿＿＿＿＿＿＿＿＿＿＿＿＿＿＿＿＿＿＿＿＿＿＿＿＿＿＿＿。

7.9 提前竣工的奖励

7.9.2 提前竣工的奖励：＿＿＿＿＿＿＿＿＿＿＿＿＿＿＿＿＿＿＿＿＿＿＿＿＿＿。

8. 材料与设备

8.4 材料与工程设备的保管与使用

8.4.1 发包人供应的材料设备的保管费用的承担：＿＿。

8.6 样品

8.6.1 样品的报送与封存

需要承包人报送样品的材料或工程设备，样品的种类、名称、规格、数量要求：＿＿＿。

8.8 施工设备和临时设施

8.8.1 承包人提供的施工设备和临时设施

关于修建临时设施费用承担的约定：＿＿＿。

9. 试验与检验

9.1 试验设备与试验人员

9.1.2 试验设备

施工现场需要配置的试验场所：＿＿。

施工现场需要配备的试验设备：＿＿。

施工现场需要具备的其他试验条件：＿＿。

9.4 现场工艺试验

现场工艺试验的有关约定：＿＿。

10. 变更

10.1 变更的范围

关于变更的范围的约定：＿＿＿。

10.4 变更估价

10.4.1 变更估价原则

关于变更估价的约定：＿＿。

10.5 承包人的合理化建议

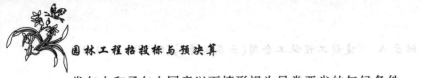

监理人审查承包人合理化建议的期限：______________________________。

发包人审批承包人合理化建议的期限：______________________________。

承包人提出的合理化建议降低了合同价格或者提高了工程经济效益的奖励的方法和金额为：____。

10.7 暂估价

暂估价材料和工程设备的明细详见附件 11:《暂估价一览表》。

10.7.1 依法必须招标的暂估价项目

对于依法必须招标的暂估价项目的确认和批准采取第________种方式确定。

10.7.2 不属于依法必须招标的暂估价项目

对于不属于依法必须招标的暂估价项目的确认和批准采取第________种方式确定。

第 3 种方式:承包人直接实施的暂估价项目

承包人直接实施的暂估价项目的约定：____。

10.8 暂列金额

合同当事人关于暂列金额使用的约定：____。

11. 价格调整

11.1 市场价格波动引起的调整

市场价格波动是否调整合同价格的约定：____________________________。

因市场价格波动调整合同价格，采用以下第________种方式对合同价格进行调整：

第 1 种方式:采用价格指数进行价格调整。

关于各可调因子、定值和变值权重，以及基本价格指数及其来源的约定：____；

第 2 种方式:采用造价信息进行价格调整。

(2)关于基准价格的约定：____。

专用合同条款①承包人在已标价工程量清单或预算书中载明的材料单价低于基准价格的：专用合同条款合同履行期间材料单价涨幅以基准价格为基础超过______%时，或材料单价跌幅以已标价工程量清单或预算书中载明材料单价为基础超过______%时，其超过部分据实调整。

②承包人在已标价工程量清单或预算书中载明的材料单价高于基准价格的：专用合同条款合同履行期间材料单价跌幅以基准价格为基础超过______%时，材料单价涨幅以已标价工程量清单或预算书中载明材料单价为基础超过______%时，其超过部分据实调整。

③承包人在已标价工程量清单或预算书中载明的材料单价等于基准单价的：专用合同条款合同履行期间材料单价涨跌幅以基准单价为基础超过±______%时，其超过部分据实调整。

第 3 种方式：其他价格调整方式：____。

12. 合同价格、计量与支付

12.1 合同价格形式

1. 单价合同。

综合单价包含的风险范围：____

____。

风险费用的计算方法：____

____。

风险范围以外合同价格的调整方法：____

____。

2. 总价合同。

总价包含的风险范围：____

____。

风险费用的计算方法：____

____。

风险范围以外合同价格的调整方法：____

____。

3. 其他价格方式：____

____。

12.2 预付款

12.2.1 预付款的支付

预付款支付比例或金额：____。

预付款支付期限：____。

预付款扣回的方式：____。

12.2.2 预付款担保

承包人提交预付款担保的期限：____。

预付款担保的形式为：____。

12.3 计量

12.3.1 计量原则

工程量计算规则：____。

12.3.2 计量周期

关于计量周期的约定：____。

12.3.3 单价合同的计量

关于单价合同计量的约定：____。

12.3.4 总价合同的计量

关于总价合同计量的约定：____。

12.3.5 总价合同采用支付分解表计量支付的，是否适用第 12.3.4 项〔总价合同的计量〕约定进行计量：____。

12.3.6 其他价格形式合同的计量

其他价格形式的计量方式和程序：____

____。

12.4 工程进度款支付

12.4.1 付款周期

关于付款周期的约定：____。

12.4.2 进度付款申请单的编制

关于进度付款申请单编制的约定：____

____。

12.4.3 进度付款申请单的提交

(1)单价合同进度付款申请单提交的约定：________________________。

(2)总价合同进度付款申请单提交的约定：________________________。

(3)其他价格形式合同进度付款申请单提交的约定：________________

____。

12.4.4 进度款审核和支付

(1)监理人审查并报送发包人的期限：____________________________。

发包人完成审批并签发进度款支付证书的期限：____________________

____。

(2)发包人支付进度款的期限：__________________________________。

发包人逾期支付进度款的违约金的计算方式：______________________。

12.4.6 支付分解表的编制

2. 总价合同支付分解表的编制与审批：__________________________

____。

3. 单价合同的总价项目支付分解表的编制与审批：__________________

____。

13. 验收和工程试车

13.1 分部分项工程验收

13.1.2 监理人不能按时进行验收时，应提前________小时提交书面延期要求。

关于延期最长不得超过：________小时。

13.2 竣工验收

13.2.2 竣工验收程序

关于竣工验收程序的约定：____________________________________

____。

发包人不按照本项约定组织竣工验收、颁发工程接收证书的违约金的计算方法：________

____。

13.2.5 移交、接收全部与部分工程

承包人向发包人移交工程的期限：______________________________。

发包人未按本合同约定接收全部或部分工程的，违约金的计算方法为：____________

____。

承包人未按时移交工程的，违约金的计算方法为：__________________

____。

13.3 工程试车

13.3.1 试车程序

工程试车内容：____

____。

(1)单机无负荷试车费用由________________________________承担；

(2)无负荷联动试车费用由________________________________承担。

13.3.3 投料试车

关于投料试车相关事项的约定：____。

13.6 竣工退场

13.6.1 竣工退场

承包人完成竣工退场的期限：________________________________。

14. 竣工结算

14.1 竣工结算申请

承包人提交竣工结算申请单的期限：________________________________。

竣工结算申请单应包括的内容：____。

14.2 竣工结算审核

发包人审批竣工付款申请单的期限：________________________________。

发包人完成竣工付款的期限：________________________________。

关于竣工付款证书异议部分复核的方式和程序：____。

14.4 最终结清

14.4.1 最终结清申请单

承包人提交最终结清申请单的份数：________________________________。

承包人提交最终结算申请单的期限：________________________________。

14.4.2 最终结清证书和支付

(1)发包人完成最终结清申请单的审批并颁发最终结清证书的期限：________。

(2)发包人完成支付的期限：________________________________。

15. 缺陷责任期与保修

15.2 缺陷责任期

缺陷责任期的具体期限：____。

15.3 质量保证金

关于是否扣留质量保证金的约定：________________________________。

15.3.1 承包人提供质量保证金的方式

质量保证金采用以下第______种方式：

(1)质量保证金保函，保证金额为：________________________________；

(2)______%的工程款；

(3)其他方式：________。

15.3.2 质量保证金的扣留

质量保证金的扣留采取以下第______种方式：

(1)在支付工程进度款时逐次扣留，在此情形下，质量保证金的计算基数不包括预付款的支付、扣回以及价格调整的金额；

(2)工程竣工结算时一次性扣留质量保证金；

(3)其他扣留方式：________。

关于质量保证金的补充约定：____。

15.4 保修

15.4.1 保修责任

工程保修期为：____。

15.4.3 修复通知

承包人收到保修通知并到达工程现场的合理时间：________________。

16. 违约

16.1 发包人违约

16.1.1 发包人违约的情形

发包人违约的其他情形：____。

16.1.2 发包人违约的责任

发包人违约责任的承担方式和计算方法：

(1)因发包人原因未能在计划开工日期前 7 天内下达开工通知的违约责任：____。

(2)因发包人原因未能按合同约定支付合同价款的违约责任：____。

(3)发包人违反第 10.1 款〔变更的范围〕第(2)项约定，自行实施被取消的工作或转由他人实施的违约责任：____。

(4)发包人提供的材料、工程设备的规格、数量或质量不符合合同约定，或因发包人原因导致交货日期延误或交货地点变更等情况的违约责任：____。

(5)因发包人违反合同约定造成暂停施工的违约责任：____。

(6)发包人无正当理由没有在约定期限内发出复工指示，导致承包人无法复工的违约责任：____。

(7)其他：____。

16.1.3 因发包人违约解除合同

承包人按 16.1.1 项〔发包人违约的情形〕约定暂停施工满______天后发包人仍不纠正其违约行为并致使合同目的不能实现的，承包人有权解除合同。

16.2 承包人违约

16.2.1 承包人违约的情形

承包人违约的其他情形：____。

16.2.2 承包人违约的责任

承包人违约责任的承担方式和计算方法：____。

16.2.3 因承包人违约解除合同

关于承包人违约解除合同的特别约定：____。

发包人继续使用承包人在施工现场的材料、设备、临时工程、承包人文件和由承包人或以其名义编制的其他文件的费用承担方式：____。

17. 不可抗力

17.1 不可抗力的确认

除通用合同条款约定的不可抗力事件之外，视为不可抗力的其他情形：__________。

17.4 因不可抗力解除合同

合同解除后，发包人应在商定或确定发包人应支付款项后________天内完成款项的支付。

18. 保险

18.1 工程保险

关于工程保险的特别约定：____。

18.3 其他保险

关于其他保险的约定：____。

承包人是否应为其施工设备等办理财产保险：____。

18.7 通知义务

关于变更保险合同时的通知义务的约定：____。

20. 争议解决

20.3 争议评审

合同当事人是否同意将工程争议提交争议评审小组决定：____。

20.3.1 争议评审小组的确定

争议评审小组成员的确定：____。

选定争议评审员的期限：____。

争议评审小组成员的报酬承担方式：____。

其他事项的约定：____。

20.3.2 争议评审小组的决定

合同当事人关于本项的约定：____。

20.4 仲裁或诉讼

因合同及合同有关事项发生的争议，按下列第______种方式解决：

(1)向____仲裁委员会申请仲裁；

(2)向____人民法院起诉。

附件 1：

承包人承揽工程项目一览表

单位工程名称	建设规模	建筑面积（平方米）	结构形式	层数	生产能力	设备安装内容	合同价格（元）	开工日期	竣工日期

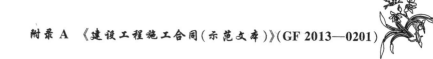

附件2：

发包人供应材料设备一览表

序号	材料、设备品种	规格型号	单位	数量	单价（元）	质量等级	供应时间	送达地点	备注

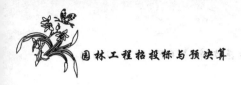

附件 3：

工程质量保修书

发包人(全称)：________________________________

承包人(全称)：________________________________

发包人和承包人根据《中华人民共和国建筑法》和《建设工程质量管理条例》，经协商一致就________________(工程全称)签订工程质量保修书。

一、工程质量保修范围和内容

承包人在质量保修期内，按照有关法律规定和合同约定，承担工程质量保修责任。

质量保修范围包括地基基础工程、主体结构工程，屋面防水工程、有防水要求的卫生间、房间和外墙面的防渗漏，供热与供冷系统，电气管线、给排水管道、设备安装和装修工程，以及双方约定的其他项目。具体保修的内容，双方约定如下：

____

____

____。

二、质量保修期

根据《建设工程质量管理条例》及有关规定，工程的质量保修期如下：

1. 地基基础工程和主体结构工程为设计文件规定的工程合理使用年限；

2. 屋面防水工程、有防水要求的卫生间、房间和外墙面的防渗为________年；

3. 装修工程为________年；

4. 电气管线、给排水管道、设备安装工程为________年；

5. 供热与供冷系统为________个采暖期、供冷期；

6. 住宅小区内的给排水设施、道路等配套工程为________年；

7. 其他项目保修期限约定如下：

____

____

____。

质量保修期自工程竣工验收合格之日起计算。

三、缺陷责任期

工程缺陷责任期为________个月，缺陷责任期自工程实际竣工之日起计算。单位工程先于全部工程进行验收，单位工程缺陷责任期自单位工程验收合格之日起算。

缺陷责任期终止后，发包人应退还剩余的质量保证金。

四、质量保修责任

1. 属于保修范围、内容的项目，承包人应当在接到保修通知之日起 7 天内派人保修。承包人不在约定期限内派人保修的，发包人可以委托他人修理。

2. 发生紧急事故需抢修的，承包人在接到事故通知后，应当立即到达事故现场抢修。

3.对于涉及结构安全的质量问题，应当按照《建设工程质量管理条例》的规定，立即向当地建设行政主管部门和有关部门报告，采取安全防范措施，并由原设计人或者具有相应资质等级的设计人提出保修方案，承包人实施保修。

4.质量保修完成后，由发包人组织验收。

五、保修费用

保修费用由造成质量缺陷的责任方承担。

六、双方约定的其他工程质量保修事项：

____

____。

工程质量保修书由发包人、承包人在工程竣工验收前共同签署，作为施工合同附件，其有效期限至保修期满。

发包人(公章)：______________	承包人(公章)：______________
地　　址：______________	地　　址：______________
法定代表人(签字)：______________	法定代表人(签字)：______________
委托代理人(签字)：______________	委托代理人(签字)：______________
电　　话：______________	电　　话：______________
传　　真：______________	传　　真：______________
开户银行：______________	开户银行：______________
账　　号：______________	账　　号：______________
邮政编码：______________	邮政编码：______________

附录B　园林绿化工程工程量清单项目及计算规则

B.1　绿化工程

B.1.1 绿地整理。工程量清单项目设置及工程量计算规则，应按表 B-1-1 的规定执行。

表 B-1-1　绿地整理(编码:050101)

项目编码	项目名称	项 目 特 征	计量单位	工程量计算规则	工 程 内 容
050101001	伐树、挖树根	树干胸径	株	按数量计算	1. 伐树、挖树根 2. 废弃物运输 3. 场地清理
050101002	砍挖灌木丛	丛高	株 (株丛)		1. 灌木砍挖 2. 废弃物运输 3. 场地清理
050101003	挖竹根	根盘直径			1. 砍挖竹根 2. 废弃物运输 3. 场地清理
050101004	挖芦苇根	丛高	m^2	按面积计算	1. 苇根砍挖 2. 废弃物运输 3. 场地清理
050101005	清除草皮				1. 除草 2. 废弃物运输 3. 场地清理
050101006	整理绿化用地	1. 土壤类别 2. 土质要求 3. 取土运距 4. 回填厚度 5. 弃渣运距		按设计图示尺寸以面积计算	1. 排地表水 2. 土方挖、运 3. 耙细、过筛 4. 回填 5. 找平、找坡 6. 拍实
050101007	屋顶花园基底处理	1. 找平层厚度、砂浆种类、强度等级 2. 防水层种类、做法 3. 排水层厚度、材质 4. 过滤层厚度、材质 5. 回填轻质土厚度、种类 6. 屋顶高度 7. 垂直运输方式			1. 抹找平层 2. 防水层铺设 3. 排水层铺设 4. 过滤层铺设 5. 填轻质土壤 6. 运输

B.1.2 栽植花木。工程量清单项目设置及工程量计算规则，应按表B-1-2的规定执行。

表B-1-2 栽植花木(编码:050102)

<table>
<tr><th>项目编码</th><th>项目名称</th><th>项目特征</th><th>计量单位</th><th>工程量计算规则</th><th>工程内容</th></tr>
<tr><td>050102001</td><td>栽植乔木</td><td>1.乔木种类
2.乔木胸径
3.养护期</td><td rowspan="2">株(株丛)</td><td rowspan="4">按设计图示数量计算</td><td rowspan="10">1.起挖
2.运输
3.栽植
4.支撑
5.草绳绕树干
6.养护</td></tr>
<tr><td>050102002</td><td>栽植竹类</td><td>1.竹种类
2.竹胸径
3.养护期</td></tr>
<tr><td>050102003</td><td>栽植棕榈类</td><td>1.棕榈种类
2.株高
3.养护期</td><td rowspan="2">株</td></tr>
<tr><td>050102004</td><td>栽植灌木</td><td>1.灌木种类
2.冠丛高
3.养护期</td></tr>
<tr><td>050102005</td><td>栽植绿篱</td><td>1.绿篱种类
2.篱高
3.行数、株距
4.养护期</td><td>m/m^2</td><td>按设计图示以长度或面积计算</td></tr>
<tr><td>050102006</td><td>栽植攀缘植物</td><td>1.植物种类
2.养护期</td><td>株</td><td>按设计图示数量计算</td></tr>
<tr><td>050102007</td><td>栽植色带</td><td>1.苗木种类
2.苗木株高、株距
3.养护期</td><td>m^2</td><td>按设计图示尺寸以面积计算</td></tr>
<tr><td>050102008</td><td>栽植花卉</td><td>1.花卉种类、株距
2.养护期</td><td>株/m^2</td><td rowspan="2">按设计图示数量或面积计算</td></tr>
<tr><td>050102009</td><td>栽植水生植物</td><td>1.植物种类
2.养护期</td><td>丛/m^2</td></tr>
<tr><td>050102010</td><td>铺种草皮</td><td>1.草皮种类
2.铺种方式
3.养护期</td><td rowspan="2">m^2</td><td rowspan="2">按设计图示尺寸以面积计算</td></tr>
<tr><td>050102011</td><td>喷播植草</td><td>1.草籽种类
2.养护期</td><td>1.坡地细整
2.阴坡
3.草籽喷播
4.覆盖
5.养护</td></tr>
</table>

B. 1. 3 绿地喷灌。工程量清单项目设置及工程量计算规则，应按表 B-1-3 的规定执行。

表 B-1-3　绿地喷灌（编码：050103）

项目编码	项目名称	项 目 特 征	计量单位	工程量计算规则	工 程 内 容
050103001	喷灌设施	1. 土石类别 2. 阀门井材料种类、规格 3. 管道品种、规格、长度 4. 管件、阀门、喷头品种、规格、数量 5. 感应电控装置品种、规格、品牌 6. 管道固定方式 7. 防护材料种类 8. 油漆品种、刷漆遍数	m	按设计图示尺寸以长度计算	1. 挖土石方 2. 阀门井砌筑 3. 管道铺设 4. 管道固筑 5. 感应电控设施安装 6. 水压试验 7. 刷防护材料、油漆 8. 回填

B. 1. 4 其他相关问题，应按下列规定处理：

1. 挖土外运、借土回填、挖（凿）土（石）方应包括在相关项目内。

2. 苗木计算应符合下列规定：

1）胸径（或干径）应为地表面向上 1. 2 m 高处树干的直径。

2）株高应为地表面至树顶端的高度。

3）冠丛高应为地表面至乔（灌）木顶端的高度。

4）篱高应为地表面至绿篱顶端的高度。

5）生长期应为苗木种植至起苗的时间。

6）养护期应为招标文件中要求苗木栽植后承包人负责养护的时间。

B. 2　园路、园桥、假山工程

B. 2. 1 园路桥工程。工程量清单项目设置及工程量计算规则，应按表 B-2-1 的规定执行。

表 B-2-1　园路桥工程（编码：050201）

项目编码	项目名称	项 目 特 征	计量单位	工程量计算规则	工 程 内 容
050201001	园路	1. 垫层厚度、宽度、材料种类 2. 路面厚度、宽度、材料种类 3. 混凝土强度等级 4. 砂浆强度等级	m^2	按设计图示尺寸以面积计算，不包括路牙	1. 园路路基、路床整理 2. 垫层铺筑 3. 路面铺筑 4. 路面养护

续表

项目编码	项目名称	项 目 特 征	计量单位	工程量计算规则	工 程 内 容
050201002	路牙铺设	1.垫层厚度、材料种类 2.路牙材料种类、规格 3.混凝土强度等级 4.砂浆强度等级	m	按设计图示尺寸以长度计算	1.基层清理 2.垫层铺设 3.路牙铺设
050201003	树池围牙、盖板	1.围牙材料种类、规格 2.铺设方式 3.盖板材料种类、规格			1.清理基层 2.围牙、盖板运输 3.围牙、盖板铺设
050201004	嵌草砖铺装	1.垫层厚度 2.铺设方式 3.嵌草砖品种、规格、颜色 4.漏空部分填土要求	m^2	按设计图示尺寸以面积计算	1.原土夯实 2.垫层铺设 3.铺砖 4.填土
050201005	石桥基础	1.基础类型 2.石料种类、规格 3.混凝土强度等级 4.砂浆强度等级	m^3	按设计图示尺寸以体积计算	1.垫层铺筑 2.基础砌筑、浇筑 3.砌石
050201006	石桥墩、石桥台	1.石料种类、规格 2.勾缝要求 3.砂浆强度等级、配合比			1.石料加工 2.起重架搭、拆 3.墩、台、旋石、旋脸砌筑 4.勾缝
050201007	拱旋石制作、安装	1.石料种类、规格 2.旋脸雕饰要求 3.勾缝要求 4.砂浆强度等级、配合比			
050201008	石旋脸制作、安装		m^2	按设计图示尺寸以面积计算	1.石料加工 2.起重架搭、拆 3.砌石 4.填土夯实
050201009	金刚墙砌筑		m^3	按设计图示尺寸以体积计算	
050201010	石桥面铺筑	1.石料种类、规格 2.找平层厚度、材料种类 3.勾缝要求 4.混凝土强度等级 5.砂浆强度等级	m^2	按设计图示尺寸以面积计算	1.石材加工 2.抹找平层 3.起重架搭、拆 4.桥面、桥面踏步铺设 5.勾缝
050201011	石桥面檐板	1.石料种类、规格 2.勾缝要求 3.砂浆强度等级、配合比			1.石材加工 2.檐板、仰天石、地伏石铺设 3.铁锔、银锭安装 4.勾缝
050201012	仰天石、地伏石		m/m^3	按设计图示尺寸以长度或体积计算	

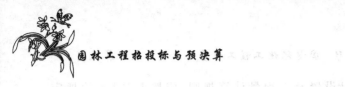

续表

项目编码	项目名称	项目特征	计量单位	工程量计算规则	工程内容
050201013	石望柱	1. 石料种类、规格 2. 柱高、截面 3. 柱身雕刻要求 4. 柱头雕饰要求 5. 勾缝要求 6. 砂浆配合比	根	按设计图示数量计算	1. 石料加工 2. 柱身、柱头雕刻 3. 望柱安装 4. 勾缝
050201014	栏杆、扶手	1. 石料种类、规格 2. 栏杆、扶手截面 3. 勾缝要求 4. 砂浆配合比	m	按设计图示尺寸以长度计算	1. 石料加工 2. 栏杆、扶手安装 3. 铁锔、银锭安装 4. 勾缝
050201015	栏板、撑鼓	1. 石料种类、规格 2. 栏板、撑鼓雕刻要求 3. 勾缝要求 4. 砂浆配合比	块/m^2	按设计图示数量或面积计算	1. 石料加工 2. 栏板、撑鼓雕刻 3. 栏板、撑鼓安装 4. 勾缝
050201016	木制步桥	1. 桥宽度 2. 桥长度 3. 木材种类 4. 各部位截面长度 5. 防护材料种类	m^2	按设计图示尺寸以桥面板长乘桥面板宽以面积计算	1. 木桩加工 2. 打木桩基础 3. 木梁、木桥板、木桥栏杆、木扶手制作、安装 4. 连接铁件、螺栓安装 5. 刷防护材料

B.2.2 堆塑假山。工程量清单项目设置及工程量计算规则，应按表B-2-2的规定执行。

表B-2-2 堆塑假山(编码:050202)

项目编码	项目名称	项目特征	计量单位	工程量计算规则	工程内容
050202001	堆筑土山丘	1. 土丘高度 2. 土丘坡度要求 3. 土丘底外接矩形面积	m^3	按设计图示山丘水平投影外接矩形面积乘以高度的1/3以体积计算	1. 取土 2. 运土 3. 堆砌、夯实 4. 修整
050202002	堆砌石假山	1. 堆砌高度 2. 石料种类、单块重量 3. 混凝土强度等级 4. 砂浆强度等级、配合比	t	按设计图示尺寸以质量计算	1. 选料 2. 起重架搭、拆 3. 堆砌、修整

续表

项目编码	项目名称	项目特征	计量单位	工程量计算规则	工程内容
050202003	塑假山	1. 假山高度 2. 骨架材料种类、规格 3. 山皮料种类 4. 混凝土强度等级 5. 砂浆强度等级、配合比 6. 防护材料种类	m^2	按设计图示尺寸以展开面积计算	1. 骨架制作 2. 假山胎模制作 3. 塑假山 4. 山皮料安装 5. 刷防护材料
050202004	石笋	1. 石笋高度 2. 石笋材料种类 3. 砂浆强度等级、配合比	支	按设计图示数量计算	1. 选石料 2. 石笋安装
050202005	点风景石	1. 石料种类 2. 石料规格、重量 3. 砂浆配合比	块		1. 选石料 2. 起重架搭、拆 3. 点石
050202006	池石、盆景山	1. 底盘种类 2. 山石高度 3. 山石种类 4. 混凝土砂浆强度等级 5. 砂浆强度等级、配合比	座(个)		1. 底盘制作、安装 2. 池石、盆景山石安装、砌筑
050202007	山石护角	1. 石料种类、规格 2. 砂浆配合比	m^3	按设计图示尺寸以体积计算	1. 石料加工 2. 砌石
050202008	山坡石台阶	1. 石料种类、规格 2. 台阶坡度 3. 砂浆强度等级	m^2	按设计图示尺寸以水平投影面积计算	1. 选石料 2. 台阶砌筑

B. 2. 3 驳岸。工程量清单项目设置及工程量计算规则，应按表 B-2-3 的规定执行。

表 B-2-3 驳岸(编码:050203)

项目编码	项目名称	项目特征	计量单位	工程量计算规则	工程内容
050203001	石砌驳岸	1. 石料种类、规格 2. 驳岸截面、长度 3. 勾缝要求 4. 砂浆强度等级、配合比	m^3	按设计图示尺寸以体积计算	1. 石料加工 2. 砌石 3. 勾缝
050203002	原木桩驳岸	1. 木材种类 2. 桩直径 3. 桩单根长度 4. 防护材料种类	m	按设计图示以桩长(包括桩尖)计算	1. 木桩加工 2. 打木桩 3. 刷防护材料
050203003	散铺砂卵石护岸(自然护岸)	1. 护岸平均宽度 2. 粗细砂比例 3. 卵石粒径 4. 大卵石粒径、数量	m^2	按设计图示平均护岸宽度乘以护岸长度以面积计算	1. 修边坡 2. 铺卵石、点布大卵石

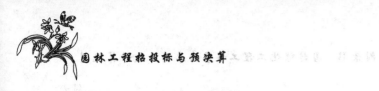

B.2.4 其他相关问题,应按下列规定处理:

1. 园路、园桥、假山(堆筑土山丘除外)、驳岸工程等的挖土方、开凿石方、回填等应按土(石)方工程相关项目编码列项;

2. 如遇某些构配件使用钢筋混凝土或金属构件时,应按建筑工程或市政工程相关项目编码列项。

B.3 园林景观工程

B.3.1 原木、竹构件。工程量清单项目设置及工程量计算规则,应按表B-3-1的规定执行。

表B-3-1 原木、竹构件(编码:050301)

<table>
<tr><th>项目编码</th><th>项目名称</th><th>项目特征</th><th>计量单位</th><th>工程量计算规则</th><th>工程内容</th></tr>
<tr><td>050301001</td><td>原木(带树皮)柱、梁、檩、椽</td><td rowspan="3">1. 原木种类
2. 原木梢径(不含树皮厚度)
3. 墙龙骨材料种类、规格
4. 墙底层材料种类、规格
5. 构件联结方式
6. 防护材料种类</td><td>m</td><td>按设计图示尺寸以长度计算(包括榫长)</td><td rowspan="6">1. 构件制作
2. 构件安装
3. 刷防护材料</td></tr>
<tr><td>050301002</td><td>原木(带树皮)墙</td><td rowspan="2">m²</td><td>按设计图示尺寸以面积计算(不包括柱、梁)</td></tr>
<tr><td>050301003</td><td>树枝吊挂楣子</td><td>按设计图示尺寸以框外围面积计算</td></tr>
<tr><td>050301004</td><td>竹柱、梁、檩、椽</td><td>1. 竹种类
2. 竹梢径
3. 连接方式
4. 防护材料种类</td><td>m</td><td>按设计图示尺寸以长度计算</td></tr>
<tr><td>050301005</td><td>竹编墙</td><td>1. 竹种类
2. 墙龙骨材料种类、规格
3. 墙底层材料种类、规格
4. 防护材料种类</td><td rowspan="2">m²</td><td>按设计图示尺寸以面积计算(不包括柱、梁)</td></tr>
<tr><td>050301006</td><td>竹吊挂楣子</td><td>1. 竹种类
2. 竹梢径
3. 防护材料种类</td><td>按设计图示尺寸以框外围面积计算</td></tr>
</table>

B.3.2 亭廊屋面。工程量清单项目设置及工程量计算规则,应按表B-3-2的规定执行。

表 B-3-2　亭廊屋面(编码:050302)

项目编码	项目名称	项目特征	计量单位	工程量计算规则	工程内容
050302001	草屋面	1.屋面坡度 2.铺草种类 3.竹材种类 4.防护材料种类	m^2	按设计图示尺寸以斜面面积计算	1.整理、选料 2.屋面铺设 3.刷防护材料
050302002	竹屋面				
050302003	树皮屋面				
050302004	现浇混凝土斜屋面板	1.檐口高度 2.屋面坡度 3.板厚 4.椽子截面 5.老角梁、子角梁截面 6.脊截面 7.混凝土强度等级	m^3	按设计图示尺寸以体积计算。混凝土屋脊、椽子、角梁、扒梁均并入屋面体积内	混凝土制作、运输、浇筑、振捣、养护
050302005	现浇混凝土攒尖亭屋面板				
050302006	就位预制混凝土攒尖亭屋面板	1.亭屋面坡度 2.穹顶弧长、直径 3.肋截面尺寸 4.板厚 5.混凝土强度等级 6.砂浆强度等级 7.拉杆材质、规格		按设计图示尺寸以体积计算。混凝土脊和穹顶的肋、基梁并入屋面体积内	1.混凝土制作、运输、浇筑、振捣、养护 2.预埋铁件、拉杆安装 3.构件出槽、养护、安装 4.接头灌缝
050302007	就位预制混凝土穹顶				
050302008	彩色压型钢板(夹芯板)攒尖亭屋面板	1.屋面坡度 2.穹顶弧长、直径 3.彩色压型钢板(夹芯板)品种、规格、品牌、颜色 4.拉杆材质、规格 5.嵌缝材料种类 6.防护材料种类	m^2	按设计图示尺寸以面积计算	1.压型板安装 2.护角、包角、泛水安装 3.嵌缝 4.刷防护材料
050302009	彩色压型钢板(夹芯板)穹顶				

B.3.3 花架。工程量清单项目设置及工程量计算规则,应按表 B-3-3 的规定执行。

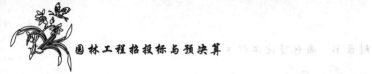

表 B-3-3 花架(编码:050303)

项目编码	项目名称	项 目 特 征	计量单位	工程量计算规则	工 程 内 容
050303001	现浇混凝土花架柱、梁	1. 柱截面、高度、根数 2. 盖梁截面、高度、根数 3. 连系梁截面、高度、根数 4. 混凝土强度等级	m^3	按设计图示尺寸以体积计算	1. 土(石)方挖运 2. 混凝土制作、运输、浇筑、振捣、养护
050303002	预制混凝土花架柱、梁	1. 柱截面、高度、根数 2. 盖梁截面、高度、根数 3. 连系梁截面、高度、根数 4. 混凝土强度等级 5. 砂浆配合比			1. 土(石)方挖运 2. 混凝土制作、运输、浇筑、振捣、养护 3. 构件制作、运输、安装 4. 砂浆制作、运输 5. 接头灌缝、养护
050303003	木花架柱、梁	1. 木材种类 2. 柱、梁截面 3. 连接方式 4. 防护材料种类		按设计图示截面乘长度(包括榫长)以体积计算	1. 土(石)方挖运 2. 混凝土制作、运输、浇筑、振捣、养护 3. 构件制作、运输、安装 4. 刷防护材料、油漆
050303004	金属花架柱、梁	1. 钢材品种、规格 2. 柱、梁截面 3. 油漆品种、刷漆遍数	t	按设计图示以质量计算	

B. 3. 4 园林桌椅。工程量清单项目设置及工程量计算规则,应按表 B-3-4 的规定执行。

表 B-3-4 园林桌椅(编码:050304)

项目编码	项目名称	项 目 特 征	计量单位	工程量计算规则	工 程 内 容
050304001	木制飞来椅	1. 木材种类 2. 座凳面厚度、宽度 3. 靠背扶手截面 4. 靠背截面 5. 座凳楣子形状、尺寸 6. 铁件尺寸、厚度 7. 油漆品种、刷油遍数	m	按设计图示尺寸以座凳面中心线长度计算	1. 座凳面、靠背扶手、靠背、楣子制作、安装 2. 铁件安装 3. 刷油漆
050304002	钢筋混凝土飞来椅	1. 座凳面厚度、宽度 2. 靠背扶手截面 3. 靠背截面 4. 座凳楣子形状、尺寸 5. 混凝土强度等级 6. 砂浆配合比 7. 油漆品种、刷油遍数			1. 混凝土制作、运输、浇筑、振捣、养护 2. 预制件运输、安装 3. 砂浆制作、运输、抹面、养护 4. 刷油漆
050304003	竹制飞来椅	1. 竹材种类 2. 座凳面厚度、宽度 3. 靠背扶手梢径 4. 靠背截面 5. 座凳楣子形状、尺寸 6. 铁件尺寸、厚度 7. 防护材料种类			1. 座凳面、靠背扶手、靠背、楣子 2. 铁件安装 3. 刷防护材料

续表

项目编码	项目名称	项目特征	计量单位	工程量计算规则	工程内容
050304004	现浇混凝土桌凳	1.桌凳形状 2.基础尺寸、埋设深度 3.桌面尺寸、支墩高度 4.凳面尺寸、支墩高度 5.混凝土强度等级、砂浆配合比	个	按设计图示数量计算	1.土方挖运 2.混凝土制作、运输、浇筑、振捣、养护 3.桌凳制作 4.砂浆制作、运输 5.桌凳安装、砌筑
050304005	预制混凝土桌凳	1.桌凳形状 2.基础形状、尺寸、埋设深度 3.桌面形状、尺寸、支墩高度 4.凳面尺寸、支墩高度 5.混凝土强度等级 6.砂浆配合比	个	按设计图示数量计算	1.混凝土制作、运输、浇筑、振捣、养护 2.预制件制作运输、安装 3.砂浆制作、运输 4.接头灌缝、养护
050304006	石桌石凳	1.石材种类 2.基础形状、尺寸、埋设深度 3.桌面形状、尺寸、支墩高度 4.凳面形状、尺寸、支墩高度 5.混凝土强度等级 6.砂浆配合比			1.土方挖运 2.混凝土制作、运输、浇筑、振捣、养护 3.桌凳制作 4.砂浆制作、运输 5.桌凳安砌
050304007	塑树根桌凳	1.桌凳直径 2.桌凳高度 3.砖石种类 4.砂浆强度等级、配合比 5.颜料品种、颜色			1.土(石)方挖运 2.砂浆制作、运输 3.砖石砌筑 4.塑树皮 5.绘制木纹
050304008	塑树节椅	1.木座板面截面 2.塑料、铁艺、金属椅规格、颜色 3.混凝土强度等级 4.防护材料种类			1.土(石)方挖运 2.混凝土制作、运输、浇筑、振捣、养护 3.座椅安装 4.木座板制作、安装 5.刷防护材料
050304009	塑料、铁艺、金属椅				

B.3.5 喷泉安装。工程量清单项目设置及工程量计算规则，应按表 B-3-5 的规定执行。

表 B-3-5　喷泉安装(编码:050305)

项目编码	项目名称	项 目 特 征	计量单位	工程量计算规则	工 程 内 容
050305001	喷泉管道	1. 管材、管件、水泵、阀门、喷头品种、规格、品牌 2. 管道固定方式 3. 防护材料种类	m	按设计图示尺寸以长度计算	1. 土(石)方挖运 2. 管道、管件、水泵、阀门、喷头安装 3. 刷防护材料 4. 回填
050305002	喷泉电缆	1. 保护管品种、规格 2. 电缆品种、规格			1. 土(石)方挖运 2. 电缆保护管安装 3. 电缆敷设 4. 回填
050305003	水下艺术装饰灯具	1. 灯具品种、规格、品牌 2. 灯光颜色	套	按设计图示数量计算	1. 灯具安装 2. 支架制作、运输、安装
050305004	电气控制柜	1. 规格、型号 2. 安装方式	台		1. 电气控制柜(箱)安装 2. 系统调试

B. 3. 6 杂项。工程量清单项目设置及工程量计算规则，应按表 B-3-6 的规定执行。

表 B-3-6　杂项(编码:050306)

项目编码	项目名称	项 目 特 征	计量单位	工程量计算规则	工 程 内 容
050306001	石灯	1. 石料种类 2. 石灯最大截面 3. 石灯高度 4. 混凝土强度等级 5. 砂浆配合比	个	按设计图示数量计算	1. 土(石)方挖运 2. 混凝土制作、运输、浇筑、振捣、养护 3. 石灯制作、安装
050306002	塑仿石音箱	1. 音箱石内空尺寸 2. 铁丝型号 3. 砂浆配合比 4. 水泥漆品牌、颜色			1. 胎模制作、安装 2. 铁丝网制作、安装 3. 砂浆制作、运输、养护 4. 喷水泥漆 5. 埋置仿石音箱
050306003	塑树皮梁、柱	1. 塑树种类 2. 塑竹种类 3. 砂浆配合比 4. 颜料品种、颜色	m^2 (或 m)	按设计图示尺寸以梁柱外表面积计算或以构件长度计算	1. 灰塑 2. 刷涂颜料
050306004	塑竹梁、柱				

续表

项目编码	项目名称	项目特征	计量单位	工程量计算规则	工程内容
050306005	花坛铁艺栏杆	1.铁艺栏杆高度 2.铁艺栏杆单位长度重量 3.防护材料种类	m	按设计图示尺寸以长度计算	1.铁艺栏杆安装 2.刷防护材料
050306006	标志牌	1.材料种类、规格 2.镌字规格、种类 3.喷字规格、颜色 4.油漆品种、颜色	个	按设计图示数量计算	1.选料 2.标志牌制作 3.雕琢 4.镌字、喷字 5.运输、安装 6.刷油漆
050306007	石浮雕	1.石料种类 2.浮雕种类 3.防护材料种类	m^2	按设计图示尺寸以雕刻部分外接矩形面积计算	1.放样 2.雕琢 3.刷防护材料
050306008	石镌字	1.石料种类 2.镌字种类 3.镌字规格 4.防护材料种类	个	按设计图示数量计算	
050306009	砖石砌小摆设	1.砖种类、规格 2.石种类、规格 3.砂浆强度等级、配合比 4.石表面加工要求 5.勾缝要求	m^2 (或个)	按设计图示尺寸以体积计算或以数量计算	1.砂浆制作、运输 2.砌砖、石 3.抹面、养护 4.勾缝 5.石表面加工

B.3.7 其他相关问题，应按下列规定处理。

1. 柱顶石(磉蹬石)、木柱、木屋架、钢柱、钢屋架、屋面木基层和防水层等，应按建筑工程相关项目编码列项。

2. 需要单独列项目的土石方和基础项目，应按建筑工程相关项目编码列项。

3. 木构件连接方式应包括：开榫连接、铁件连接、扒钉连接、铁钉连接。

4. 竹构件连接方式应包括：竹钉固定、竹篾绑扎、铁丝绑扎。

5. 膜结构的亭、廊，应按建筑工程相关项目编码列项。

6. 喷泉水池应按建筑工程相关项目编码列项。

7. 石浮雕应按表 B-3-7 分类。

表 B-3-7 石浮雕的分类

浮雕种类	加工内容
阴线刻	首先磨光磨平石料表面，然后以刻凹线（深度在 2～3 mm）勾画出人物、动植物或山水
平浮雕	首先扁光石料表面，然后凿出堂子（凿深在 60 mm 以内），凸出欲雕图案。图案凸出的平面应达到“扁光”、堂子达到“钉细麻”
浅浮雕	首先凿出石料初形，凿出堂子（凿深在 60～200 mm 以内），凸出欲雕图形，再加工雕饰图形，使其表面有起有伏，有立体感。图形表面应达到“二遍剁斧”，堂子达到“钉细麻”
高浮雕	首先凿出石料初形，然后凿掉欲雕图形多余部分（凿深在 200 mm 以上），凸出欲雕图形，再细雕图形，使之有较强的立体感（有时高浮雕的个别部位与堂子之间漏空）。图形表面达到“四遍剁斧”，堂子达到“钉细麻”或“扁光”

8. 石镌字种类是指阴文和阴包阳。

9. 砌筑果皮箱、放置盆景的须弥座等，应按 B. 3. 6 中砖石砌小摆设项目编码列项。

主要参考文献

[1] 董三孝.园林工程概预算与施工组织管理[M].北京:中国林业出版社,2003.

[2] 徐云和.园林工程预算[M].北京:中国劳动社会保障出版社,2008.

[3] 尚红,布凤琴,卢玮.园林景观工程概预算[M].北京:化学工业出版社,2009.

[4] 王作仁,田建林.园林工程招标投标与预决算[M].北京:中国建材工业出版社,2007.

[5] 郝瑞霞.园林工程招投标与合同管理便携手册[M].北京:中国电力出版社,2008.

[6] 吴立威,周业生.园林工程招投标与预决算[M].北京:科学出版社,2010.

[7] 王辉忠.园林工程概预算[M].北京:中国农业大学出版社,2008.

[8] 刘卫斌,康小勇.园林工程概预算[M].北京:中国农业出版社,2006.

[9] 田永复.中国园林建筑工程预算[M].北京:中国建筑工业出版社,2003.

[10] 中华人民共和国住房和城乡建设部.建设工程工程量清单计价规范(GB 50500—2008)[S].北京:中国计划出版社,2008.

[11] 黑龙江省住房和城乡建设厅.黑龙江省建设工程计价依据(园林绿化工程计价定额)[S].哈尔滨:哈尔滨出版社,2010.

[12] 深圳市人民政府城市管理局.园林绿化工程质量验收规范(DB440300/T 29—2006)[S].深圳:深圳市技术质量监督局发布,2006.

[13] 河北省工程建设造价管理总站.河北省园林绿化工程消耗量定额(HEBGYD-E—2009)[S].北京:中国计划出版社,2009.